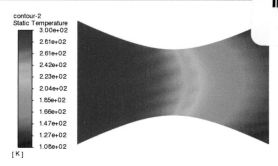

喷管静态温度云图

船体几何模型的修改前

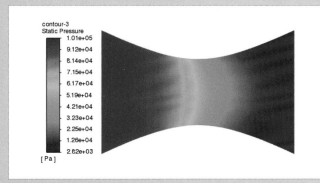

喷管静态压力云图

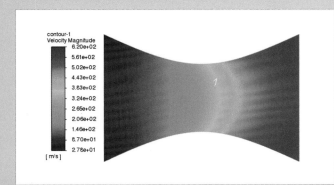

喷管速度标量云图

船体几何模型的修改后

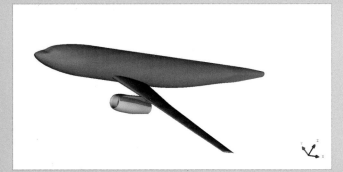

飞机几何模型的修改前

飞机几何模型的修改后

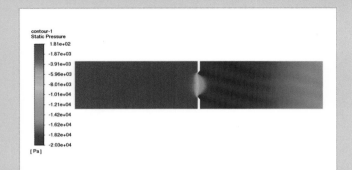

孔板流量计静态压力云图

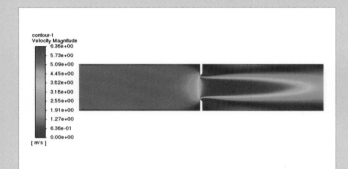

孔板流量计速度标量云图

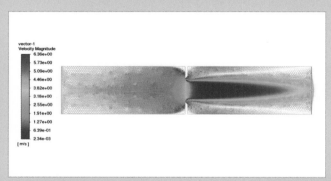

孔板流量计速度矢量图

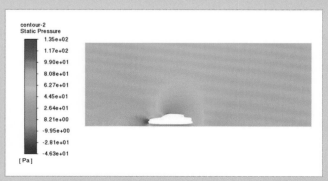

汽车外流场静态压力云图

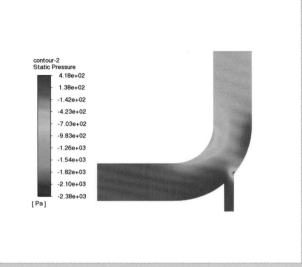

三通弯管静态压力云图

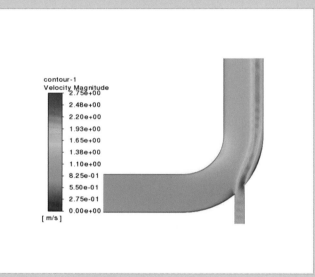

三通弯管速度标量云图

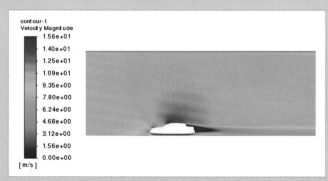

汽车外流场速度标量云图

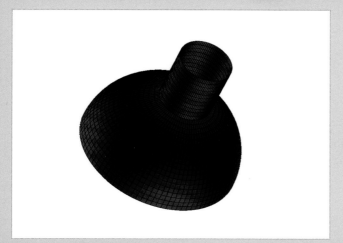

半球接头的结构面网格

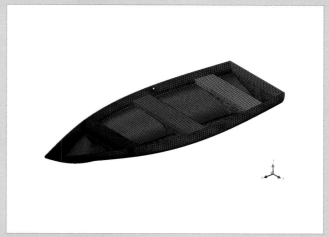

船体的三维曲面网格

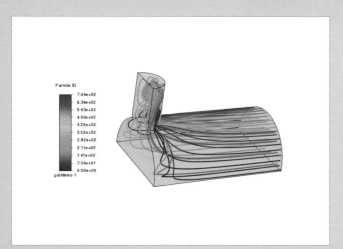

管接头三维迹线图

管接头三维迹线图（扩展后）

带叶片管道三维迹线图

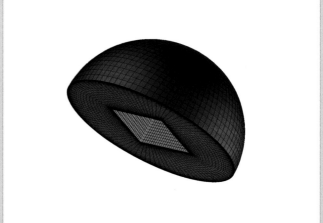

含方孔球体的结构体网格

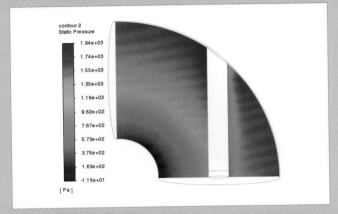

肘状弯管静态压力云图

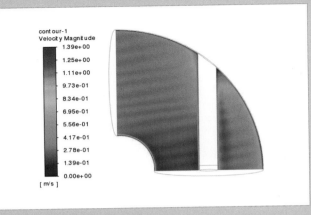

肘状弯管速度标量云图

动脉血管表面的静态压力云图

动脉血管的非结构体网格

动脉血管的三维迹线图

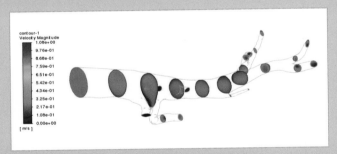

动脉血管入口、出口和各切面处的速度分布云图

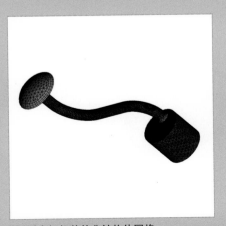

活塞阀组件的非结构体网格

空调通风管的混合体网格

天圆地方过渡管道的混合体网格

CAD/CAM/CAE/EDA 微视频讲解大系

Ansys ICEM CFD 网格划分技术
从入门到精通（实战案例版）

344 分钟同步微视频讲解　　21 个实例案例分析

☑ 流体动力学与网格基础　☑ 几何建模　☑ 非结构面网格划分　☑ 结构面网格划分
☑ 结构体网格划分　☑ 非结构体网格划分　☑ 混合体网格划分　☑ 网格编辑

天工在线　编著

中国水利水电出版社
www.waterpub.com.cn

·北京·

内 容 提 要

Ansys ICEM CFD 是一款功能强大的前处理软件，可以为 CFD、CAE 软件提供高质量的网格。无论是进行 CFD 分析，还是进行 CAE 分析，分析者在进行分析之前都需要有一套高质量的网格。因此，掌握 Ansys ICEM CFD 的网格划分技术，提高 Ansys ICEM CFD 软件的使用熟练程度，有利于提高分析工作的效率。

本书以最新的 Ansys ICEM CFD 2023 R1 版为对象，系统地介绍了 Ansys ICEM CFD 有关网格划分的各种功能。全书共分 9 章，包括计算流体动力学与网格概述、Ansys ICEM CFD 入门、几何模型的准备、非结构面网格的划分、结构面网格的划分、结构体网格的划分、非结构体网格的划分、混合体网格的划分、通过网格编辑提高网格质量等内容。在讲解过程中，每个重要知识点均配有实例讲解，可以提高读者的动手能力，并加深读者对知识点的理解。

全书配备了 21 个实例案例分析、344 分钟同步微视频讲解和实例素材源文件，读者边看视频讲解边动手操作，可以大大提高学习效率。此外，本书还附赠了 10 套 Ansys ICEM CFD 行业案例设计方案的讲解视频及源文件，帮助读者拓宽视野，提高应用技能。

本书既可作为理工科类院校相关专业的本科生、研究生及教师学习 Ansys ICEM CFD 的培训教材，又可作为从事 CFD 分析、CAE 分析相关行业的工程技术人员使用 Ansys ICEM CFD 的参考书。

图书在版编目（CIP）数据

Ansys ICEM CFD 网格划分技术从入门到精通：实战
案例版 / 天工在线编著. — 北京：中国水利水电出版
社, 2024.10
（CAD/CAM/CAE/EDA微视频讲解大系）
ISBN 978-7-5226-2445-7

I. ①A... II. ①天... III. ①有限元分析—应用软件
IV. ①O241.82-39

中国国家版本馆CIP数据核字(2024)第088047号

丛 书 名	CAD/CAM/CAE/EDA 微视频讲解大系
书 名	Ansys ICEM CFD 网格划分技术从入门到精通（实战案例版） Ansys ICEM CFD WANGGE HUAFEN JISHU CONG RUMEN DAO JINGTONG
作 者	天工在线 编著
出版发行	中国水利水电出版社 （北京市海淀区玉渊潭南路 1 号 D 座 100038） 网址：www.waterpub.com.cn E-mail: zhiboshangshu@163.com 电话：(010) 62572966-2205/2266/2201（营销中心）
经 售	北京科水图书销售有限公司 电话：(010) 68545874、63202643 全国各地新华书店和相关出版物销售网点
排 版	北京智博尚书文化传媒有限公司
印 刷	河北文福旺印刷有限公司
规 格	203mm×260mm 16 开本 19.25 印张 517 千字 2 插页
版 次	2024 年 10 月第 1 版 2024 年 10 月第 1 次印刷
印 数	0001—3000 册
定 价	89.80 元

前　言

Preface

Ansys ICEM CFD 是一款功能强大的前处理软件，不仅可以为 CFD 软件（如 Fluent、CFX、STAR-CCM+、Phoenics）提供高质量的网格，而且还可以完成多种 CAE 软件（如 Ansys、Nastran、Abaqus、LS-DYNA 等）的网格划分工作。然而，正因为 Ansys ICEM CFD 的功能强大，在划分网格的过程中可以进行多种自定义的设置，所以对于初学者而言，掌握并熟练应用 Ansys ICEM CFD，需要较长的学习周期。

Ansys ICEM CFD 是一款成熟的商用软件，它提供了非常完善的各种帮助文档，用户可以在这些帮助文档中找到有关软件操作最详细的描述。但是，对于非英语国家的用户来讲，面对长达 1000 多页的英文帮助文档，逐页阅读这些帮助文档将花费大量的时间。对于需要快速掌握 Ansys ICEM CFD 的基本操作并希望将其立即应用于工程实践的用户来讲，通过阅读软件的帮助文档来掌握软件的操作只能作为一种不得已的选择。

为了便于零基础用户快速入门，也为了有一定基础的用户能够从基本掌握到熟练应用，编者编著了本书。由于 Ansys ICEM CFD 在网格划分过程中所使用到的各种工具，有的包含众多的选项设置，如果逐一对这些选项设置的含义进行罗列，将会使初学者望而却步。其实，有些选项采用默认设置即可适用于大部分情况，所以本书选择对高频使用的选项设置进行详细介绍，而对低频使用的选项设置仅作简单介绍。这种主次分明、重点突出的内容安排，能够使初学者快速上手，同时也为初学者铺出了一条从入门到精通的提升之路。全书在内容的安排上遵循由浅入深、循序渐进的原则，兼顾初学者、一般使用者以及科研和高级工程分析人员的实际需要。

一、本书特点

↘ 内容合理，适合自学

本书以最新的 Ansys ICEM CFD 2023 R1 版为对象，系统地介绍了 Ansys ICEM CFD 有关网格划分的各种功能。由于 Ansys ICEM CFD 所划分的网格可以根据用户的需要输出为相应的格式，为了能够适应更广泛的读者群体，本书并未侧重于 CFD 理论的讲解，而是围绕如何通过 Ansys ICEM CFD 划分出高质量网格这一中心问题而展开。

↘ 视频讲解，通俗易懂

为了提高学习效率，本书中的大部分实例都录制了教学视频。视频录制时采用模仿实际授课的形式，在各知识点的关键处给出解释、提醒和需要注意的事项。专业知识和经验的提炼，可让读者在高效学习的同时，体会更多有限元分析的乐趣。

↘ 内容全面，实例丰富

全书共分 9 章，第 1 章介绍了计算流体动力学与网格的基础知识，读者可对计算流体力学和网格有一个初步的认识，为学习 Ansys ICEM CFD 网格划分技术打好基础；第 2 章介绍了 Ansys ICEM CFD 网格划分的工作流程、用户界面等相关的基础知识，读者可对 Ansys ICEM CFD 软件有初步的认识；第 3 章介绍了 Ansys ICEM CFD 关于几何建模和几何模型修改的基础知识，读者可对 Ansys ICEM CFD 的几何建模和几何修改功能有初步的认识，并通过具体实例使读者学会如何准备符合网格划分要求的几何模型；第 4 章介绍了 Ansys ICEM CFD 中非结构面网格的划分方法，并通过具体实例使读者掌握非结构面网格划分的基本工作流程；第 5 章介绍了 Ansys ICEM CFD 中结构面网格的划分方法，并通过具体实例使读者掌握结构面网格划分的基本工作流程；第 6 章介绍了 Ansys ICEM CFD 中结构体网格的划分方法，并通过具体实例使读者掌握结构体网格划分的基本工作流程；第 7 章介绍了 Ansys ICEM CFD 中非结构体网格的划分方法，并通过具体实例使读者掌握非结构体网格划分的基本工作流程；第 8 章介绍了 Ansys ICEM CFD 中混合体网格的两种划分方法，并通过具体实例使读者掌握混合体网格划分的基本操作流程；第 9 章介绍了 Ansys ICEM CFD 中进行网格质量检查和网格编辑的工具，并通过具体实例使读者掌握通过网格编辑工具提升网格质量的方法。

二、本书显著特色

↘ 体验好，方便读者随时随地学习

二维码扫一扫，随时随地看视频。书中所有实例提供了二维码，读者可以通过手机微信扫一扫，随时随地观看相关的教学视频（若个别手机不能播放，请参考前言中介绍的方法下载视频后在计算机上观看）。

↘ 实例覆盖范围广，用实例学习更高效

实例覆盖范围广泛，边做边学更快捷。本书实例覆盖十大分析类型，跟着实例去学习，边学边做，在做中学，可以使学习更深入、更高效。

↘ 入门易，全面为初学者着想

遵循学习规律，入门实战相结合。本书采用基础知识+实例的编写模式，内容由浅入深，循序渐进，入门与实战相结合。

↘ 服务优，让读者学习无后顾之忧

本书提供了 QQ 群在线服务，随时随地可交流。提供了公众号、网站下载等多渠道贴心服务。

三、本书配套资源

为了方便读者学习，本书提供了极为丰富的学习资源。

↘ 配套资源

（1）为方便读者学习，本书重点基础知识和所有实例均录制了视频讲解文件，共 344 分钟（可扫描二维码直接观看或通过"关于本书服务"中所述方法下载后观看）。

（2）用实例学习更专业，本书包含 21 个实例案例（素材和源文件可通过"关于本书服务"中所述方法下载后参考和使用）。

↘ 拓展学习资源

10 套 Ansys ICEM CFD 行业案例设计方案的讲解视频及源文件。

四、关于本书服务

↘ "Ansys ICEM CFD" 安装软件的获取

按照本书上的实例进行操作练习，以及使用 Ansys ICEM CFD 进行分析，需要事先在计算机上安装 Ansys ICEM CFD 2023 R1 版软件。Ansys ICEM CFD 2023 RI 版安装软件可以登录 Ansys 官方网站购买，或者使用其试用版；另外，当地电脑城、软件经销商一般有售。

↘ 本书资源下载及在线交流服务

（1）扫描下方的二维码，或者在微信公众号中搜索"设计指北"，关注公众号后发送 CFD2445 至公众号后台，获取本书的资源下载链接。

（2）在学习本书时遇到技术问题或疑惑，可以加入本书的 QQ 读者交流群 982670418，与老师和广大读者在线交流学习。

（3）如果您在图书写作方面有好的意见和建议，可将意见或建议发送至邮箱 961254362@qq.com，我们将根据您的意见或建议酌情调整后续图书内容，以更方便读者学习。

五、关于编者

本书由天工在线组织编写。天工在线是一个专注于 CAD/CAM/CAE/EDA 技术研讨、工程开发、培训咨询和图书创作的工程技术人员协作联盟，包含 40 多位专职和众多兼职 CAD/CAM/CAE/EDA 工程技术专家。

天工在线负责人由 Autodesk 中国认证考试中心首席专家担任，全面负责 Autodesk 中国官方认证考试大纲制订、题库建设、技术咨询和师资力量培训工作，成员精通 Autodesk 系列软件。天工在线创作的很多教材已成为国内具有引导性的旗帜作品，在国内相关专业方向图书创作领域具有举足轻重的地位。

六、致谢

本书能够顺利出版，是编者、编辑和所有审校人员共同努力的结果，在此表示深深的感谢。同时，祝福所有读者在通往优秀工程师的道路上一帆风顺。

编　者

目　　录

Contents

第 1 章　计算流体动力学与网格概述

内容简介

计算流体力学或计算流体动力学（computational fluid dynamics，CFD）分析是指通过计算机数值计算和图像显示，对包含流体流动、热传导、声场等相关物理现象的系统所做的分析。要进行 CFD 分析，首先就要对计算区域在空间上进行网格划分。生成计算用网格的方法称为网格划分技术。

本章将简要介绍 CFD、网格的基础知识。通过本章的学习，读者将对 CFD 和网格有一个初步的认识，为学习 Ansys ICEM CFD 网格划分技术打好基础。

内容要点

➢ 流体力学的三种研究方法
➢ CFD 的三个分支
➢ CFD 分析的基本流程
➢ 网格划分技术

1.1　CFD 概述

CFD 是流体力学的一个分支，本节仅介绍 CFD 一些重要的基础知识。了解这些基础知识，有助于读者理解在 CFD 分析中掌握 Ansys ICEM CFD 网格划分技术的重要性。

1.1.1　流体力学的三种研究方法

流体力学的研究方法分为三种：理论分析方法、实验测量方法和 CFD 方法。这三种方法组成了研究流体流动问题的完整体系，如图 1.1 所示。

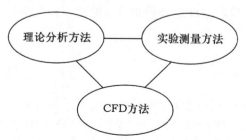

图 1.1　流体力学的三种研究方法

理论分析方法的优点在于：所得结果具有普遍性，各种影响因素清晰可见，是指导实验研究和验证新的 CFD 方法的理论基础。但是，理论分析方法要求对计算对象进行适当的抽象和简化，才有可能得出理论解；对于非线性情况，只有少数问题才能得出理论结果。

实验测量方法所得的实验结果真实可信，它是理论分析方法和 CFD 方法的基础。然而，该方法会受到模型尺寸、流场扰动、人身安全和测量精度的限制，有时可能很难得到测量结果。此外，该方法还会遇到经费投入、人力和物力的巨大耗费及实验周期长等许多困难。

CFD 方法克服了理论分析方法和实验测量方法的弱点，在计算机上进行一个特定的计算，就如在计算机上做了一次物理实验。CFD 方法能够方便、直观、形象地提供全部流场范围的详细信息，它不仅提供了廉价的模拟、设计、优化和分析复杂流动的工具，而且具有假设限制少、应用范围广、费用低、流场无干扰等特点。CFD 方法与理论分析方法、实验测量方法相互联系、相互促进，但不能完全替代。

1.1.2　CFD 的应用领域

CFD 是通过数值方法求解流体力学控制方程，并对流体力学问题进行研究和分析的一门学科。CFD 基本概念的提出可以追溯到 20 世纪初，但它是在飞机工业需要的基础上发展起来的，并伴随着偏微分方程理论、数值计算方法、计算科学与工程等相关学科的发展而迅速崛起。近几十年来，各种 CFD 商用软件陆续出现，并且性能日益完善，应用范围也在不断地扩大。

目前，所有涉及流体流动、热交换、分子输运等现象的问题，几乎都可以通过 CFD 方法进行分析和模拟。CFD 不仅作为一个研究工具，而且还作为设计工具在水利工程、土木工程、环境工程、食品工程、海洋结构工程、工业制造等领域发挥作用。其典型的应用场合及相关的工程问题如下：

➢ 航空工程：如飞机机翼升力的计算、空中加油数值模拟、直升机和涡轮螺旋桨飞机滑流数值模拟等。

➢ 汽车工程：如对汽车流线外形进行设计以降低油耗、汽车局部流场分析、发动机内部流动分析等。

➢ 生物科学工程：如预测人体中血液循环流动状态、人工血泵内部的流动分析等。

➢ 化学和采矿工程：如填料塔中流体运动分析、燃料喷嘴出口流场分析、料浆在选矿和浸出设备中的流动分析等。

➢ 环境工程：如电除尘器流场分析、汽车尾气对街道环境的污染、河流中污染物的扩散等。

➢ 能源工程：如风力发电涡轮叶片的优化设计、换热器性能分析及换热器片形状的选取等。

➢ 体育：如体育器材的流体动力性能研究、运动员运动技巧的分析等。

这些问题过去主要借助于基本的理论分析和大量的物理模型实验，而现在大多采用 CFD 方法进行分析和解决。

1.1.3　CFD 的三个分支

在通过 CFD 方法对一些实际问题进行分析时，出现了多种数值解法，这些方法之间的主要区别在于对控制方程的离散方式。根据离散的原理不同，CFD 大体上可分为三个分支：有限差分法（finite difference method，FDM）、有限元法（finite element method，FEM）和有限体积法（finite volume method，FVM）。

有限差分法是 CFD 分析中应用最早、最经典的方法。它是将求解域划分为差分网格，用有限个网格节点代替连续的求解域，然后将偏微分方程（控制方程）的导数用差商代替，推导出含有离散点上有限个未知数的差分方程组。求出差分方程组的解，就是微分方程定解问题的数值近似解。

有限元法是将一个连续的求解域任意分成适当形状的许多微小单元，并在各小单元分片构造插值函数，然后根据极值原理（变分或加权余量法），将问题的控制方程转化为所有单元上的有限元方程，把总体的极值作为各单元极值之和，即将局部单元总体合成，形成嵌入了指定边界条件的代数方程组，求解该方程组即可得到各节点上待求的函数值。有限元法因求解速度较有限差分法和有限体积法慢，因此应用不是特别广泛。

有限体积法又称控制体积法，是将计算区域划分为网格，并使每个网格点周围有一个互不重复的控制体积，通过待解的微分方程对每个控制体积积分，从而得到一组离散方程。有限体积法的关键是在导出离散方程过程中，需要对界面上的被求函数本身及其导数的分布作出某种形式的假定。用有限体积法导出的离散方程可以保证具有守恒特性，而且离散方程系数物理意义明确，计算量相对较小。

有限体积法是目前 CFD 应用最广的一种方法，现在常见的 CFD 商用软件也广泛采用有限体积法。

1.1.4　CFD 分析的基本流程

使用 CFD 商用软件进行 CFD 分析一般可以分为三步：前处理、求解和后处理，其基本流程如图 1.2 所示。下面对这些基本流程进行简要说明。

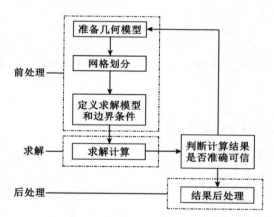

图 1.2　CFD 分析的基本流程

（1）准备几何模型。可以使用 CAD 软件对几何模型进行建模，然后导入 CFD 软件中；也可以直接在 CFD 软件中建模。几何模型应该包括物体的表面形状和大小、空间位置和边界条件等信息。

（2）网格划分。对准备好的几何模型进行网格划分，将物体表面和空间分割成小的单元。网格划分的质量对模拟分析的结果有着重要的影响，过于简单的网格会导致模拟分析的精度不足，而过于复杂的网格则会增加计算时间和计算量。

（3）定义求解模型和边界条件。常见的求解模型包括流体力学方程和运动方程等，根据物体的形状和特性，选择合适的求解模型，可以得到更加准确的模拟分析结果。此外，需要定义物体表面和周围流体之间的交换条件，即定义边界条件，通过定义边界条件可以有效地控制模拟过程。准备几何模型、网格划分、定义求解模型和边界条件统称为前处理。

（4）求解计算。求解计算之前，需要进行初值设定，即设定物体的当前状态和运动参数等信息，然后利用 CFD 软件对流场进行求解计算。

（5）判断计算结果是否准确可信。通过对计算结果的粗略估计（来自理论、经验、实验等）对计算结果的合理性进行判断，如果结果不合理，要找出导致结果不合理的原因，重新进行前处理工作再提交求解。

（6）结果后处理。对已经计算收敛的结果继续进行处理，直到得到直观清晰的、便于交流的数据和图表。后处理可以利用 CFD 软件自带的后处理功能进行，如 Fluent 和 CFX 都自带较为完善的后处理功能；也可以利用专业的后处理软件完成，如常用的 Tecplot、Origin、FieldView 和 EnSight 等。

以上仅为 CFD 分析的基本流程，由于不同 CFD 软件进行 CFD 分析的具体步骤和实施方法会有所不同，因此读者需要根据具体的软件进行操作。

1.2　网格概述

在 CFD 分析中，网格的数目和质量对求解精度和求解效率有重要的影响。网格的数目应该适量，既不能过少，以免无法描述流动过程；又不应过多，以免浪费计算资源。对于复杂的 CFD 问题，网格生成极为耗时，且极易出错，因此有必要对网格划分予以足够的关注。鉴于此，本节将对网格划分有关的基础知识进行介绍。

1.2.1　网格几何要素

网格划分（离散化）过程结束后，可以得到以下 4 种几何要素，如图 1.3 和图 1.4 所示。

➢ Element：单元，将离散化的控制体计算域由表征流体和固体区域的网格所确定。
➢ Face：面，Element 的边界。
➢ Edge：边，Face 的边界。
➢ Node：节点（网格点），Edge 的交会处。

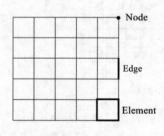

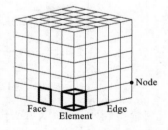

图 1.3　二维网格　　　　　　　　　　　　图 1.4　三维网格

1.2.2　网格类型

网格可分为结构网格（也称为结构化网格）和非结构网格（也称为非结构化网格）两大类。

1. 结构网格

简单地讲，结构网格在空间上比较规范，如对一个四边形区域，网格往往是成行成列分布的，行线和列线比较明显，如图 1.5 所示。从严格意义上讲，结构网格是指网格区域内所有的内部点都具有相同的毗邻单元。结构网格是正交的处理点的连线，也就意味着每个点都具有相同数目的邻点。

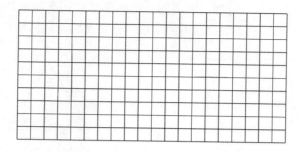

图 1.5　结构网格（二维）

结构网格的主要优点如下：

- ➤ 网格划分的速度快。
- ➤ 网格划分的质量好。
- ➤ 数据结构简单。
- ➤ 可以很容易地实现区域的边界拟合，适用于流体和表面应力集中等方面的计算。
- ➤ 对曲面或空间的拟合大多数采用参数化或样条插值的方法得到，区域光滑，与实际的模型更容易接近。

结构网格典型的缺点是适用范围比较小，难以解决任意形状和任意连通区域的网格划分问题。

2．非结构网格

与结构网格不同，在非结构网格中，网格在空间分布上没有明显的行线和列线，如图 1.6 所示。从严格意义上讲，非结构网格是指网格区域内的内部点不具有相同的毗邻单元，即与网格剖分区域内的不同内点相连的网格数目不同。非结构网格中，节点的位置无法用一个固定的法则予以有序地命名。

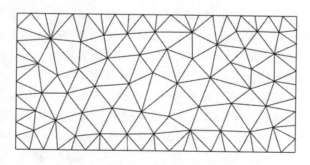

图 1.6　非结构网格（二维）

非结构网格虽然划分过程比较复杂，但却有着极好的适应性，尤其对具有复杂边界的流场计算问题特别有效。

1.2.3　网格形状

单元是构成网格的基本元素。对于二维网格，常用的网格单元有三角形和四边形等形状；对于三维网格，常用的网格单元有四面体、五面体、六面体等形状。

在结构网格中，常用的二维网格单元是四边形；常用的三维网格单元是六面体。而在非结构网格中，常用的二维网格单元还有三角形；常用的三维网格单元还有四面体和五面体，其中五面体还可分为棱柱形（或楔形）和金字塔形等。常用的二维网格单元和三维网格单元如图1.7和图1.8所示。

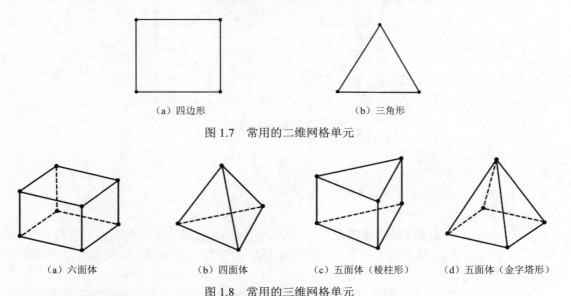

（a）四边形　　　　　　　　　　　　（b）三角形

图1.7　常用的二维网格单元

（a）六面体　　　　（b）四面体　　　（c）五面体（棱柱形）　　（d）五面体（金字塔形）

图1.8　常用的三维网格单元

1.2.4　网格划分技术简介

结构网格和非结构网格所使用的划分技术有所不同，下面分别予以介绍。

1．结构网格的划分技术

结构网格的划分技术主要有代数生成方法和偏微分方程生成方法，下面进行简要介绍。

如果计算区域的各边界是一个与坐标轴都平行的规则区域，则可以很方便地划分该区域，快速生成均匀网格。但是，在实际工程问题中，各边界不可能与各种坐标系正好相符，于是需要采用数学方法构造一种坐标系，其各坐标轴恰好与被计算物体的边界相适应，这种坐标系就称为贴体坐标系。直角坐标系是矩形区域的贴体坐标系，极坐标系是环扇形区域的贴体坐标系。

使用贴体坐标系生成网格的方法的基本思想可简要叙述如下。假定有图1.9（a）所示的在 x-y 物理平面内的不规则区域，现在为了构造与该区域相适应的贴体坐标系，将该区域中相交的两个边界作为曲线坐标系的两个轴，记为 ξ 和 η。在该物体的4条边上，可规定不同地点的 ξ 和 η 值。例如，可假定在 A 点有 $\xi=0$，$\eta=0$，而在 C 点有 $\xi=1$，$\eta=1$。这样，就可以把 ξ-η 看成另一个计算平面上的直角坐标系的两个轴。根据上面规定的 ξ 和 η 的取值原则，在计算平面上的求解区域就简化成了一个矩形区域，只要给定每个方向的节点总数，就可以立即生成一个均匀分布的网格，如图1.9（b）所示。如果能在 x-y 物理平面上找出与 ξ-η 计算平面上任意一点相对应的位置，则在物理平面上的网格就可以轻松生成。因此，剩下的问题是如何建立这两个平面间的关系，这就是生成贴体坐标系的方法。

目前常用的生成贴体坐标系的方法主要包括代数法和微分方程法。

（1）代数法：通过一些代数关系把物理平面上的不规则区域转换成计算平面上的矩形区域。各种类型的代数法很多，常见的包括边界规范法、双边界法和无限插值法等。

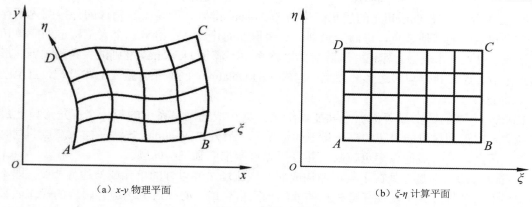

（a）x-y 物理平面　　　　　　　　　　（b）ξ-η 计算平面

图 1.9　贴体坐标系

（2）微分方程法：通过一个微分方程把物理平面转换成计算平面。该方法的实质是微分方程边值问题的求解。该方法是构造贴体坐标系非常有效的方法，也是多数网格生成软件广泛采用的方法。在该方法中，可使用椭圆、双曲型和抛物型偏微分方程来生成网格。其中，椭圆型方程用得较多，这是因为对于大多数实际流体力学问题来说，物理空间中的求解域是几何形状比较复杂的已知封闭边界的区域，并且在封闭边界上的计算坐标对应值是给定的。最简单的椭圆型方程是拉普拉斯方程，但使用最广泛的是泊松方程，因为泊松方程中的非齐次项可用来调节求解域中网格密度的分布。

对于复杂多部件或多体的实际工程外形，生成统一的贴体网格相当困难。为了克服上述困难，CFD 工作者又设计出了分区网格和分区计算方法，其基本思想就是将整个计算域分成若干个子域，然后在每个子域内分别生成网格并进行数值计算，各子域间的信息传递通过边界处的耦合条件来实现。

2．非结构网格的划分技术

非结构网格的划分技术主要有四叉树（二维）/八叉树（三维）方法、Delaunay 方法和阵面推进法。

（1）四叉树/八叉树方法。四叉树/八叉树方法的基本思想是先用一个较粗的矩形（二维）/立方体（三维）网格覆盖包含物体的整个计算域；然后按照网格尺度的要求不断细分矩形（立方体），即将一个矩形分为 4（8）个子矩形（立方体）；最后将各矩形（立方体）划分为三角形（四面体）。

例如，一个没有边上中间点的矩形可以划分为两个三角形，一个没有棱上中间点的立方体可以划分为 5 个或 6 个四面体。对于流场边界附近被边界切割的矩形（立方体），需要考虑各种可能的情况，并作特殊的划分。

四叉树/八叉树方法是直接将矩形/立方体划分为三角形/四面体，由于不涉及临近点面的查询，以及邻近单元间的相交性和相容性判断等问题，因此网格生成速度很快。其不足之处是网格质量较差，特别是在流场边界附近，被切割的矩形立方体的形状可能千奇百怪，由此而划分的三角形/四面体的网格质量也难以保证。尽管如此，四叉树/八叉树作为一种可提高查询效率的数据结构也已被广泛应用于 Delaunay 方法和阵面推进法中。

（2）Delaunay 方法。Delaunay 三角化的依据是 Dirichlet 在 1850 年提出的一种利用已知点集将平面划分为凸多边形的理论。该理论的基本思想是：假设平面内存在点集，则能将此平面域划分为互不重合的 Dirichlet 子域。每个 Dirichlet 子域内包含点集中的一个点，而且对应于该域的包含点，即构成唯一的 Delaunay 三角形网格。

CFD 工作者将上述 Dirichlet 的思想简化为 Delaunay 准则，即每个三角形的外接圆内不存在除其自身三个角点外的其他节点，进而给出划分三角形的简化方法：给定一个人工构造的简单初始三角形网格系，引入一个新点，标记并删除初始网格系中不满足 Delaunay 准则的三角形单元，形成一个多边形空洞，连接新点与多边形的顶点，构成新的 Delaunay 网格系。重复上述过程，直至网格系达到预期的分布。

　　Delaunay 方法的一个显著优点是其能使给定点集构成的网格系中的每一个三角形单元最小角尽可能最大，即得到尽可能等边的高质量三角形单元。另外，Delaunay 方法在插入新点的同时生成几个单元，因此网格生成的效率也较高，并且可以直接推广到三维问题。

　　Delaunay 方法的不足之处在于其可能构成非凸域流场边界以外的单元或与边界相交，即不能保证流场边界的完整性。为了实现任意外形的非结构网格生成，必须对流场边界附近的操作做某些限制，这可能使边界附近的网格丧失 Delaunay 性质。另外，对于三维复杂外形，初始网格的构造比较烦琐。

　　（3）阵面推进法。阵面推进法的基本思想是首先将流场边界划分为小的阵元，构成初始阵面；然后选定某一阵元，将某一流场中新插入的点或原阵面上已存在的点相连构成非结构单元。随着新单元生成，产生新的阵元，组成新的阵面，这一阵面不断向流场中推进，直至整个流场被非结构网格覆盖。

　　阵面推进法也有其自身的优缺点。首先，阵面推进法的初始阵面即为流场边界，推进过程是阵面不断向流场内收缩的过程，所以不存在保证边界完整性的问题。其次，阵面推进是一个局部过程，相交性判断仅涉及局部邻近的阵元，因而减少了由于计算机截断误差而导致推进失败的可能性，而且局部性使得执行过程可以在推进的任意中间状态重新开始。最后，在流场内引入新点是伴随推进过程自动完成的，因而易于控制网格步长分布。但是，每推进一步仅生成一个单元，因此阵面推进法的效率较四叉树/八叉树方法和 Delaunay 方法要低。其推进效率低的另一个原因是在每一步推进过程中都涉及邻近点、邻近阵元的搜索以及相交性判断。另外，尽管阵面推进的思想可以直接推广到三维问题，但在三维情况下，阵面的形状可能非常复杂，相交性判断也就变得更加烦琐。

第 2 章　Ansys ICEM CFD 入门

内容简介

  Ansys ICEM CFD 是一款功能强大的前处理软件,不仅可以为主流的 CFD 软件(如 Fluent、CFX、STAR-CCM+、Phoenics)提供高质量的网格,而且可以完成多种 CAE 软件(如 Ansys、Nastran、Abaqus、LS-DYNA 等)的网格划分工作。

  本章将简要介绍 Ansys ICEM CFD 网格划分的工作流程、用户界面等相关的基础知识。通过本章的学习,读者将对 Ansys ICEM CFD 软件有一个初步的认识,为学习 Ansys ICEM CFD 的各种网格划分操作奠定基础。

内容要点

- ➤ Ansys ICEM CFD 网格划分的工作流程
- ➤ Ansys ICEM CFD 的文件类型
- ➤ Ansys ICEM CFD 的用户界面
- ➤ Ansys ICEM CFD 的基础知识

2.1　Ansys ICEM CFD 简介

  ICEM 是 Integrated Computational Engineering and Manufacturing(集成计算工程与制造)的缩写。ICEM CFD Engineering 公司成立于 1990 年,专注于所有网格划分需求的解决方案,并于 1998 年推出了统一的 ICEM CFD 4.X GUI(graphical user interface,图形用户界面,又称图形用户接口)。2000 年,Ansys 公司收购 ICEM CFD Engineering 公司及其 ICEM CFD 前处理(网格)软件,并于 2004 年推出了界面简洁、操作方便的 Ansys ICEM CFD/AI*Environment。它具有基于 Windows 形式的界面,支持当前流行的 CAD 数据类型,能进行几何结构的修补和简化,具有强大的网格划分功能,可输出多达 100 种求解器可以使用的网格文件。其中,Ansys ICEM CFD 可以作为一个单独的应用程序独立运行,也可以集成到其他诸如 Ansys Workbench、AI*Environment 等环境中。为了不断完善 Ansys ICEM CFD 软件的网格划分功能,近年来,Ansys 公司几乎每年至少推出一个新版本,目前的最新版本是 2023 R1。本书将以此最新版本为对象,全面介绍 Ansys ICEM CFD(以下简称 ICEM)的网格划分技术。

2.1.1　Ansys ICEM CFD 的功能特点

  ICEM 提供了高级几何获取、网格生成、网格诊断以及修复工具,以满足当今复杂分析对集成网格生成的需求。

为了在网格生成过程中与几何模型保持紧密的联系，ICEM 被用于在诸如 CFD 分析和结构分析等工程应用中。

通过几何模型，ICEM 的网格生成工具提供了参数化计算网格的能力，其包括许多不同格式。

- multi-block structured（多块结构网格）。
- unstructured hexahedral（非结构六面体网格）。
- unstructured tetrahedral（非结构四面体网格）。
- cartesian with H-grid refinement（带 H 型细化的笛卡儿网格）。
- hybrid meshes comprising hexahedral, tetrahedral, pyramidal and/or prismatic elements（混合了六面体、四面体、金字塔和/或棱柱形网格的杂交网格）。
- quadrilateral and triangular surface meshes（四边形和三角形面网格）。

ICEM 提供了几何模型和分析之间的直接联系。在 ICEM 中，几何模型几乎可以通过商业 CAD 设计软件包、第三方通用数据库、扫描的数据或点数据的任何格式被导入。从支持创建和修改曲面、曲线和点的强大几何（Geometry）模块开始，ICEM 开放式的几何数据库提供了灵活组合各种格式的几何数据信息以生成网格的能力。ICEM 将得到的结构网格或非结构网格、拓扑、计算域间的连通性和边界条件存储在一个数据库中。通过该数据库，可以很容易地将它们转换为针对特定求解器的格式化输入文件。

ICEM 软件的三大特色如下：先进的网格划分技术、一劳永逸的 CAD 几何模型处理工具和完备的求解器接口。

（1）先进的网格划分技术。在 CFD 分析中，网格划分技术是影响求解精度和速度的重要因素之一。ICEM 能够向用户提供目前业界领先的高质量网格划分技术，其强大的网格划分功能可满足 CFD 对网格划分的严格要求：边界层网格自动加密、流场变化剧烈区域网格局部加密、网格自适应用于激波捕捉、分离流模拟、可提高计算速度和精度的高质量全六面体网格、非常复杂空间的四面体与六面体混合网格等。

（2）一劳永逸的 CAD 几何模型处理工具。ICEM 除了提供自己的几何建模工具之外，其网格生成工具也可以集成在 CAD 系统环境中。用户可以在 CAD 系统中进行 ICEM 的网格划分设置，如在 CAD 系统中选择面、线并分配网格大小属性等，这些数据可存储在 CAD 的原始数据库中，用户在对几何模型进行修改时也不会丢失相关的 ICEM 设定信息。ICEM 的几何模型工具的另一特色是其方便的几何模型清理功能。

（3）完备的求解器接口。ICEM 可以为超过 100 个不同的 CAE 格式提供输出接口，包括对所有的主流 CFD 求解器的支持，对诸如 CGNS（CFD general notation system，CFD 通用符号系统）等通用格式的支持，对诸如 Ansys 结构力学分析产品、LS-DYNA、Abaqus 和 NASTRAN 等 FEA（finite element analysis，有限元分析）求解器的支持。

2.1.2　Ansys ICEM CFD 网格划分的工作流程

ICEM 网格划分的一般工作流程包括以下几个步骤。

- 创建一个工作目录。
- 创建一个新项目（或打开一个现有项目）。
- 创建或导入几何模型。

- 如有必要，在网格划分前对几何模型进行修复。
- 如有必要，对几何模型进行分块。
- 计算网格。
- 检查网格是否存在错误，并根据需要进行编辑。
- 定义物理分析模型。
- 为求解器生成输入文件。

整个工作流程如图 2.1 所示。

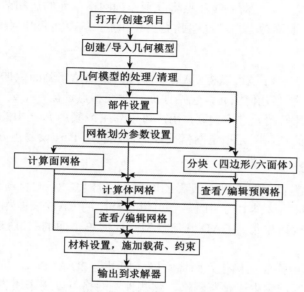

图 2.1　ICEM 网格划分的整个工作流程

下面对 ICEM 网格划分的一般工作流程简要介绍如下。

1. 创建一个项目

在 ICEM 软件中进行网格划分时，某个具体分析所需的所有文件都包含在一个项目中。用户可以创建一个新项目或打开一个现有项目，如果用户已经打开了一个项目，则创建新项目时将关闭当前项目。在创建一个项目之前，建议首先创建一个工作目录，用于保存与项目关联的所有文件。

2. 创建或导入几何模型

ICEM 包括用于创建新几何模型或处理已有几何模型的各种工具，用户不必返回到原始 CAD 软件中，即可创建简单的几何模型或修改复杂的几何模型。这些都能够通过 CAD（NURBS 曲面）和三角化曲面数据来实现。

ICEM 还支持多个几何模型接口，使用户能够通过其他格式 [CAD、第三方几何模型、刻面数据（faceted data）和网格格式] 导入几何模型。这些接口提供了 CAD 系统中所具有的参数化几何模型创建工具与 ICEM 中所具有的计算网格生成和网格优化工具之间的桥梁。ICEM 当前支持的接口包括最流行的 CAD 系统和许多传统格式。

3. 几何模型的准备

尽管 ICEM 中的大部分网格划分模块允许几何模型中存在微小的间隙或孔洞，但用户应确认几何模型中没有任何会阻止最佳网格创建的缺陷。例如，四面体网格划分工具（Tetra Mesher）要求模型必须包含封闭体积；如果几何模型中存在大于局部四面体网格尺寸的孔洞，则不会创建网格。在进行网格划分之前，应该找出几何模型中所存在的阻止最佳网格创建的缺陷，ICEM 提供了在 CAD 或三角化刻面上进行此类操作的工具。

Repair Geometry（修复几何体）页面中提供了能够找到并修复几何模型中存在诸如小间隙或孔洞此类缺陷的工具。其典型过程是先使用 Build Topology（构建拓扑）操作确定可能的几何模型问题，然后使用其他工具实现任何所需的修复。

在需要特征捕捉的情况下，几何曲线和点将分别作为网格单元的边和节点的约束。如有必要，Build Topology 工具能够从曲面数据自动创建此类曲线和点，从而捕获几何模型中的某些关键特征。

4．Part 设置

通过几何模型接口，ICEM 环境可以将 CAD 表面几何和三角化刻面数据合并到一个单个的几何数据库（Tetin 文件）中。所有几何图元，包括曲面、曲线和点都被标记或关联到一个称为 Part 的群组中。通过使用 Part 对几何图元进行关联，用户可以启用或禁用 Part 中的几何图元，使用不同的颜色显示它们，为 Part 中的几何图元指定网格尺寸，以及利用 Part 设置不同的边界条件。

5．对几何模型进行分块

ICEM 中的分块功能提供了一个基于投影的网格生成环境，不同材料之间的所有块面都投影到最近的 CAD 表面。在同一材料中的块面，还可以与特定的 CAD 表面相关联，以定义内壁面。通常情况下，用户不需要执行与底层 CAD 几何模型的任何单个面的关联操作，这将减少网格生成的时间。

当在一个或多个 Part 中需要结构化六面体网格（如果是 2D 的 Part，则为四边形网格）时，会使用到分块步骤。在分块区域中生成预览网格，这些预览网格可以逐个块进行细化和改进。在与来自其他 Part 的网格数据合并或传递到求解器之前，预览网格数据将转换为结构化或非结构化的网格数据。

根据几何模型的拓扑结构，用户可以选择以下分块策略。

（1）自上而下。通常采用自上而下的分块策略，首先捕获外部几何图元，然后分割、删除和合并块以捕获次要几何图元。可以通过各种方法进行体积填充，包括映射块、扫掠块或自由块（可以使用各种可用的非结构化方法填充）。

（2）自下而上。用户也可以使用自下而上的分块策略，即从创建 2D 块开始，添加块以捕捉更多细节，然后拉伸 2D 块以创建 3D 块。同样，可以通过各种方法填充体积。

6．计算网格

从几何模型和 Part 到完成网格划分需要以下两个步骤。

➢ 设置网格划分参数。用户应指定网格尺寸、网格类型和网格划分方法，并对上述网格类型和网格划分方法进行控制。这些参数可以全局应用于所有的 Part、表面、曲线或区域，也可以单独应用于某个 Part、表面、曲线或区域。

➢ 计算网格。

网格划分模块能划分以下一些网格类型。

（1）四面体网格（Tetra）。ICEM 的四面体网格划分工具充分利用了面向对象的非结构化网格划分技术。ICEM 四面体网格划分可以直接从 CAD 表面开始利用八叉树（Octree）方法用四面体网格填充体积，而无须烦琐的上前（up-front）三角形表面网格划分来提供良好平衡的初始网格。功能强大的网格光顺算法可以保证良好的单元质量。四面体网格划分具有自动细化或粗化网格的功能选项。

四面体网格划分工具中还包括 Delaunay 方法和阵面推进法，以从现有的表面网格创建四面体网格，并在单元尺寸上进行更平滑的过渡。Delaunay 方法是稳健的和快速的，而阵面推进法的优点是能够生成具有受控体积增长比的平滑过渡的四面体网格。

（2）棱柱体网格（Prism）。ICEM 棱柱体网格划分工具能够生成由边界表面附近的棱柱单元层和内部的四面体单元层组成的混合网格，以更好地模拟流场的近壁面物理特性。与单一的四面体网格相比，这种方法可以使分析模型更小、解的收敛性更好和分析结果更优。

（3）六面体网格（Hexa）。ICEM 六面体网格划分工具是一个半自动的网格划分模块，可以快速生成多块结构化或非结构化六面体网格。ICEM 六面体网格划分代表了一种新的网格生成方法，其中大多数的操作能够自动完成或通过单击按钮完成。可以构建块（Block），并根据底层 CAD 几何图元进行交互式调整。另外，这些块能够用作其他类似几何模型的模板，且具有完全参数化能力。复杂的拓扑结构，如内部或外部 O 型网格（Ogrid），也可以被自动生成。

（4）杂交网格（Hybrid Meshes）。可以创建以下类型的杂交网格。

➢ 四面体网格和六面体网格可以在公共面上被联合（合并），在公共面上会自动创建一层金字塔网格，以使两种网格类型共形。一些结构简单的 Part 适合创建结构化六面体网格，而另一些结构复杂的 Part 适合创建非结构化四面体网格。

➢ 可以生成六面体核心的网格，其中大部分体积由六面体笛卡儿网格所填充。通过自动创建金字塔网格，可以实现棱柱体网格或四面体杂交网格的连接。六面体核心的网格允许减少单元数量，以缩短求解器运行时间和获得更好的收敛性。

（5）面（壳）网格划分（Shell Meshing）。ICEM 为 3D 或 2D 几何模型提供了一种快速生成面网格（四边形和三角形）的方法。网格类型可以是"全部三角形"（All Tri）、"带一个三角形的四边形"（Quad w/one Tri）、"四边形主导"（Quad Dominant）或"全部四边形"（All Quad）。可以使用以下网格划分方法。

➢ 基于映射的面网格划分（自动块）[mapped based shell meshing（Autoblock）]：在内部使用一系列 2D 块，生成与几何曲率对齐更好的网格。

➢ 基于补丁适形的面网格划分（补丁适形）[patch based shell meshing（Patch Dependent）]：使用一系列由面的边界线和/或一系列曲线自动定义的"封闭区域"（Loop）。该方法提供了最佳的四边形主导质量和表面细节的捕捉。

➢ 补丁独立的面网格划分（补丁独立）[patch independent shell meshing（Patch Independent）]：使用四叉树方法。这是在未清理的几何模型上使用的最好的也是最稳健的方法。

➢ 包络处理（Shrinkwrap）：用于快速生成网格。由于其用作网格预览，因此不会捕获硬特征。

7. 检查/编辑网格

ICEM 中的网格编辑工具使用户能够诊断和修复网格中所存在的问题，还可以用于提高网格质量。许多手动和自动工具可用于诸如单元类型转换、细化或粗化网格、光顺网格等操作。

提高网格质量的过程通常如下：

➢ 使用可用的诊断工具来检查网格是否存在诸如孔洞、间隙和单元重叠等问题，使用适当的自动或手动修复方法来修复这些问题。

➢ 检查质量差的单元，并使用光顺方法提高网格质量。

如果网格质量较差，则可能需要对几何模型进行修复，或者使用更合适的网格尺寸参数或不同的网格划分方法重新创建网格。

8．定义物理分析模型

ICEM 包括用于描述模型的物理属性和所执行分析类型的工具。

定义物理分析模型的内容如下：

（1）定义或编辑材料属性。ICEM 的材料库中包含一些常用的材料；用户也可以定义自己的材料，其中包括材料的某些非线性行为。可以将自定义的材料数据保存到*.mat 文件中，便于以后调用。

（2）为模型的各个 Part 赋予材料属性。

（3）对模型施加约束。约束包括限制移动和初始速度，可应用于点、曲线、曲面或 Part。

（4）对模型施加载荷。载荷可以是力、压力或温度，并且可以应用于点、曲线、曲面或 Part。在定义物理分析模型时需要注意，并非所有的求解器都支持 ICEM 中可以施加的约束或载荷。

9．为求解器生成输入文件

ICEM 包括各种流体动力学和结构力学求解器的输出接口，生成包含完整网格和边界条件信息的适当格式化的输入文件。选择求解器后，用户可以修改求解器参数并编写必要的输入文件。

2.1.3　Ansys ICEM CFD 的文件类型

在 ICEM 中创建一个项目后，其项目目录中通常包含以下一种或多种文件类型。

➤ Project Settings（*.prj）。prj 文件为项目设置文件，简称项目文件，其中包含管理与项目关联的数据文件所需的信息。可以通过打开 prj 文件打开所有与之相关的文件。

➤ Tetin（*.tin）。tin 文件为几何文件，其中包含几何图元、材料点、Part 关联、全局以及各图元网格尺寸等信息。

➤ Mesh（*.uns）。uns 文件为网格文件，其中包含项目中的线、面和体网格单元的详细信息。面网格由三角形和/或四边形单元组成；体网格由四面体、六面体、金字塔和/或棱柱体单元组成。

➤ Blocking（*.blk）。blk 文件为块文件，其中包含用于创建结构化网格的基础拓扑结构的详细信息。块文件也可以从一个非结构化网格中加载或保存到一个非结构化网格。

➤ Attributes（*.atr 或*.fbc）。atr 文件为属性文件，包含用户定义的 Part 和单元属性信息。fbc 文件为边界条件（Boundary Conditions）文件，包含载荷、约束与网格的节点/单元之间的关联信息。通常将 atr 文件和 fbc 文件统称为属性文件。

➤ Parameters（*.par）。par 文件为参数文件，包含与网格无关的参数数据，如材料属性、局部坐标系、求解器分析设置和运行参数等。当一组参数与网格的节点/单元相关联时，参数文件中的数据在属性文件中被交叉引用。

➤ Cartesian（*.crt）。crt 文件为笛卡儿文件，包含有关笛卡儿网格的信息（如果已创建笛卡儿网格）。

➤ Journal（*.jrf）。jrf 文件为记录文件，包含用户所执行操作的记录。

➤ Replay（*.rpl）。rpl 文件为 ICEM 的脚本文件，包含重播脚本，可用于批处理和二次开发。

各种类型的文件分别存储不同的数据信息，用户可以在 ICEM 中单独读入或者导出，以提高使用过程中文件的输入/输出速度。

2.2 Ansys ICEM CFD 的用户界面

ICEM 用户界面提供了创建和管理计算网格的完整环境。图 2.2 所示为 ICEM 用户界面。ICEM 用户界面包含多个不同的功能区域，一般的网格划分工作流程从左到右贯穿整个功能区的选项卡。

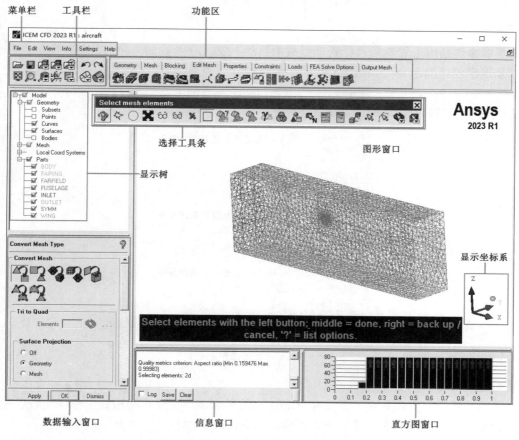

图 2.2　ICEM 用户界面

ICEM 用户界面的左上角为菜单栏，其下方为工具栏，与工具栏相平齐的为功能区。功能区中包含 9 个选项卡，单击各选项卡中的功能按钮，可激活该按钮所关联的数据输入窗口，在其上方为显示树。ICEM 用户界面还包含选择工具条，在界面的右下角还包含信息窗口及直方图窗口。

数据输入窗口主要用于完成参数的设置、数据的输入以及几何图元的选择等操作。图形窗口主要用于显示几何模型、块和网格。选择工具条主要用于控制选择的方式和方法等。显示坐标系用于显示全局坐标系的三个坐标轴，红色[①]为 X 轴，绿色为 Y 轴，蓝色为 Z 轴，用户可以通过显示坐标系来重新定向模型的方位。信息窗口用于显示操作的反馈信息及各种输出的信息，用户在操作时应该养成随时观察信息窗口的习惯，以判断所进行的操作是否符合预期。直方图窗口用于以直方图的

[①]　作者注：因本书为单色印刷，所以书上未体现颜色信息，读者在实际操作时可看出颜色，可将本书上的颜色提示作为参考，全书余同。

形式显示网格质量的统计结果。

下面对 ICEM 用户界面的主要功能区域作简要介绍。

2.2.1　菜单栏

菜单栏中主要包含 File（文件）、Edit（编辑）、View（视图）、Info（信息）、Settings（设置）和 Help（帮助）6 个菜单，下面对各菜单作简要介绍。

1．File

File 菜单中包括用于管理项目、管理组成项目的对象、导入数据、导出几何模型数据、管理重播脚本以及退出程序的命令，如图 2.3 所示。

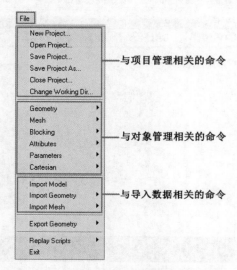

图 2.3　File 菜单

下面对这些命令作简要介绍。

（1）与项目管理相关的命令。用户在 ICEM 中的所有工作被组织到项目文件（*.prj）中。项目文件包含管理与项目关联的多个数据文件所需的信息。管理项目文件的命令如下：

> New Project（新建项目）：开始一个新的项目。保存项目文件的文件夹将成为当前的工作目录。

> Open Project（打开项目）：打开一个已存在的项目。

> Save Project（保存项目）：更新磁盘中所保存的项目文件。如果用户正在已有项目中工作，则此命令将覆盖原有项目文件；否则，ICEM 将提示用户输入文件名和保存项目文件的目录。

> Save Project As（项目另存为）：通过现有的工作内容创建一个新的项目文件。

> Close Project（关闭项目）：要卸载所有项目数据并使 ICEM 保持打开状态，可选择 File→Close Project 命令。如果项目已更改，ICEM 将提示用户保存更改。

> Change Working Dir（修改工作目录）：用于修改当前保存项目和数据文件的默认工作目录。为方便文件的保存和读取，修改工作目录一般是每次使用 ICEM 的第一个操作。

（2）与对象管理相关的命令。用户的 ICEM 项目由多个对象所组成，每个对象都有自己的数据，这些数据也可以进行独立管理。此部分中的每个命令都会打开一个子菜单，以管理该对象的数据。

➢ Geometry（几何）：管理几何文件（*.tin）的命令，如图 2.4 所示。

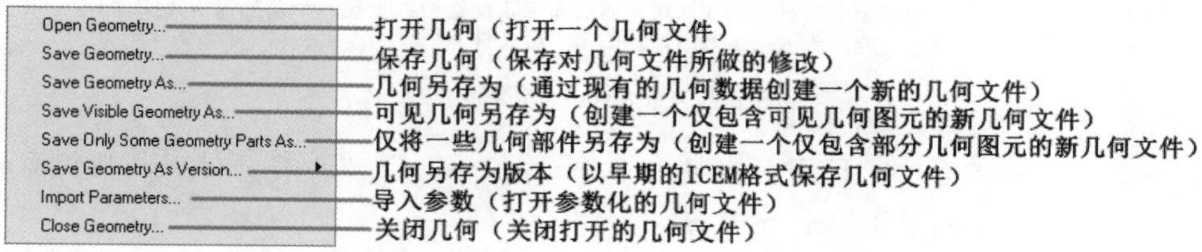

Open Geometry... ──────── 打开几何（打开一个几何文件）
Save Geometry... ──────── 保存几何（保存对几何文件所做的修改）
Save Geometry As... ──────── 几何另存为（通过现有的几何数据创建一个新的几何文件）
Save Visible Geometry As... ──────── 可见几何另存为（创建一个仅包含可见几何图元的新几何文件）
Save Only Some Geometry Parts As... ──────── 仅将一些几何部件另存为（创建一个仅包含部分几何图元的新几何文件）
Save Geometry As Version... ▸ ──────── 几何另存为版本（以早期的 ICEM 格式保存几何文件）
Import Parameters... ──────── 导入参数（打开参数化的几何文件）
Close Geometry... ──────── 关闭几何（关闭打开的几何文件）

图 2.4　Geometry 子菜单

➢ Mesh（网格）：管理网格文件（*.uns）的命令，如图 2.5 所示。

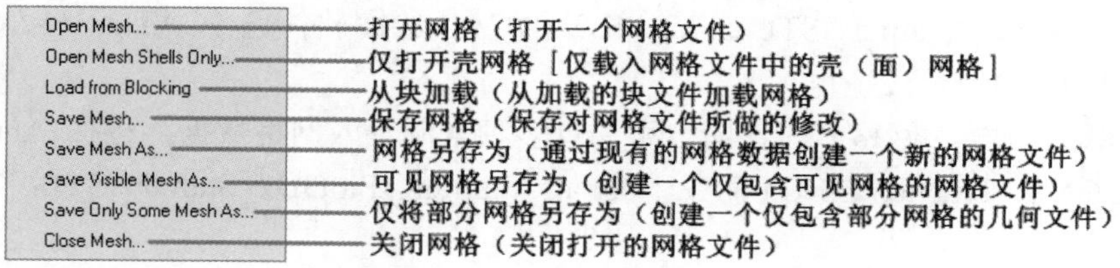

Open Mesh... ──────── 打开网格（打开一个网格文件）
Open Mesh Shells Only... ──────── 仅打开壳网格［仅载入网格文件中的壳（面）网格］
Load from Blocking ──────── 从块加载（从加载的块文件加载网格）
Save Mesh... ──────── 保存网格（保存对网格文件所做的修改）
Save Mesh As... ──────── 网格另存为（通过现有的网格数据创建一个新的网格文件）
Save Visible Mesh As... ──────── 可见网格另存为（创建一个仅包含可见网格的网格文件）
Save Only Some Mesh As... ──────── 仅将部分网格另存为（创建一个仅包含部分网格的几何文件）
Close Mesh... ──────── 关闭网格（关闭打开的网格文件）

图 2.5　Mesh 子菜单

➢ Blocking（块）：管理块文件（*.blk）的命令，如图 2.6 所示。

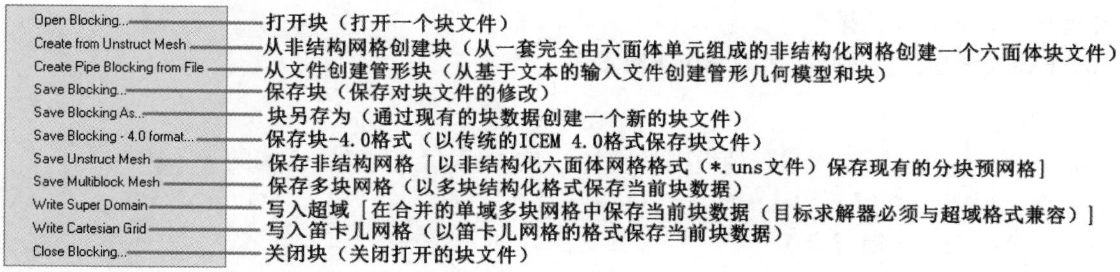

Open Blocking... ──────── 打开块（打开一个块文件）
Create from Unstruct Mesh ──────── 从非结构网格创建块（从一套完全由六面体单元组成的非结构化网格创建一个六面体块文件）
Create Pipe Blocking from File ──────── 从文件创建管形块（从基于文本的输入文件创建管形几何模型和块）
Save Blocking... ──────── 保存块（保存对块文件的修改）
Save Blocking As... ──────── 块另存为（通过现有的块数据创建一个新的块文件）
Save Blocking - 4.0 format... ──────── 保存块-4.0 格式（以传统的 ICEM 4.0 格式保存块文件）
Save Unstruct Mesh ──────── 保存非结构网格［以非结构化六面体网格格式（*.uns 文件）保存现有的分块预网格］
Save Multiblock Mesh ──────── 保存多块网格（以多块结构化格式保存当前块数据）
Write Super Domain ──────── 写入超域［在合并的单域多块网格中保存当前块数据（目标求解器必须与超域格式兼容）］
Write Cartesian Grid ──────── 写入笛卡儿网格（以笛卡儿网格的格式保存当前块数据）
Close Blocking... ──────── 关闭块（关闭打开的块文件）

图 2.6　Blocking 子菜单

➢ Attributes（属性）：管理属性文件（*.fbc 或*.atr）的命令，如图 2.7 所示。

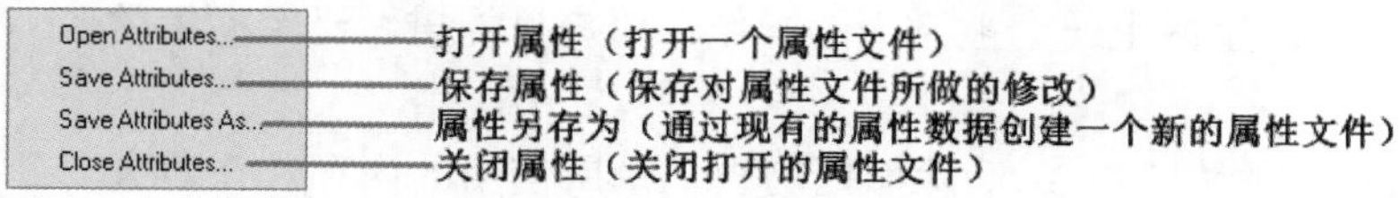

Open Attributes... ──────── 打开属性（打开一个属性文件）
Save Attributes... ──────── 保存属性（保存对属性文件所做的修改）
Save Attributes As... ──────── 属性另存为（通过现有的属性数据创建一个新的属性文件）
Close Attributes... ──────── 关闭属性（关闭打开的属性文件）

图 2.7　Attributes 子菜单

➢ Parameters（参数）：管理参数文件（*.par）的命令，如图 2.8 所示。

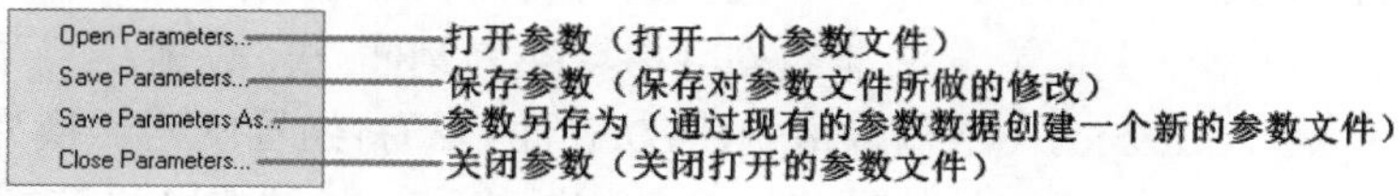

Open Parameters... ──────── 打开参数（打开一个参数文件）
Save Parameters... ──────── 保存参数（保存对参数文件所做的修改）
Save Parameters As... ──────── 参数另存为（通过现有的参数数据创建一个新的参数文件）
Close Parameters... ──────── 关闭参数（关闭打开的参数文件）

图 2.8　Parameters 子菜单

➢ Cartesian（笛卡儿）：管理笛卡儿文件（*. crt）的命令，如图 2.9 所示。

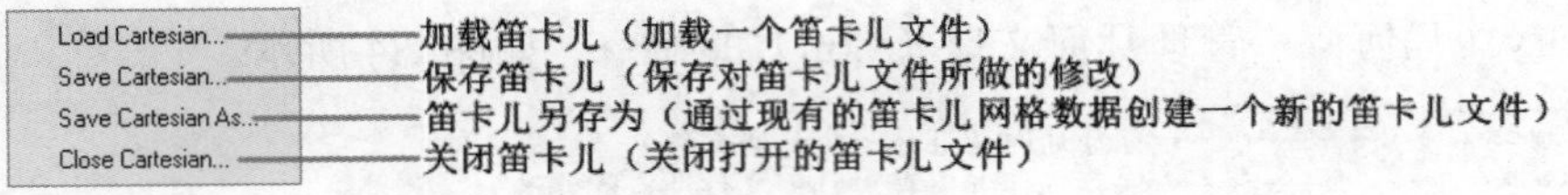

Load Cartesian...	加载笛卡儿（加载一个笛卡儿文件）
Save Cartesian...	保存笛卡儿（保存对笛卡儿文件所做的修改）
Save Cartesian As...	笛卡儿另存为（通过现有的笛卡儿网格数据创建一个新的笛卡儿文件）
Close Cartesian...	关闭笛卡儿（关闭打开的笛卡儿文件）

图 2.9 Cartesian 子菜单

（3）与导入数据相关的命令。ICEM 能够从许多流行的 CAD 软件程序导入几何模型和 Part 的数据，以及从许多第三方求解器导入网格数据。

- ➢ Import Model（导入模型）：通过 Workbench Reader 将几何模型或网格数据导入 ICEM。仅当 Ansys Workbench 与 ICEM 同时安装时，才会显示此命令。
- ➢ Import Geometry（导入几何模型）：该命令可直接从各种来源导入几何模型，包括刻面几何格式（Nastran、Patran、STL 或 VRML）和 CAD 绘图软件包（CATIA V4、GEMS、Plot3D 或 Rhino 3DM）。
- ➢ Import Mesh（导入网格）：该命令可通过多种来源导入网格数据，包括 Ansys、Abaqus、CFX、CGNS、Fluent、LS-DYNA、Nastran、Patran、Plot3D、Starcd、STL、TecPlot、Ugrid 和 Vectis。

（4）Export Geometry（导出几何模型）。该命令可通过 IGES、Parasolid、Rhino 3DM 或 STL 4 种格式之一导出几何模型。

（5）Replay Scripts（重播脚本）。通过该命令，用户可以编写自己的专用脚本来定制 ICEM 或以批处理模式运行复杂的操作。

（6）Exit（退出）。该命令可退出 ICEM 程序。

2．Edit

Edit 菜单中包括部分操作步骤的撤销与恢复、网格数据与几何数据之间的转换等命令，如图 2.10 所示。

下面对这些命令作简要介绍。

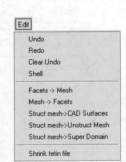

图 2.10 Edit 菜单

- ➢ Undo（撤销）：撤销最近的操作。对于光顺、细化、粗化、转换等操作，如果整个网格都在发生变化，则只能执行一次撤销操作。通常无法撤销与显示相关的操作。
- ➢ Redo（重做）：重做上一个被撤销的操作。用户只能重做已经撤销的操作。
- ➢ Clear Undo（清除撤销）：清除撤销历史记录所使用的内存。在对大量单元执行操作后，此命令特别有用，因为撤销操作需要在内存中存储操作前后的状态。
- ➢ Shell（壳）：该命令将在当前工作目录中打开一个新的命令提示符窗口。
- ➢ Facets→Mesh（刻面→网格）：将刻面几何数据转换为非结构网格。
- ➢ Mesh→Facets（网格→刻面）：将非结构网格转换为刻面几何数据。
- ➢ Struct mesh→CAD Surfaces（结构网格→CAD 表面）：将结构网格转换为 CAD 表面。
- ➢ Struct mesh→Unstruct Mesh（结构网格→非结构网格）：将结构网格转换为非结构网格。
- ➢ Struct mesh→Super Domain（结构网格→超域）：将结构网格转换为超域文件。
- ➢ Shrink tetin file（缩减几何文件）：删除几何文件中的标题行、注释行和不必要的定义，这样可以显著减小几何文件的大小。

3．View

View 菜单中包含用于在图形显示中选择模型不同方向的命令，如图 2.11 所示。
下面对这些命令作简要介绍。

- Fit（匹配缩放）：该命令将对整个模型进行缩放，使其适合当前的图形窗口。
- Box Zoom（框选缩放）：该命令将提示用户在图形窗口中单击并拖动一个矩形区域，然后将该区域放大以填充整个图形窗口。
- Top/Bottom/Left/Right/Front/Back/Isometric（顶/底/左/右/前/后/等轴测）：这些命令用于改变观察模型的位置，以便于在全局坐标系下从模型的顶部/底部/左侧/右侧/前方/后方/等轴测方向观察模型。
- View Control（视图控制）：保存或编辑当前视图。
- Save Picture（保存图片）：以不同的图片格式保存模型的视图。
- Mirrors and Replicates（镜像和复制）：镜像和复制出模型的影像。此命令镜像和复制出来的并不是真实的模型，而仅仅是模型的影像。这些影像仅用于显示，不能对它们进行选择或操作。

图 2.11　View 菜单

- Annotation（注释）：注释是独立于所显示的数据而定义的图形对象（如缩略图或一些解释性文本），并且通常显示在图形窗口中的固定位置。该命令可用于创建、修改、移动或删除注释。
- Add Marker/Clear Markers（添加标记/清除标记）：创建标记/清除所有创建的标记。
- Mesh Cut Plane（网格剖切面）：剖切面用于对三维模型进行切割，并在剖切面上显示网格划分结果。该命令可用于剖切面的创建和管理。

4．Info

Info 菜单包含提供与模型相关有用信息的命令，如曲线长度、节点信息、两点之间的距离等，如图 2.12 所示。
下面对这些命令作简要介绍。

- Geometry Info（几何信息）：在信息窗口中显示尺寸单位以及模型中的曲面、曲线、几何点、实体和 Part 的数量。
- Surface Area（曲面面积）：在信息窗口中显示选定曲面的信息（如曲面名称、总面积等）。
- Frontal Area（正面面积）：在信息窗口中显示模型正对屏幕的所有表面的面积信息。
- Curve Length（曲线长度）：在信息窗口中显示选定曲线的信息（如曲线名称、曲线长度等）。
- Curve Direction（曲线方向）：在图形窗口中显示选定曲线的切线方向。

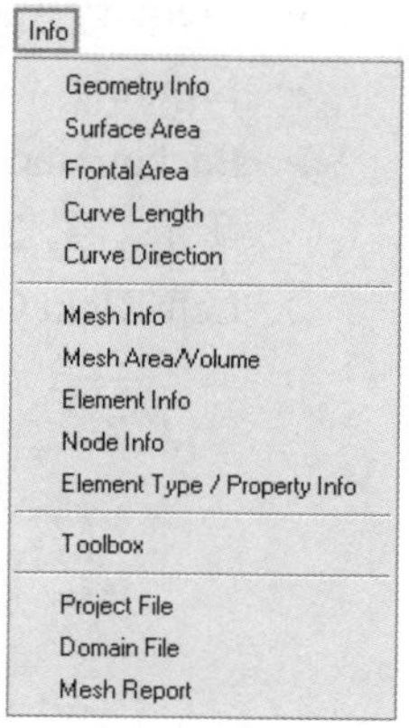

图 2.12　Info 菜单

- Mesh Info（网格信息）：在信息窗口中显示与网格有关的信息，如单元总数、节点总数、边界框的最小和最大坐标、每个类型的单元数量、每个 Part 的单元数量、单元最大边长、单元最小边长等。
- Mesh Area/Volume（网格面积/体积）：在信息窗口中按类型显示网格单元的面积和体积，

并显示所有网格单元的总面积和总体积。

➢ Element Info（单元信息）：在信息窗口中显示所选单元的信息，如单元类型、单元编号、单元所属 Part、单元上的节点编号、单元厚度 [面（壳）单元]、网格质量等。

➢ Node Info（节点信息）：在信息窗口中显示所选节点的信息，如节点编号、节点维度、节点坐标、节点厚度 [面（壳）单元]等。

➢ Element Type/Property Info（单元类型/属性信息）：在信息窗口中显示单元类型和所定义的材料属性信息。

➢ Toolbox（工具箱）：将在 ICEM 用户界面的右下角显示一个工具箱窗口，其中包括计算器、记事本、单位转换表和变量/参数窗口，如图 2.13 所示。

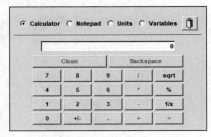

图 2.13　Toolbox 窗口

➢ Project File（项目文件）：在信息窗口中显示项目文件的信息。

➢ Domain File（域文件）：在信息窗口中显示域文件的信息。

➢ Mesh Report（网格报告）：用于生成网格质量报告。

5. Settings

Settings 菜单中包含更改显示、内存、速度等默认设置的命令，如图 2.14 所示。

下面对这些命令作简要介绍。

➢ General（常规）：用于更改有关 ICEM 的文件、处理器数量、文本编辑器等默认设置。

➢ Tools（工具）：用于选择可用的 ICEM 组件和图形用户界面的样式。用户可以选择 Workbench 样式或传统的 ICEM CFD 样式（本书中使用默认的 Workbench 样式）。

➢ Display（显示）：用于更改 ICEM 的显示设置，如图标大小、几何模型的简化等。

➢ Speed（速度）：用于更改与几何模型和网格相关的显示模式，这将影响到图形窗口的显示速度。

➢ Memory（内存）：用于修改 ICEM 的最大内存参数。

➢ Lighting（照明）：用于以交互方式设置实体视图中照明的方向和分量。

➢ Background Style（背景样式）：用于设置图形窗口的背景样式和颜色，其数据输入窗口如图 2.15 所示。图 2.15 中的 Solid 选项表示单色，Top-Bottom Gradient 选项表示从上到下颜色渐变，Left-Right Gradient 选项表示从左到右颜色渐变，Diagonal Gradient 表示对角线颜色渐变。

图 2.14　Setttings 菜单

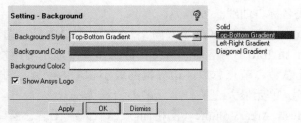

图 2.15　设置背景样式的数据输入窗口

> Mouse Bindings/Spaceball（鼠标/空间球的约定）：用于设置鼠标各按键的功能及 ICEM 启动时是否对空间球进行检查。
> Selection（选择）：用于更改与几何图元、网格和块的选择相关的默认设置。
> Remote（远程）：用于设置在远程计算机上运行 ICEM 程序。
> Model/Units（模型/单位）：用于设置模型的尺寸单位首选项。
> Geometry Options（几何选项）：用于设置几何图元首选项。
> Meshing Options（网格划分选项）：用于设置网格生成的首选项。
> Import Model Options（导入模型选项）：用于进行模型导入时的全局设置。
> Solver（求解器）：选择默认的求解器或网格文件格式，以用于创建分析软件的输入文件。
> Reset（重置）：将 Settings 菜单中进行的所有自定义设置重置为默认值。

6. Help

Help 菜单用于提供访问 ICEM 的各种帮助文档及软件的版本信息等，如图 2.16 所示。在数据输入窗口中单击帮助按钮 ，也可以快速获取与当前操作相关的帮助，如图 2.17 所示。

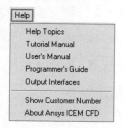

图 2.16　Help 菜单

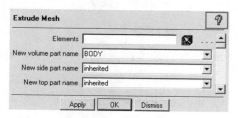

图 2.17　数据输入窗口

2.2.2　工具栏

通过工具栏可以快速访问一些最常用的功能，工具栏如图 2.18 所示。

（1） 为打开项目文件， 为保存项目文件。

（2） 为打开几何文件，单击其右下角的 按钮，将弹出下拉菜单，其中 和 分别为保存和关闭几何文件； 及其下拉菜单中的 和 分别为打开、保存和关闭网格文件； 及其下拉菜单中的 和 分别为打开、保存和关闭块文件。

（3） 为匹配缩放， 为框选缩放。

（4） 及其下拉菜单中的 和 分别为测量两点间的距离、测量两个相交矢量之间的角度和测量某点的具体坐标。

（5） 为定义局部坐标系统。

（6） 及其下拉菜单中的 分别为刷新屏幕和重新计算网格。

（7） 和 分别为撤销和重做。

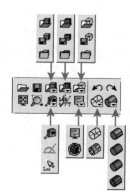

图 2.18　工具栏

（8） 及其下拉菜单中的 分别为不显示模型内部边和显示模型内部边（以线框形式显示模型）。

（9） 及其下拉菜单中的 、 和 分别为以平滑阴影或平面阴影显示面、以平滑阴影显示面、以平面阴影显示面、以线框结合平滑阴影或平面阴影显示面。

2.2.3　功能区

功能区中共包括 9 个选项卡，由于本书主要介绍网格划分技术，因此主要介绍 Geometry（几何）、Mesh（网格）、Blocking（块）、Edit Mesh（网格编辑）、Output Mesh（网格输出）等选项卡。

➢ Geometry 选项卡：主要用于创建和修改几何模型，如图 2.19 所示。

➢ Mesh 选项卡：主要用于定义网格的尺寸、网格类型和生成方法等，如图 2.20 所示。

图 2.19　Geometry 选项卡

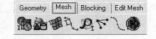

图 2.20　Mesh 选项卡

➢ Blocking 选项卡：主要用于生成结构化网格时创建块、修改块等操作，如图 2.21 所示。

➢ Edit Mesh 选项卡：主要用于检查网格的质量、修改网格、光顺网格等操作，如图 2.22 所示。

图 2.21　Blocking 选项卡

图 2.22　Edit Mesh 选项卡

➢ Output Mesh 选项卡：主要用于将生成的网格输出到指定的求解器，如图 2.23 所示。

图 2.23　Output Mesh 选项卡

2.2.4　显示树

显示树又称为显示控制树或模型树，主要用于控制模型的几何图元、网格、块、局部坐标系和 Part 等在图形窗口中的显示，如图 2.24 所示。显示树中主要有 Geometry（几何图元）、Mesh（网格）、Blocking（块）、Local Coord Systems（局部坐标系）和 Parts 等目录。目录前的复选框用于控制该目录下所包含对象的显示与隐藏，未勾选表示隐藏，绿色对号勾选表示显示，灰色对号勾选表示部分显示。如图 2.24 所示，当 Geometry 目录下的 Points 未选中时，表示不显示几何点图元。

单击目录前的加号⊞可以展开目录，单击目录前的减号⊟可以将目录收拢。Parts 目录下各 Part 的名字颜色与其在图形窗口中所显示的颜色相同。在显示树的每一行上右击，可以弹出该项的快捷菜单，如图 2.25 所示。显示树是一个很好的显示控制工具，可以通过其中的 Parts 目录对网格和几何图元进行分组。习惯从显示树中进行显示控制、分组、修改和删除等操作，将会大大提高工作效率。

合理控制图形窗口内的显示内容，可以方便用户的操作，尤其是对于复杂模型的网格划分。以一个无线鼠标外壳几何模型中控制面的显示为例，右击显示树中的 Geometry→Surfaces 目录，弹出的快捷菜单如图 2.26 所示。其中，Wire Frame 表示线框显示，Solid 表示实体显示，Solid & Wire 表示实体和线框显示，Grey Scale 表示灰度显示，Transparent 表示透视图，不同的显示效果如图 2.27 所示。

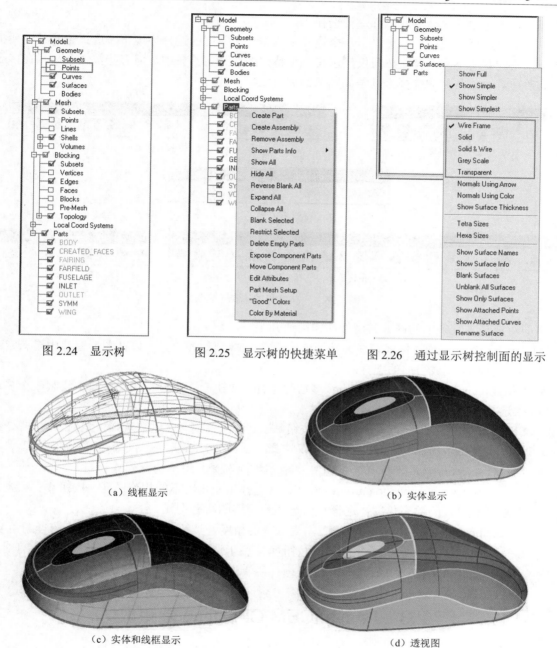

图 2.24　显示树　　　　图 2.25　显示树的快捷菜单　　　图 2.26　通过显示树控制面的显示

（a）线框显示　　　　　　　　　　　　（b）实体显示

（c）实体和线框显示　　　　　　　　　　（d）透视图

图 2.27　无线鼠标外壳面显示的控制

另外，还有几个常用的显示控制的命令：Normals Using Arrow 表示以箭头显示面的法线；Normals Using Color 表示以颜色显示面的法线；Show Surface Thickness 表示显示面的厚度；Blank Surfaces 表示隐藏面，可用来隐藏所选择的面；Unblank All Surfaces 表示取消隐藏所有面。

2.2.5　选择工具条

在 ICEM 中，用户可以通过多种方式选择位置或图形对象（几何图元、网格、块、节点等）。

其常用的方法是使用快捷键或鼠标进行选择。

在大多数选择模式下，都会显示一个选择工具条。在不同的选择环境下，选择工具条中所提供的选择按钮会有所不同，有些按钮仅显示在一个特定的选择工具条中，但有些按钮会显示在多个选择工具条中。一些常见的选择工具条如图 2.28 所示。

（a）选择位置

（b）选择几何图元

（c）选择块

（d）选择网格单元

（e）选择节点

图 2.28　一些常见的选择工具条

下面对选择工具条中的部分常用按钮作简要介绍。

➢ Toggle Dynamics（模式切换）按钮：用于切换到动态模式，以在图形窗口中重新定向模型，以便于完成当前的选择。

➢ Select items in a polygonal region（多边形选择）按钮：通过在图形窗口中绘制一个多边形来选择多边形内的对象。

➢ Select all appropriate objects（全选）按钮：选择所有对象，这在选择大量对象时非常有用。

➢ Select all appropriate visible objects（仅选择显示部分）按钮：仅选择可见的对象。

➢ Cancel selection（取消选择）按钮：取消当前选择并退出选择模式。

➢ Select all items attached to current selection（选择填充角度下的相连图元）按钮：根据当前的选择和设置的填充角度，选择与所选图元相连的所有图元。

➢ Set feature angle for flood fill（设置填充选择的角度）按钮：用于设置填充选择的角度。

➢ Select items in a subset（子集选择）按钮：用于选择一个子集或多个子集内的所有对象。

➢ Select items in a part（Part 选择）按钮：用于选择一个或多个 Part 中的所有对象。

2.3　Ansys ICEM CFD 的基础知识

本节将介绍 ICEM 软件的启动、基本操作和基本术语及约定等基础知识。

2.3.1　启动 Ansys ICEM CFD 的两种方式

ICEM 既可以单独启动，也可以在 Ansys Workbench 平台中启动，下面分别予以介绍。

1．单独启动 ICEM

在 Windows 操作系统中，单击桌面左下方的"开始"按钮，在弹出的菜单中选择"程序"→Ansys 2023 R1→ICEM CFD 2023 R1，启动 ICEM CFD 2023 R1。用户也可以在桌面上创建该程序的快捷方式图标，然后通过双击该图标启动 ICEM CFD 2023 R1。

2. 在 Ansys Workbench 平台中启动 ICEM

当 Ansys Workbench 与 ICEM 同时安装时，可以通过 Ansys Workbench 平台启动 ICEM，此时 ICEM CFD 将作为 Ansys Workbench 平台中的一个 Component Systems（组件系统）。用户可以使用 ICEM CFD 组件系统来构建项目，并选择从上游组件系统（如 Mesh、Geometry 和 Mechanical Model 等）导入数据，然后向下游组件系统（如 Fluent、CFX 和 Mechanical APDL 等）提供数据。图 2.29 所示为 ICEM CFD 从 Geometry 导入数据，并向 Fluent 提供数据的一个示例。

图 2.29 使用 ICEM CFD 组件系统构建项目示例

在 Ansys Workbench 平台中创建一个包含 ICEM CFD 组件系统的项目之后，用户可以通过双击 ICEM CFD 组件系统中的 Model 单元格，或右击该单元格，在弹出的快捷菜单中选择 Edit（编辑）命令，启动 ICEM，如图 2.30 所示。此时，用户可以利用 Ansys Workbench 平台自动管理 ICEM 操作过程中所产生的相关文件。另外，在 Workbench 中的 Meshing 应用程序或集成 Meshing 应用程序的其他应用程序中，也可以通过选择特定的网格划分方法来启动 ICEM，如图 2.31 所示。如果将 Write ICEM CFD Files 设置为 Interactive，则在进行网格划分时即可交互式启动 ICEM。

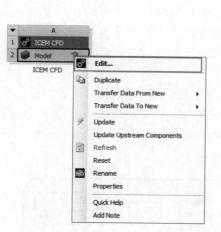

图 2.30 在 Ansys Workbench 平台中启动 ICEM   图 2.31 通过 Meshing 应用程序启动 ICEM

由于本书主要介绍 ICEM 的网格划分技术，因此主要通过第一种方式启动 ICEM。

2.3.2 基本操作

1. 鼠标的基本操作

ICEM 是一款操作性很强的软件，其大部分操作需要依靠鼠标来完成。ICEM 鼠标的基本操作见表 2.1。

表 2.1　ICEM 鼠标的基本操作

模　式	基　本　操　作	操　作　效　果
动态模式	按住左键并拖动	旋转
	按住中键并拖动	平移
	按住右键并上下拖动	缩放
	按住右键并左右拖动	在当前平面内旋转
	转动滚轮	缩放
选择模式	单击左键（简称单击）	选择/取消选择（按住 Shift 键）（单击并拖动，形成矩形选择框）
	单击中键	确定
	单击右键（简称右击）	倒退/取消

ICEM 中有动态和选择两种模式。当鼠标指针为十字时，表明处于选择模式，用于选择几何、网格等图元；当鼠标指针为箭头时，表明处于动态模式，用于观察或控制几何、网格等图元的显示。有时需要在两种模式之间进行转换，此时可以通过单击工具条中的第一个按钮 （单击此图标，切换到动态模式）/ （单击此图标，切换到选择模式）进行切换，也可以使用快捷键 F9 实现两种模式的快速切换。

2．键盘的基本操作

在 ICEM 软件中，数据输入窗口中各文本框的输入、显示树中各目录的重命名等都需要通过键盘来完成。

除此之外，为了方便操作，ICEM 中的许多使用比较频繁的命令都可以通过键盘的单个快捷键或组合快捷键来完成。这些快捷键中，有许多快捷键是在所有操作环境中通用的；而有些快捷键则仅用于特定的选项卡，即只有当用户打开功能区内的某个特定的选项卡时才有效。

需要注意的是，在使用快捷键时，应确保 Caps Lock 键处于关闭状态，且光标应位于图形显示区域。

ICEM 的通用快捷键如图 2.32 所示，通用快捷键的具体功能介绍见表 2.2。读者如果需要系统学习各种操作环境下可以使用的快捷键，可以选择菜单栏中的 Help→Help Topics 命令。在 Ansys ICEM CFD Help Manual 的 Selecting Entities, Keyboard and Mouse Functions 子目录下有各种操作环境下快捷键功能的详细说明。

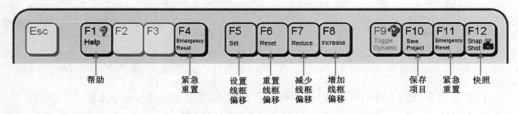

图 2.32　ICEM 的通用快捷键

表 2.2　ICEM 通用快捷键的具体功能介绍

快捷键	名　称	介　绍
F1	帮助	打开在线或本地帮助

续表

快捷键	名 称	介 绍
F4/F11	紧急重置	当键盘锁定或快捷键失效时，可通过紧急重置来解锁键盘
F5	设置线框偏移	线框偏移（Wireframe Offset）用于优化实体模型的线框显示效果。设置线框偏移（Z 偏移）表示将尝试根据模型尺寸自动设置线框值
F6	重置线框偏移	将线框偏移（Z 偏移）设置为 0
F7	减少线框偏移	减少线框偏移（Z 偏移）的数值，可以使线框看起来暗淡一些
F8	增加线框偏移	增加线框偏移（Z 偏移）的数值，可以使实体/线框网格的显示更清晰
F10	保存项目	更新磁盘中所保存的项目文件
F12	快照	以图片形式保存一个当前屏幕的硬复制
Enter	应用	在文本框中完成输入后，按 Enter 键与单击 Apply（应用）按钮功能相同

读者如果需要快速查询当前操作环境下可以使用的快捷键，可以按 Shift+? 快捷键，此时将会在信息窗口中列出当前可以使用的快捷键及简要功能介绍，如图 2.33 所示。

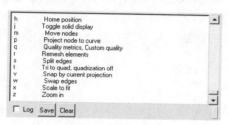

图 2.33 信息窗口

2.3.3 基本术语及约定

为了便于后面学习内容的叙述，下面结合 ICEM 软件的特点对本书中 ICEM 的基本术语及约定作简要介绍。

1. 基本术语

在 ICEM 中的显示树中，包含大多数项目中常见的 4 个目录：Geometry（几何模型）、Mesh（网格）、Blocking（块）和 Parts，如图 2.34 所示，下面对这些基本术语进行简单介绍。

（1）Geometry 表示几何模型，Bodies、Surfaces、Curves、Points 分别为构成几何模型的体、面、线、点。

（2）Mesh 表示几何模型所划分的网格，Volumes、Shells、Lines、Points 分别为体单元、面（壳）单元、线单元和节点单元（如质量点）。

（3）Blocking 表示几何模型所对应的块结构，Blocks、Faces、Edges、Vertices 分别为构成块的体、面、线和点，而且 Geometry 和 Blocking 之间有一一对应的关系（Blocks 对应 Bodies、Faces 对应 Surfaces、Edges 对应 Curves、Vertices 对应 Points）。

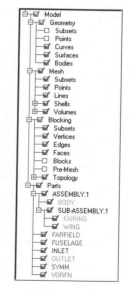

图 2.34 显示树

📢 注意：

在 ICEM 中进行网格划分操作时，由于 Faces 和 Surfaces、Edges 和 Curves、Vertices 和 Points 分别表示块

和几何模型中的面、线、点，为了防止在具体操作中使读者产生误解，本书不对这些术语进行翻译。

（4）Parts 目录中包含用户所创建的所有 Part。Part 可以包含几何图元，也可以包含块。在 ICEM 中，Part 是一个为了便于操作而组合在一起的几何图元或块的集合，合理地定义 Part 可以为划分网格工作提供很多便利。Assembly（装配）是由多个 Part 或其他 Sub-Assembly（子装配）所组成的一个组合体。如图 2.34 所示，名称为 ASSEMBLY.1 的 Assembly 由名称为 BODY 的 Part 和名称为 SUB-ASSEMBLY.1 的 Sub-Assembly 所组成。

2. 约定

在 ICEM 中进行划分网格操作时有以下约定。

（1）在 ICEM 中，Part 名称和几何图元的名称应少于 64 个字符。名称应该以字母开头，而不能以数字开头。"+" "−" "*" "/" 等运算符不应在名称中使用，因为它们可能被误解为表达式或装配符号。Part 名称全部采用大写字母，不区分大小写。几何图元的名称区分大小写。

（2）在 Linux 操作系统中，在向 ICEM 导入几何模型或网格模型时，所导入的模型文件的文件名不可以包含诸如 Ä、ä、Ç、Ö、ö、Ü 等特殊字符。

（3）在 ICEM 的图形用户界面的输入栏中完成输入后，按 Enter 键与单击 Apply（应用）按钮的作用相同。

第 3 章 几何模型的准备

内容简介

在划分网格之前，有一项重要的工作就是几何模型的准备。存在问题的几何模型，在生成网格时会产生各种错误。读者可以通过 ICEM 提供的几何建模功能直接创建几何模型，也可以导入其他 CAD 软件所创建的几何模型。几何模型的准备就是通过 ICEM 创建几何模型或对已有的几何模型进行处理加工，为进行网格划分做前期准备工作。

本章将简要介绍 ICEM 关于几何建模和几何模型修改的基础知识。通过本章的学习，读者将对 ICEM 的几何建模和几何修改功能有初步的认识，能够准备符合网格划分要求的几何模型。

内容要点

- ➢ 基本几何图元设计
- ➢ 几何图元的处理
- ➢ 导入几何模型

3.1 基本几何图元设计

ICEM 功能区中的 Geometry（几何）选项卡中包含了创建和修改基本几何图元的各种功能按钮。需要注意的是，ICEM 中并没有体（Body）的概念，其采取点（Point）、线（Curve）、面（Surface）三级几何图元，最高一级的几何图元为面（Surface）。在诸如三维多区域块的特定网格划分操作时所需创建的 Body 只是拓扑意义上的体。因此，本节主要介绍 Geometry 选项卡中用于基本几何图元设计的 Create Point（创建 Point）按钮、Create/Modify Curve（创建/修改 Curve）按钮和 Create/Modify Surface（创建/修改 Surface）按钮。

3.1.1 创建 Point

单击功能区内 Geometry（几何）选项卡中的 Create Point（创建 Point）按钮，即可打开 Create Point（创建 Point）数据输入窗口，如图 3.1 所示。下面对该窗口中各部分的功能作简要介绍。

（1）Part：该文本框用于输入新创建 Point 的所属 Part 名称（默认为 GEOM），即将新创建的 Point 放入指定的 Part 中。当勾选 Inherit Part（继承 Part）复选框时，该文本框变为不可编辑状态。

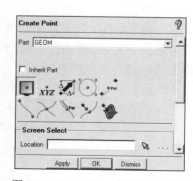

图 3.1　Create Point 数据输入窗口

（2）Screen Select（屏幕选择）按钮：通过直接在图形窗口中单击选择 Point 的位置来创建 Point。为了辅助 Point 的创建，在单击鼠标中键完成选择之前，将生成一个临时的亮黄色点。

（3）Explicit Coordinates（具体坐标）按钮：通过指定 XYZ 坐标创建单个 Point，或通过函数表达式创建多个 Point，如图 3.2 所示。在 Method（方法）下拉列表中有 Create 1 point（创建单个 Point）和 Create multiple points（创建多个 Point）两个选项可供选择。

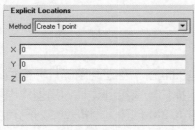
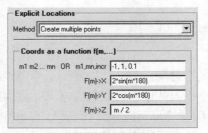

（a）创建单个 Point　　　　　　　　　　　（b）通过函数表达式创建多个 Point

图 3.2　通过具体坐标的方式创建 Point

当通过函数表达式创建多个 Point 时，表达式可以包括+、–、/、*、^、( )、sin( )、cos( )、tan( )、asin( )、acos( )、atan( )、log( )、log10( )、exp( )、sqrt( )、abs()、distance(pt1, pt2)、angle(pt1, pt2, pt3)、X(pt1)、Y(pt1)、Z(pt1)（须在半角英文的状态下输入表达式）。所有的角度都用度来表示。

➢ m1 m2 ... mn OR m1, mn, incr：该文本框用于定义变量 m。其有两种格式：列表格式（m1 m2 ... mn），它是变量值的简单列表，不带逗号；循环格式（m1,mn,incr），它是由逗号分隔的第一个值、最后一个值和增量值。例如，如果变量 m 的值为 0.1、0.3、0.5 和 0.7，则可以用以下两种方式表示：列表格式为 0.1 0.3 0.5 0.7，循环格式为 0.1, 0.7, 0.2。

➢ F(m) –> X：所创建 Point 的 X 方向坐标，通过变量 m 的指定函数表达式进行计算。

➢ F(m)–> Y：所创建 Point 的 Y 方向坐标，通过变量 m 的指定函数表达式进行计算。

➢ F(m)–> Z：所创建 Point 的 Z 方向坐标，通过变量 m 的指定函数表达式进行计算。

（4）Base Point and Delta（基点偏移）按钮：用于创建一个参照现有 Point 的新 Point，需要指定一个基准 Point 并输入相对于该 Point 的沿 XYZ 三个坐标轴的偏移量，如图 3.3 所示。

➢ Base point：通过现有 Point 选择一个基准 Point。

➢ DX/DY/DZ：输入相对于所选基准 Point 的沿 X/Y/Z 坐标轴的偏移量。

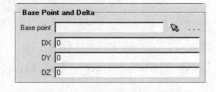

（5）Center of 3 Points/Arc（三点圆心/圆弧中心）按钮：通过选择三个 Point 或一个圆弧来创建 Point，如图 3.4 所示。

图 3.3　通过基点偏移的方式创建 Point

如图 3.4（a）所示，当选中 Points（点集）单选按钮时，将在所选三个 Point 所构建的圆的圆心位置创建一个新 Point；如图 3.4（b）所示，当选中 Arc（圆弧）单选按钮时，将在所选圆弧的圆心位置创建一个新 Point。

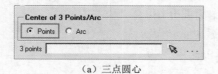
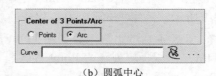

（a）三点圆心　　　　　　　　　　　　（b）圆弧中心

图 3.4　通过三点圆心/圆弧中心的方式创建 Point

（6）Based on 2 Locations（两点之间定义 Point）按钮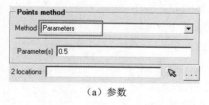：将基于屏幕中所选的两个 Point 来创建新的 Point。此方式创建 Point 有参数和 Point 的个数两种方法，如图 3.5 所示。

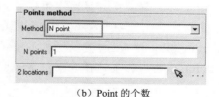

（a）参数　　　　　　　　　　　　　（b）Point 的个数

图 3.5　通过两点之间定义 Point 的方式创建 Point

如图 3.5（a）所示，当选择参数法时，需要在 Parameter(s)文本框中输入 0～1 的参数值，并在图形窗口中选择两个 Point，此时将在两个所选 Point 之间创建新的 Point，新的 Point 偏离第一个 Point 的距离为所选两个 Point 连线的长度与指定参数的乘积。

如图 3.5（b）所示，当选择 Point 的个数法时，需要在 N points 文本框中输入创建新 Point 的数量，并在图形区域选择两个 Point，此时将在两个选定 Point 之间等距创建指定数量的新 Point。

（7）Curve Ends（Curve 的端点）按钮：选择 Curve 以在 Curve 的端点位置创建 Point。

（8）Curve-Curve Intersection（线段交点）按钮：选择两个相交 Curve 以在相交处创建 Point，如图 3.6 所示。此时需要在 Gap tolerance（间隙容差）文本框中输入容差值，两条 Curve 之间的距离应小于此值才能创建交点。

（9）Parameter along a Curve（Curve 上定义 Point）按钮：沿 Curve 创建 Point。其与方式（6）相类似，所不同的是此处需要选择一条 Curve。

（10）Project Points to Curves（投影到 Curve 上的 Point）按钮：通过将现有 Point 投影到一条或多条 Curve 上来创建一个或多个新的 Point，如图 3.7 所示。当勾选 Trim curves（修剪 Curve）复选框时，Curve 将在新创建的 Point 处截断；当勾选 Move point（移动 Point）复选框时，系统会将 Curve 的现有名称指定给新创建的 Point（此复选框在选择多条 Curve 时无效）。

（11）Project Point to Surface（投影到 Surface 上的 Point）按钮：通过将现有 Point 投影到一个 Surface 上来创建新 Point，如图 3.8 所示。当勾选 Embed point（嵌入 Point）复选框时，所创建的新 Point 将附着在 Surface 上，并且在生成网格时将在投影 Point 处创建节点；当勾选 Move point（移动 Point）复选框时，系统会将 Surface 的现有名称指定给新创建的 Point。

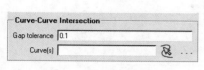

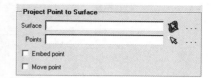

图 3.6　通过线段交点的　　　图 3.7　通过投影到 Curve 上的　　　图 3.8　通过投影到 Surface 上的
方式创建 Point　　　　　　　　Point 的方式创建 Point　　　　　　Point 的方式创建 Point

3.1.2　创建/修改 Curve

单击功能区内 Geometry（几何）选项卡中的 Create/Modify Curve（创建/修改 Curve）按钮，即可打开 Create/Modify Curve（创建/修改 Curve）数据输入窗口，如图 3.9 所示。其中，Part 文本框的功能与 Create Point 数据输入窗口的功能相同。下面对该窗口中各按钮的功能作简要介绍。

（1）From Points（多点生成 Curve）按钮：通过选择多个现有 Point 或在屏幕上选择多个位置来创建 Curve。若选择两个现有 Point 或在屏幕上选择两个位置，则创建直线；若选择 Point 或位置的数目多于两个，则创建样条曲线。

（2）Arc from 3 Points（三点定义圆弧）按钮：通过选择三个现有 Point 或在屏幕上选择三个位置来创建圆弧，如图 3.10 所示。在 Method（方法）下拉列表中有 From 3 Points（三点创建圆弧）和 Center and 2 Points（圆心及两点创建圆弧）两个选项可供选择。

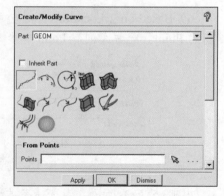

图 3.9　Create/Modify Curve 数据输入窗口

如图 3.10（a）所示，当采用三点创建圆弧时，第一点为圆弧起点，第三点为圆弧终点。如图 3.10（b）所示，当采用圆心及两点创建圆弧时，也有两种方法：Center（圆心）方法和 Start/End（起点/终点）方法。下面对其各选项进行简要介绍。

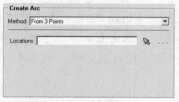

（a）三点创建圆弧

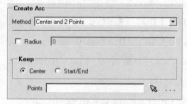

（b）圆心及两点创建圆弧

图 3.10　通过三点定义圆弧的方式创建 Curve

➤ Radius（半径）：如果勾选该复选框，则圆弧的半径将设置为指定值；如果未勾选该复选框，则圆弧的半径将设置为前两个选定 Point 之间的距离。

➤ Center（圆心）：当选中该单选按钮时，且不指定 Radius 参数，将选择第一个 Point 作为圆心，第二个 Point 作为圆弧的起点，并通过第一个 Point 和第三个 Point 定义的矢量计算圆弧的终点，如图 3.11（a）所示；如果指定了 Radius 参数，且无法将第二个 Point 作为圆弧的起点形成圆弧，将通过第一个 Point 和第二个 Point 定义的矢量计算圆弧的起点，如图 3.11（b）所示。

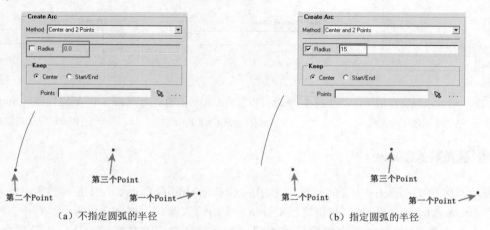

（a）不指定圆弧的半径　　　　　　　　　（b）指定圆弧的半径

图 3.11　选用圆心及两点方法创建圆弧示例

➢ Start/End（起点/终点）：将使用选定的第二个 Point 和第三个 Point 作为圆弧的起点和终点。如果指定了 Radius 参数，则使用该参数计算圆心，否则将使用第一个 Point 与第二个 Point 之间距离和第一个 Point 与第三个 Point 之间距离的平均值计算圆心。

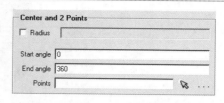

图 3.12　通过圆心和两点定义圆或圆弧的方式创建 Curve

（3）Circle or arc from Center point and 2 points（圆心和两点定义圆或圆弧）按钮 ：通过指定一个圆心和两点的方式创建圆或圆弧，如图 3.12 所示。下面对其各选项进行简要介绍。

➢ Radius（半径）：如果勾选该复选框，则可以将半径设置为指定值；如果未勾选该复选框，则半径将设置为前两个选定 Point 之间的距离。

➢ Start angle（起始角度）：对于整圆，起始角度为 0；否则，应指定所需的起始角度。

➢ End angle（终止角度）：整圆的终止角度为 360°，半圆的终止角度为 180°。用户也可以指定所需的终止角度。

➢ Points（点）：选择的第一个 Point 是圆或圆弧的圆心，接下来选择的两个 Point 将用于定义圆或圆弧所在的平面。

（4）Surface Parameters（Surface 内部抽线）按钮 ：该按钮可沿选定 Surface 创建参数化的路径曲线。通过此方式创建 Curve 有三种方法可供选择，如图 3.13 所示。

　　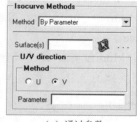

（a）Surface 上的方向　　　　　（b）Surface 边上的 Point　　　　　（c）通过参数

图 3.13　通过 Surface 内部抽线的方式创建 Curve

➢ Direction on Surface（Surface 上的方向）：通过选择两个 Point 定义新的等参曲线。

➢ Point on Edge（Surface 边上的 Point）：通过在 Surface 的某条边上选择一个 Point，创建通过该 Point 且垂直于所选边的 Curve。

➢ By Parameter（通过参数）：通过选择 U 或 V 方向以及 0～1 的参数值创建等参曲线。

（5）Surface-Surface Intersection（Surface 相交线）按钮 ：通过选择两个相交 Surface 创建 Curve。使用该方式创建 Curve 时，可以选择两个 Surface、两个 Part 或两个 Surface 的子集。

（6）Project Curve on Surface（投影到 Surface 上的 Curve）按钮 ：通过将现有 Curve 投影到 Surface 上来创建新 Curve。其有 Normal to Surface（沿 Surface 法向投影）和 Specify Direction（指定方向投影）两种投影方法可供选择，如图 3.14 所示。

当选择沿 Surface 法向投影方式时，只需指定投影 Curve 及目标 Surface，此时可以选择多条 Curve 和多个 Surface；当选择指定方向投影方式时，则需要手动选择投影方向，可以选择多条 Curve，但只能选择一个 Surface。

（7）Segment Curve（Curve 分段）按钮 ：该按钮可将现有 Curve 分割为新的 Curve。有 5 种方法可用于 Curve 分段，如图 3.15 所示。

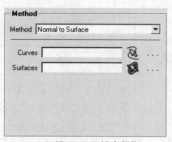
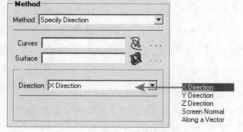

（a）沿 Surface 法向投影　　　　　　　　（c）指定方向投影

图 3.14　通过投影到 Surface 上的 Curve 的方式创建 Curve

➢ Segment by point（通过 Point 分段）：通过选择 Curve 上的 Point 来分割 Curve。

➢ Segment by curve（通过 Curve 分段）：通过选择与 Curve 相交（或延长线与 Curve 相交）的另一条 Curve 来分割 Curve。

➢ Segment by plane（通过平面分段）：通过定义一个平面来分割 Curve。

➢ Segment by connectivity（通过连接点分割 Curve）：该按钮用于分割合并在一起的两条 Curve。

➢ Segment by angle（通过角度分割 Curve）：按指定的角度值分割 Curve。

（8）Concatenate/Reapproximate Curves（合并/拟合 Curve）按钮 ⤬：按指定的容差将两条或多条现有 Curve 合并为一条新 Curve，或按指定的三角化容差重新拟合现有 Curve，以形成新的更平滑的 Curve。合并或拟合 Curve 操作后，原始 Curve 将被删除。

（9）Extract Curves from Surfaces（提取 Surface 的边界线）按钮 ▩：从 Surface 提取边界线以创建新 Curve。

（10）Modify Curves（修改 Curve）按钮 ✐：该按钮用于对现有 Curve 进行修改。其有以下 4 种修改方式，如图 3.16 所示。

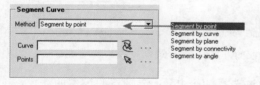
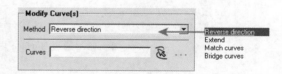

图 3.15　通过 Curve 分段的方式修改 Curve　　　　图 3.16　修改 Curve 的 4 种方式

➢ Reverse direction（反转方向）：反转 Curve 的方向，以便切换 Curve 的起点和终点。选择 Curve 后，图形窗口中将通过箭头指示所选 Curve 的当前方向。需要注意的是，此功能仅对参数（B 样条）曲线有效。如果需要改变刻面曲线的方向，必须首先对该刻面曲线重新进行拟合。

➢ Extend（延伸）：将 Curve 延伸到指定的 Point、指定的 Curve，或按指定的长度延伸 Curve。当选择延伸到指定的 Point 时，延伸前后的效果如图 3.17 所示；当选择延伸到指定的 Curve 时，延长线是一条与原始 Curve 的端点相切的直线，如图 3.18 所示；当选择按指定的长度延伸 Curve 时，如果被延伸的 Curve 不是直线，则可以选择作为圆弧或作为直线进行延伸，如图 3.19 所示。

➢ Match curves（合成 Curve）：延伸 Curve，以在 Point、切线和/或曲率半径处将 Curve 合成在一起。

➢ Bridge curves（桥接 Curve）：用于创建连接两条现有 Curve 并与现有 Curve 相切的新 Curve。

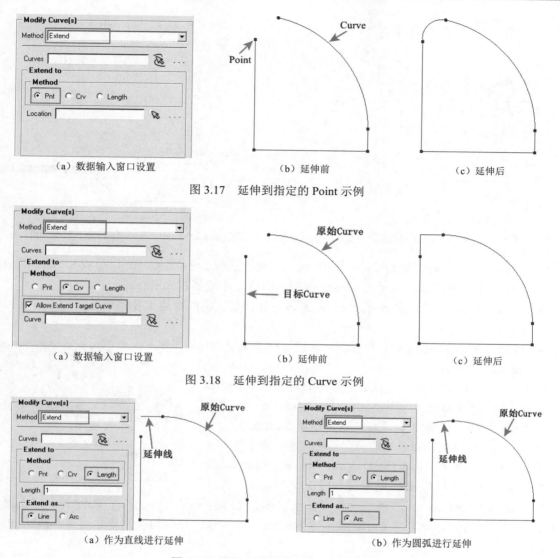

（a）数据输入窗口设置　　　　　　　　　　（b）延伸前　　　　　　　　　　（c）延伸后

图 3.17　延伸到指定的 Point 示例

（a）数据输入窗口设置　　　　　　　　　　（b）延伸前　　　　　　　　　　（c）延伸后

图 3.18　延伸到指定的 Curve 示例

（a）作为直线进行延伸　　　　　　　　　　（b）作为圆弧进行延伸

图 3.19　按指定的长度延伸 Curve 示例

（11）Create Midline（创建中线）按钮：用于创建两条 Curve 或两组 Curve 之间的中线。

（12）Create Section Curves（创建截面线）按钮：用于在选定 Surface 与单个或多个平面的相交处创建新 Curve。

3.1.3　创建/修改 Surface

单击功能区内 Geometry（几何）选项卡中的 Create/Modify Surface（创建/修改 Surface）按钮，即可打开 Create/Modify Surface（创建/修改 Surface）数据输入窗口，如图 3.20 所示。下面对该窗口中各按钮的功能作简要介绍。

（1）From Curves（由 Curve 生成 Surface）按钮：通过多条 Curve 来创建 Surface。此时有以下三种创建 Surface 的方法可供选择，如图 3.21 所示。

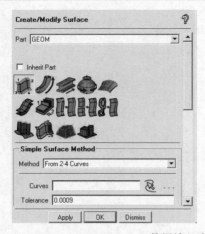

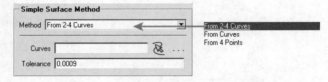

图 3.20　Create/Modify Surface 数据输入窗口　　　图 3.21　通过由 Curve 生成 Surface 的方式创建 Surface

> From 2-4 Curves（通过 2～4 条 Curve）：通过选择 2～4 条 Curve 以形成 Surface 的边界。只有当相邻的 Curve 端点在设定的容差范围内，才能创建 Surface。

> From Curves（通过多条 Curve）：通过选择任意数量的可能重叠且未连接的 Curve 以创建 Surface。

> From 4 Points（通过 4 个 Point）：通过选择 4 个 Point 来创建 Surface。

（2）Curve Driven（放样）按钮 ：通过沿引导 Curve 扫掠一条或多条参考 Curve 来创建 Surface。参考 Curve 的方向将随引导 Curve 的曲率而改变。通过此方式创建 Surface 时，参考 Curve 需要选择诸如平面曲线或具有恒定曲率的曲线等相对简单的线，对于具有可变曲率的 3D 曲线，所创建的 Surface 质量可能较低。放样创建 Surface 的示例如图 3.22 所示。

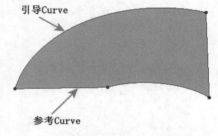

图 3.22　放样创建 Surface 的示例

（3）Sweep Surface（沿直线方向放样）按钮 ：通过沿向量（通过两个 Point 来定义）或沿引导 Curve 的切线方向扫掠参考 Curve 来创建 Surface。该方法与放样的区别是在生成 Surface 时参考 Curve 的方向保持不变，如图 3.23 所示。

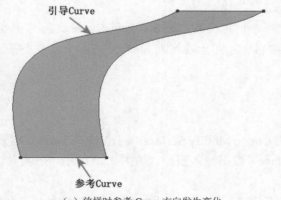

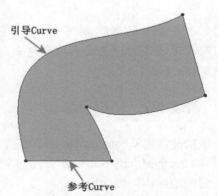

（a）放样时参考 Curve 方向发生变化　　　　　　　（b）沿直线方向放样时参考 Curve 方向保持不变

图 3.23　放样与沿直线方向放样的区别

（4）Surface of Revolution（旋转）按钮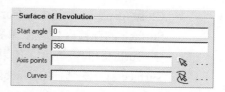：通过使参考 Curve 以指定的起始角度和终止角度绕轴旋转来创建 Surface，如图 3.24 所示。默认 Start angle（起始角度）为 0，End angle（终止角度）为 360，可以选择多条参考 Curve 绕轴旋转。旋转轴通过选择两个 Point 来定义。

图 3.24　通过旋转方式创建 Surface

（5）Loft Surface over Several Curves（利用数条 Curve 放样成 Surface）按钮：通过在两条或多条 Curve 上插值来创建 Surface。由 Tolerance（容差）值来确定所创建 Surface 与所选 Curve 的拟合程度，容差值越小，所创建的 Surface 越接近所选择的 Curve。

（6）Offset Surface（Surface 的法向偏移）按钮：通过偏移现有 Surface 来创建新 Surface。所设定的距离为垂直于所选 Surface 的方向（Surface 的法线方向）进行偏移的距离。

（7）Midsurface（抽取中面）按钮：在两个现有 Surface 或 Part 中间位置创建一个新 Surface。

（8）Segment/Trim Surface（分段/修剪 Surface）按钮：通过样条曲线分割选定的 CAD 曲面。所选样条曲线必须位于 CAD 曲面上，并且如果其完全包含在 CAD 曲面的边界内，则必须形成封闭环。

（9）Merge/Reapproximate Surfaces（合并/拟合 Surface）按钮：合并是指在两个 Surface 的接缝处合并这两个 Surface；拟合是指通过一组选定的 Surface 来创建一个新 Surface，同时按指定的容差值重新拟合 Surface 的边界。

（10）Untrim Surface（取消修剪 Surface）按钮：该功能仅适用于样条曲面，用于取消修剪或删除选定 Surface 的任何先前分段。

（11）Create Curtain Surface（窗帘建面）按钮：创建从选定 Curve 拉伸并投影到目标 Surface 上的新 Surface。新创建的 Surface 垂直于目标 Surface。窗帘建面示例如图 3.25 所示。

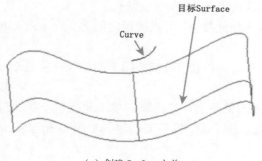
（a）创建 Surface 之前

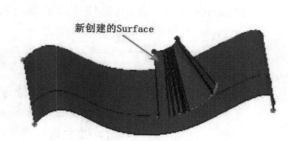
（b）创建 Surface 之后

图 3.25　窗帘建面示例

（12）Extend Surface（延伸 Surface）按钮：如图 3.26 所示，延伸 Surface 有以下三种方法。

➢ Extend Curve to Surface(s)（延伸 Curve 到 Surface）方法：当使用延伸 Curve 到 Surface 方法时，有三种方式可供使用，如图 3.26 所示。当选择 Closest（最靠近的）时，表示将选定 Curve 投影到选定 Surface，并创建垂直于选定 Surface 的新 Surface；当选择 Tangential from edge（与边相切）时，表示在垂直于选定边的方向上，按原始 Surface 的曲率将 Surface 的边延伸到选定 Surface；当选择 Tangential along U/V（沿 U/V 方向相切）时，表示沿原始 Surface 的 U 或 V 方向将 Surface 的边延伸到选定 Surface。

➢ Extend Surface at Edge（在边上延伸 Surface）方法：以指定延伸长度的方式在选定的边上延伸 Surface。

> Close gaps between midsurfaced parts（闭合中间曲面 Part 之间的间隙）方法：此功能要求 Surface 的连接区域位于单独的 Part 中。对于选定的每个 Part，将检查每个边界线与其他 Part 中 Surface 的接近度。如果接近度在指定的距离范围内，系统将尝试通过 Extend Curve to Surface(s)方法延伸 Surface。

（13）Geometry Simplification（几何简化）按钮：创建一组环绕选定几何模型的刻面曲面，包括 Surface、Curve 或 Point，原始几何模型将会保留。

（14）Standard Shapes（生成标准形状表面）按钮：创建标准形状的表面，如图 3.27 所示。下面对其各按钮的功能作简要介绍。

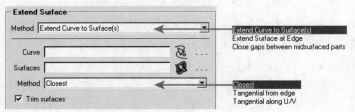

图 3.26　延伸 Surface 的三种方法　　　　　图 3.27　生成标准形状表面的按钮

> Box（长方体）按钮：单击此按钮，可以通过指定原点和三边长度创建长方体表面或在选定图元周围创建长方体表面。
> Sphere or Sphere Segment（球或球冠）单击：单击此按钮，可以创建一个球面或创建一个指定起始角度和终止角度的球冠。
> Cylinder（圆柱）按钮：单击此按钮，可以创建一个圆柱外表面。
> Drill a Hole（钻孔）按钮：单击此按钮，可以在所选 Surface 上钻孔。
> Plane normal to curve（曲线法向平面）按钮：单击此按钮，可以按指定的边长在所选 Curve 的 Point 上创建法向正方形平面。
> Disc normal to curve（曲线法向圆面）按钮：单击此按钮，可以按指定的半径在所选 Curve 的 Point 上创建法向圆面。
> Trim normal to curve（垂直于线段并通过表面修剪的平面）按钮：单击此按钮，可以创建垂直于所选 Curve 的平面，并用所选 Surface 修剪该平面。仅当要创建的平面与所选 Surface 的相交曲线是封闭环时，才会创建该平面。

3.2　几何图元的处理

除了创建和修改基本几何图元的各种功能按钮之外，ICEM 功能区中的 Geometry（几何）选项卡中还包含对几何图元进行处理的功能按钮。本节主要介绍 Geometry（几何）选项卡中用于几何图元处理的 Create/Modify Faceted（创建/修改刻面）按钮、Repair Geometry（修补几何图元）按钮、Transform Geometry（变换几何图元）按钮和 Restore Dormant Entities（恢复休眠几何图元）按钮等。

3.2.1 创建/修改刻面

单击功能区内 Geometry（几何）选项卡中的 Create/Modify Faceted（创建/修改刻面）按钮，即可打开 Create/Modify Faceted（创建/修改刻面）数据输入窗口，如图 3.28 所示。

1. 创建/修改刻面曲线

单击 Create/Edit Faceted Curves（创建/修改刻面曲线）按钮，即可在数据输入窗口中显示创建/修改刻面曲线的各功能按钮，如图 3.29 所示。

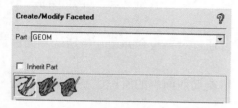

图 3.28　Create/Modify Faceted 数据输入窗口

图 3.29　创建/修改刻面曲线的各功能按钮

下面对这些按钮的功能作简要介绍。

➢ Convert from Bspline（样条线转换多段直线）按钮：单击此按钮，可将所选的样条曲线转换为多段直线。

➢ Create Curve（创建折线）按钮：单击此按钮，可通过选择多个现有点或在屏幕上选择多个点来创建折线。

➢ Move Nodes（移动线段上的点）按钮：单击此按钮，可将所选刻面曲线上的点移动到一个新位置。

➢ Merge Nodes（合并点）按钮：单击此按钮，可将刻面曲线上的选定点合并到另一条参考曲线上的选定点。具体操作时，首先选择刻面曲线，然后选择参考曲线，接着选择参考曲线上的固定点，最后在刻面曲线上选择需要合并的节点。

➢ Create Segments（创建单条折线段）按钮：单击此按钮，可创建折线段并添加到所选的刻面曲线（所创建的折线段与所选的刻面曲线属于一条线）。

➢ Delete Segments（删除线段）按钮：单击此按钮，可从现有刻面曲线中删除线段。具体操作时，首先选择要编辑的刻面曲线，然后选择要从该刻面曲线中删除的线段。

➢ Split Segment（劈分线段）按钮：单击此按钮，可将刻面曲线中的所选线段在该线段的中间位置处分割为两条线段。

➢ Restrict Segment（限制保留部分线段）按钮：单击此按钮，通过选择刻面曲线上要显示的线段，将使此刻面曲线上的所有其他线段的显示受到限制。

➢ Move to New Curve（移动线段为新线）按钮：单击此按钮，可将所选刻面曲线上选定的线段移动出来，形成一条新的刻面曲线。

➢ Move to Existing Curve（移动线段到现有刻面曲线上）按钮：单击此按钮，可将一条刻面曲线上选定的线段移动到另一条刻面曲线上。

2. 创建/修改刻面曲面

单击 Create/Edit Faceted Surfaces（创建/修改刻面曲面）按钮，即可在数据输入窗口中显示创建/修改刻面曲面的各功能按钮，如图 3.30 所示。

下面对这些按钮的功能作简要介绍。

图 3.30　创建/修改刻面曲面的各功能按钮

➢ Convert from B-spline（几何面转换成刻面）按钮 ▦：单击此按钮，可将 CAD 曲面转换为刻面曲面（如果需要将刻面曲面转换为 CAD 曲面，则选择 Geometry→Create/Modify Surface→Merge/Reapproximate Surfaces 命令）。

➢ Coarsen Surface（粗化刻面）按钮 ▦：单击此按钮，可减少所选刻面曲面上的三角形数量。

➢ Create Surface（创建刻面）按钮 ▦：单击此按钮，可从三个选定点、屏幕上的三个选定位置或从边创建新的刻面曲面。

➢ Merge Edges（合并边）按钮 ▨：单击此按钮，可通过对齐与合并边，将所选刻面曲面中的一组边合并到另一组边。

➢ Split Edge（劈分边）按钮 ▨：单击此按钮，可将刻面曲面中的所选边在中间位置处分割为两条边。

➢ Swap Edge（对换边）按钮 ▨：单击此按钮，可将刻面曲面中两个相邻三角形刻面的边进行交换，原始边将被替换为连接三角形刻面的其他两个顶点的边，如图 3.31 所示。

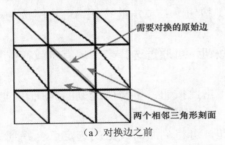
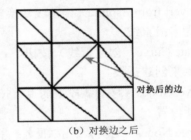

（a）对换边之前　　　　　　　　　　　　　　　（b）对换边之后

图 3.31　对换边示例

➢ Move Nodes（移动顶点）按钮 ◁：单击此按钮，可将刻面曲线上三角形刻面的所选顶点进行移动。

➢ Merge Nodes（合并节点）按钮 ◺：单击此按钮，可将一个刻面曲面上三角形刻面的顶点与另一个刻面曲面上三角形刻面的顶点进行合并。

➢ Create Triangles（生成三角形刻面）按钮 ◁：单击此按钮，可为原有刻面曲面添加新的三角形刻面。

➢ Delete Triangles（删除三角形刻面）按钮 ✖：单击此按钮，可删除刻面曲面的所选三角形刻面。

➢ Split Triangles（细分三角形刻面）按钮 ◀：单击此按钮，可将刻面曲面的所选三角形刻面分割成三个三角形刻面，分割位置位于三角形刻面的中心，如图 3.32 所示。

➢ Delete Non-Selected Triangles（删除未选三角形刻面）按钮 ✖：单击此按钮，可删除刻面曲面中未选中的三角形刻面。

➢ Move to new Surface（移动三角形刻面为新刻面曲面）按钮 ▦：单击此按钮，可移动所选刻面曲面上选定的三角形刻面，形成一个新的刻面曲面。

➢ Move to Existing Surface（移动三角形刻面到现有刻面曲面上）按钮 ▦：单击此按钮，可将一个刻面曲面上选定的三角形刻面移动到另一个刻面曲面上。

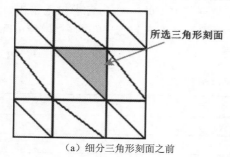

所选三角形刻面

分割为三个三角形刻面

（a）细分三角形刻面之前　　　　　　　　　（b）细分三角形刻面之后

图 3.32　细分三角形刻面示例

➤ Merge Surfaces（合并刻面曲面）按钮：单击此按钮，可合并两个所选刻面曲面。

3．刻面曲面清理

单击 Faceted Cleanup（刻面曲面清理）按钮，即可在数据输入窗口中显示刻面曲面清理的各功能按钮，如图 3.33 所示。下面对这些按钮的功能作简要介绍。

图 3.33　刻面曲面清理的各功能按钮

➤ Align Edge to Curve（边对齐到线）按钮：单击此按钮，可根据所选线将所选刻面曲线的边进行对齐。

➤ Close Faceted Holes（补洞）按钮：单击此按钮，可创建新的三角形刻面，以填充所选曲线集或边集之间的间隙。

➤ Trim By Screen（屏幕修剪刻面曲面）按钮：单击此按钮，可以使用从屏幕中选择的点所形成的曲线在刻面曲面上修剪出一个孔。

➤ Trim By Surface Selection（通过创建刻面曲面来修剪刻面曲面）按钮：单击此按钮，可以通过屏幕中的所选点创建一个刻面曲面，通过该刻面曲面在所选刻面曲面上修剪出一个孔。

➤ Repair Surface（修补刻面曲面）按钮：单击此按钮，可创建样条（CAD）曲面片以替换刻面曲面的某个区域。

➤ Create Character Curve（创建特征曲线）按钮：单击此按钮，可创建样条（CAD）曲面片，以替换刻面曲面中两个特征连接（该连接可以是尖角、平滑或圆角连接）的区域。

3.2.2　修补几何图元

修补几何图元的主要目标是检测和闭合相邻曲面之间的间隙。通常，修补几何图元的步骤如下：

（1）通过建立拓扑来创建线和点，这将有助于诊断几何模型中有哪些存在问题的几何图元。所创建的线将自动呈现颜色，以显示其与相邻曲面的关联。

（2）修补拓扑中的任何间隙或孔。

本节将介绍与修补几何图元有关的知识。

单击功能区内 Geometry（几何）选项卡中的 Repair Geometry（修补几何图元）按钮，即可打开 Repair Geometry（修补几何图元）数据输入窗口，如图 3.34 所示。

下面对这些按钮的功能作简要介绍。

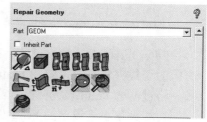

图 3.34　Repair Geometry 数据输入窗口

（1）Build Topology（建立拓扑）按钮：单击此按钮，将根据 Surface 边彼此之间的接近程度，通过 Surface 的边和角点创建一系列 Curve 和 Point。如果所创建的 Curve 在几何容差范围内，它们将合并为一条 Curve。此时，所创建的 Curve 将以特定颜色显示（表 3.1），以说明其在 Surface 中的连接关系，这可用于确定几何模型中的任何间隙或孔洞。

表 3.1　建立拓扑后各种颜色 Curve 的含义

颜　色	含　义
黄色	单个或自由的 Curve（仅隶属于一个 Surface 的 Curve）
红色	双边线（同时隶属于两个 Surface 的 Curve）
蓝色	多边线[同时隶属于三个以上（含三个）Surface 的 Curve]
绿色	不隶属于任何 Surface 的 Curve

建立拓扑可用于诊断几何图元的完整性，尤其对于其他 CAD 软件导入的几何模型，经常需要通过建立拓扑来对模型进行处理。其数据输入窗口如图 3.35 所示。

➤ Tolerance（容差）：容差用于控制两个 Surface 之间的间隙。两个 Surface 之间的间隙如图 3.36 所示，如果两个 Surface 的间隙在容差范围内，则将连接成一个 Surface。容差的设置要适当，既要能够忽略小的间隙，又不能漏掉或丢失重要的几何特征。如图 3.37（a）所示，当容差设置合适时，模型全部显示为红色的双边线 [图 3.37（b）]；当模型中出现黄色边线时，说明该处需要修补或增大容差 [图 3.37（c）]；当模型中出现蓝色边线时，说明该处有多于两个 Surface 在容差范围内，容差大于实体厚度，系统将这些 Surface 视为重叠的 Surface，并删除其中一个，此时需要减小容差 [图 3.37（d）]。推荐的容差是平均网格尺寸的 1/10。

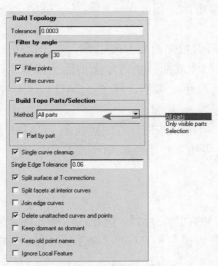

图 3.35　Build Topology 数据输入窗口　　　　图 3.36　两个 Surface 之间的间隙

➤ Filter by angle（角度过滤）：当勾选 Filter points（过滤 Point）复选框时，如果 Curve 之间的切线夹角小于设定的 Feature angle（特征角度），那么 Curve 上的 Point 将被过滤，此时将过滤的 Point 设为休眠；当勾选 Filter curves（过滤 Curve）复选框时，如果 Curve 之间的切线夹角小于设定的 Feature angle（特征角度），那么 Surface 之间的边线将被过滤，此时将过滤的边线设为休眠。

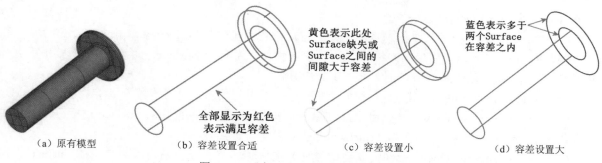

（a）原有模型　　　（b）容差设置合适　　　（c）容差设置小　　　（d）容差设置大

黄色表示此处 Surface 缺失或 Surface 之间的间隙大于容差

蓝色表示多于两个Surface在容差之内

全部显示为红色表示满足容差

图 3.37　两个 Surface 之间的间隙示例

➤ Method（方法）：当选择 All parts（所有 Part）选项（默认选项）时，表示对所有 Part 建立拓扑；当选择 Only visible parts（仅可见 Part）选项时，表示仅对显示树中 Parts 目录下选中的可见 Part 建立拓扑，不显示的 Part 不受影响；当选择 Selection（选择）选项时，可对所选 Part 建立拓扑。

➤ Part by part（逐个 Part）：勾选该复选框时，系统将按一次一个 Part 的方式建立拓扑结构。

➤ Single curve cleanup（单线清理）：勾选该复选框后，可根据设定的 Single Edge Tolerance（单线容差），将在容差范围内的单个 Curve 进行合并。

➤ Split surface at T-connections（在 T 形接头处劈分面）：勾选该复选框时，将形成 T 形连接的 Surface 在公共边线处进行分割和修剪。

➤ Split facets at interior curves（在内部曲线处分割刻面曲面）：勾选该复选框时，将沿不跨越 Surface 或形成闭合环的内部 Curve 对刻面曲面进行修剪。

➤ Join edge curves（连接边线）：勾选该复选框时，将 Surface 的较短边线连接成一条边线。该复选框适用于样条曲面和刻面曲面。

➤ Delete unattached curves and points（删除独立于面之外的点线）：勾选该复选框时，将删除独立于 Surface 之外的 Curve（绿色显示）和 Point（暗绿色显示）。

➤ Keep dormant as dormant（保持休眠）：勾选该复选框时，在构建拓扑时，由用户设置为休眠的几何图元将保持休眠状态。

➤ Keep old point names（保留现有点名）：勾选该复选框时，将尝试在建立拓扑时保留现有 Point 的名称；否则将创建新名称。

➤ Ignore Local Feature（忽略局部特征）：勾选该复选框时，将在建立拓扑时忽略局部特征，并合并特征尺寸小于全局容差的特征。忽略局部特征示例如图 3.38 所示，当勾选该复选框时，局部特征的曲线发生了退化和塌陷。

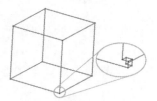 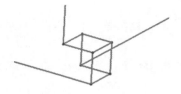 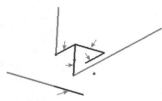

（a）带有小特征的模型　　（b）不勾选 Ignore Local Feature 复选框　　（c）勾选 Ignore Local Feature 复选框

图 3.38　忽略局部特征示例

（2）Check Geometry（检查几何模型）按钮 ：单击此按钮，可对所有 Part、可见 Part、选中的 Part 或选中的 Surface 进行检查。

（3）Close Holes（补洞）按钮 ：单击此按钮，可通过创建新 Surface 来填补 Surface 中的孔洞。

（4）Remove Holes（移除洞）按钮 ：单击此按钮，可移除 Surface 上的孔洞。此操作不会创建新 Surface，而是删除由选定 Curve 所创建的修剪特征。

（5）Stitch/Match Edges（缝合/合并边）按钮 ：单击此按钮，可缝合或合并存在缝隙的边线。

（6）Split Folded Surfaces（劈分面）按钮 ：单击此按钮，可将折叠的 Surface 进行分段，并在大于指定 Max Angle（最大角度）的 Surface 折叠处创建新边线。

（7）Adjust Varying Thickness（设置面的厚度）按钮 ：单击此按钮，可为选定的 Surface 指定厚度。

（8）Make Normals Consistent（调整面的法线）按钮 ：单击此按钮，可将所有 Surface 的法线与选定参考 Surface 法线的方向对齐或反转所选 Surface 的法线。

（9）Feature Detect Bolt Holes（探测螺栓孔特征）按钮 ：单击此按钮，可根据设定的最小和最大直径检测 Part 中存在的螺栓孔特征并将其放入一个子集中或单独放到一个指定名称的 Part 中（ICEM 可为标记为螺栓孔特征的 Curve 进行特殊的网格参数设置）。

（10）Feature Detect Buttons（检测按钮特征）按钮 ：单击此按钮，可检测 Part 中存在的按钮特征并将其放入子集中（ICEM 将以特殊方式处理按钮特征的网格）。按钮特征示例如图 3.39 所示。

（11）Feature Detect Fillets（检测圆角特征）按钮 ：单击此按钮，可检测 Part 中存在的圆角特征并将其放入子集中。

图 3.39　按钮特征示例

3.2.3　变换几何图元

变换几何图元可用于更改所选几何图元的位置或大小。单击功能区内 Geometry（几何）选项卡中的 Transform Geometry（变换几何图元）按钮 ，即可打开 Transformation Tools（变换工具）数据输入窗口，如图 3.40 所示。

其中，Select（选择）文本框用于选择需要进行变换的几何图元，Keep Topology（保留拓扑）复选框用于设置变换后是否保留拓扑信息。下面对按钮的功能作简要介绍。

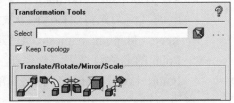

图 3.40　Transformation Tools 数据输入窗口

（1）Translation（位置变换）按钮 ：单击此按钮，可将所选几何图元以指定方向和距离进行位置变换。

（2）Rotation（旋转）按钮 ：单击此按钮，可将选定的几何图元绕指定的轴进行旋转。

（3）Mirror Geometry（镜像）按钮 ：单击此按钮，可将选定的几何图元按指定的平面进行镜像。

（4）Scale Geometry（缩放）按钮 ：单击此按钮，可在 XYZ 三个坐标轴方向或任何指定方向缩放选定的几何图元。

（5）Translate and Rotate（移动并旋转）按钮 ：单击此按钮，可以同时对几何图元进行平移和旋转。

3.2.4　恢复休眠几何图元和删除

1. 恢复休眠几何图元

恢复休眠几何图元可恢复休眠的 Curve 和 Point。休眠的 Curve 和 Point 仍在数据库中，可以通过此功能进行恢复。可以通过右击显示树中的 Geometry→Curves 或 Points 目录，在弹出的快捷菜单中选择 Show Dormant（显示休眠）命令来显示休眠的 Curve 和 Point。

单击功能区内 Geometry（几何）选项卡中的 Restore Dormant Entities（恢复休眠几何图元）按钮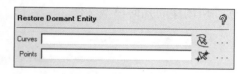，即可打开 Restore Dormant Entity（恢复休眠几何图元）数据输入窗口，如图 3.41 所示。通过 Curves 和 Points 文本框选择休眠的 Curve 和 Point，即可恢复所选的休眠 Curve 和休眠 Point。

图 3.41　Restore Dormant Entity 数据输入窗口

2. 删除

ICEM 功能区内 Geometry（几何）选项卡中的 Delete Point（删除 Point）按钮、Delete Curve（删除 Curve）按钮、Delete Surface（删除 Surface）按钮、Delete Body（删除 Body）按钮和 Delete Any Entity（删除任何几何图元）按钮可用于删除不同类型的几何图元。这些按钮的用法类似，下面以 Delete Point（删除 Point）按钮为例介绍其数据输入窗口。

单击功能区内 Geometry（几何）选项卡中的 Delete Point（删除 Point）按钮，即可打开 Delete Point（删除 Point）数据输入窗口，如图 3.42 所示。其中，Point（点）文本框用于选择需要删除的 Point；Delete Unattached（删除未附着）复选框用于设置是否自动删除未附着到其他几何图元上的 Point；Delete Permanently（永久删除）复选框用于设置是否永久删除选定的点并将其从数据库中删除；勾选 Join Incident Curves（连接关联 Curve）复选框时，如果两条 Curve 连接在一个 Point 上，并且它们不形成锐角，则在删除该 Point 后，系统会将两条 Curve 连接成一条 Curve；单击 Delete All Dormant Points（删除所有休眠 Point）按钮，可删除所有休眠 Point。

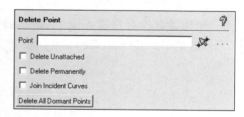

图 3.42　Delete Point 数据输入窗口

3.3　导入几何模型

ICEM 可以方便地创建和修改几何图元，图 3.43 所示为单独使用 ICEM 创建的几何模型（喷气发动机推进系统），显示了 ICEM 强大的几何建模功能。除此之外，ICEM 还能够导入其他 CAD 软件所创建的几何模型，并通过几何图元的处理工具快速地检测修补几何模型中存在的缝隙、孔等瑕疵。本节将介绍 ICEM 导入其他 CAD 软件所绘制的几何模型文件的方法。

图 3.43　单独使用 ICEM 创建的喷气发动机推进系统（引自 Ansys 官方培训教程）

1. 通过 Workbench Reader 导入几何模型

当 Ansys Workbench 与 ICEM 同时安装时，可以通过 Workbench Reader 导入几何模型，具体操作方法如下。

选择 File→Import Model 命令，打开图 3.44 所示的 Select Import Model file（选择导入的模型文件）对话框，选择需要导入的模型文件，单击"打开"按钮，即可通过 Workbench Reader 将模型导入。

通过 Workbench Reader 不仅可以导入诸如 Ansys、BladeGen、DesignModeler、GAMBIT 和 SpaceClaim 等 Ansys 公司旗下的软件产品所导出的几何模型文件，而且可以导入其他主流 CAD 类软件所创建的几何模型文件。

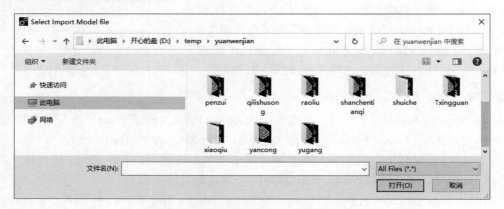

图 3.44　Select Import Model file 对话框

2. 直接导入几何模型

如果读者没有安装 Ansys Workbench，也可以通过 ICEM 直接导入几何模型，具体操作方法如下：选择 File→Import Geometry 命令，打开图 3.45 所示的子菜单。下面对各命令进行介绍。

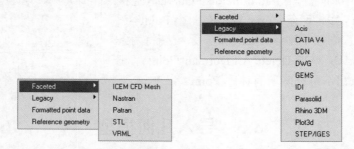

图 3.45　Import Geometry 命令的子菜单（Windows 操作系统中开启试用版选项）

（1）Faceted（刻面）子菜单。该子菜单提供了 5 个导入刻面几何的命令。

➤ ICEM CFD Mesh：该命令可将非结构化网格文件作为刻面曲面数据导入。网格文件中的体单元将被忽略，面单元和线单元将按 Part 进行分类。

➤ Nastran：该命令可将 Nastran 曲面网格文件（*.dat 或*.bdf）作为刻面曲面数据导入。

➤ Patran：该命令用于导入 Patran 文件（*.pat）。

➤ STL：该命令用于将标准曲面细分语言的 Part 文件（*.stl）作为刻面曲面数据导入。注意，在 STL 文件中定义的 Part 也将被导入。

➤ VRML：该命令用于导入 VRML 文件（*.wrl）（只能导入 ASCII 格式的 VRML 文件）。

（2）Legacy（传统）子菜单。该子菜单可通过传统 CAD 格式导入几何模型。其中，Acis、DDN、DWG、IDI、Parasolid、STEP/IGES 命令仅可在 Linux 操作系统中使用；如果想在 Windows 操作系统中使用该命令，需要安装相应程序并开启试用版选项。这些命令的使用比较简单，此处不再赘述。

（3）Formatted point data（格式化的点集数据文件）命令。该命令可导入包含样条数据的文件，以创建 ICEM 几何曲面。

（4）Reference geometry（参考几何）命令。该命令可使用现有的 tetin 文件作为参考，以将网格设置和其他参数映射到加载的几何模型文件。这在参数化建模中非常重要，因为为一个 tetin 文件所做的设置可以在后续设计更改中重复使用。

扫一扫，看视频

3.4　船体几何模型的修改实例

本节将通过一个简单船体几何模型修改实例，让读者对 ICEM 进行几何模型准备的过程有一个初步的了解。

3.4.1　创建一个新项目

（1）在 Windows 操作系统中选择"开始"→"所有程序"→Ansys 2023 R1→ICEM CFD 2023 R1 命令，启动 ICEM CFD 2023 R1，进入 ICEM CFD 2023 R1 用户界面。

（2）选择 File→Change Working Dir 命令，打开 New working directory（新工作目录）对话框，新建一个 boat 文件夹并选中该文件夹，如图 3.46 所示，单击 OK 按钮，将该文件夹作为工作目录。将电子资源包中提供的 boat_model.x_t 文件复制到该工作目录中。

（3）单击工具栏中的 Save Project 按钮，打开 Save Project As（项目另存为）对话框，在"文件名"文本框中输入 boat，如图 3.47 所示。单击"保存"按钮，以 boat 为项目名称创建一个新项目。

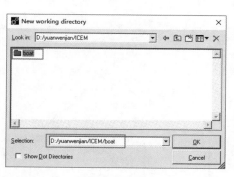

图 3.46　New working directory 对话框

图 3.47　Save Project As 对话框

3.4.2　导入几何模型

（1）选择 File→Import Model 命令，打开 Select Import Model file（选择导入的模型文件）对话框，如图 3.48 所示，选择 boat_model.x_t 文件，单击"打开"按钮。

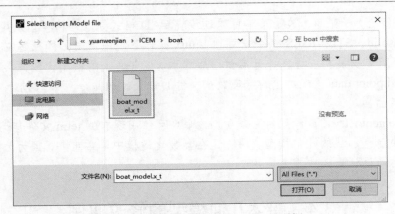

图 3.48　Select Import Model file 对话框

（2）在打开的 Import Model（导入模型）数据输入窗口中取消勾选 Create Material Points（创建材料点）复选框，将 Unit（单位）设置为 Millimeters（毫米），如图 3.49 所示，单击 OK 按钮。

（3）选择 Settings→Model/Units 命令，在打开的 Model/Units（模型/单位）数据输入窗口中将 Tolerance 设为 0.0001，如图 3.50 所示，单击 OK 按钮。

（4）在显示树中选中 Geometry→Surfaces 目录前的复选框，如图 3.51 所示，在几何模型中显示 Surface。单击工具栏中的 Solid Simple Display（实体简单显示）按钮，以实体形式显示 Surface，结果如图 3.52 所示。

（5）为了便于后续修改，现对船体几何模型中的 Part 进行重命名。右击显示树中的 Parts→PART_1_1_1 目录，在弹出的快捷菜单中选择 Rename（重命名）命令，如图 3.53 所示。在弹出的 New name（新名称）对话框中输入 HULL，如图 3.54 所示，单击 Done（确定）按钮。按照此方法，依次将 PART_2_2_1、PART_3_3_1、PART_4_4_1 和 PART_5_5_1 重命名为 TRANSOM、BENCH_AFT、BENCH_MID 和 BENCH_FORE。

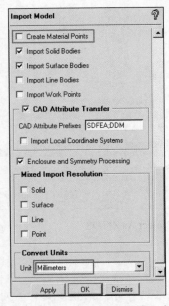

图 3.49　Import Model 数据输入窗口

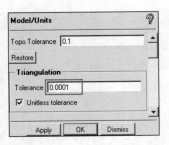

图 3.50　Model/Units 数据输入窗口

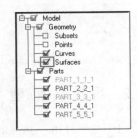

图 3.51　显示树

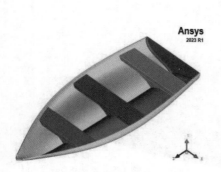

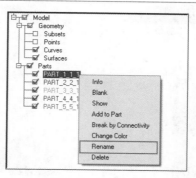

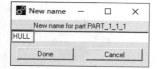

图 3.52　导入的船体模型　　　　图 3.53　Part 重命名　　　图 3.54　New name（新名称）
　　　　　　　　　　　　　　　　　　　　　　　　　　　　　　　　　对话框

3.4.3　修改几何模型

1. 建立拓扑

单击功能区内 Geometry 选项卡中的 Repair Geometry 按钮，打开 Repair Geometry（修补几何图元）数据输入窗口，勾选 Inherit Part 复选框（不创建新 Part），单击 Build Topology 按钮，在 Tolerance 文本框中输入 0.1，勾选 Part by part 复选框（单独分析 Part 内部各面之间的关系），如图 3.55 所示，然后单击 OK 按钮。

2. 仅保留 HULL 的内表面

在显示树中的 Parts 目录下仅勾选 HULL 前面的复选框，即在图形窗口中仅显示船身，如图 3.56 所示。单击功能区内 Geometry 选项卡中的 Delete Surface 按钮，弹出 Select geometry（选择几何）工具条，单击船身外表面中的一个面，再单击 Select geometry 工具条中的 Select all items attached to current selection（选择填充角度下的相连图元）按钮，即可选择船身的外表面，如图 3.57 所示。单击鼠标中键进行确认，即可将所选 Surface 删除。根据此方法，删除船身组成厚度的表面，最后结果如图 3.58 所示。

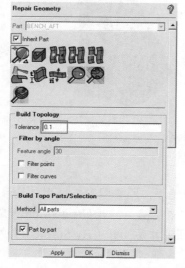

图 3.55　Repair Geometry 数据输入窗口

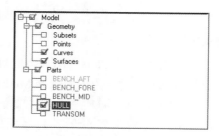

图 3.56　勾选 HULL 前面的复选框

（a）选择的操作过程　　　　　　　　　　　　　　　　　（b）选择后

图 3.57　选择船身外表面

图 3.58　仅保留 HULL 的内表面

3．仅保留 TRANSOM 的外表面

在显示树中的 Parts 目录下仅勾选 TRANSOM 前面的复选框，即在图形窗口中仅显示艉横板。按照步骤 2 的方法删除艉横板的其他面，仅保留其中一个外表面，如图 3.59 所示。

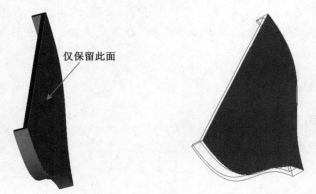

仅保留此面

图 3.59　仅保留 TRANSOM 的一个外表面

4．抽取中面

（1）在显示树中仅勾选 Parts→BENCH_AFT 目录复选框，即在图形窗口中仅显示船尾长凳。单击功能区内 Geometry 选项卡中的 Create/Modify Surface 按钮，打开 Create/Modify Surface 数据输入窗口，单击 Midsurface（抽取中面）按钮，将 Method（方法）设为 By Surfaces（通过 Surface），将 Search distance（搜索距离）设为 3，如图 3.60 所示。通过 Surfaces 文本框在图形窗口中选择图 3.60 所示的三个 Surface，单击 Apply 按钮。

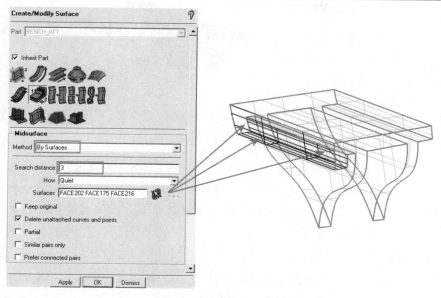

图 3.60　抽取中面（1）

（2）保持 Create/Modify Surface 数据输入窗口的参数设置，通过 Surfaces 文本框在图形窗口中选择图 3.61 所示的 6 个 Surface，单击 Apply 按钮。

（3）将 Method（方法）设为 By Pairs（通过面对），通过 Side 1（第一侧）文本框在图形窗口中选择上面的一个 Surface，通过 Side 2（第二侧）文本框在图形窗口中选择下面的三个 Surface，如图 3.62 所示，最后单击 OK 按钮，完成中面的抽取。

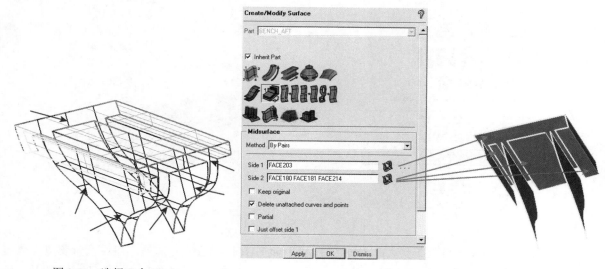

图 3.61　选择 6 个 Surface

图 3.62　抽取中面（2）

（4）单击功能区内 Geometry 选项卡中的 Delete Any Entity（删除任何图元）按钮 ✖，打开 Delete Any Entity 数据输入窗口，勾选 Delete unattached 和 Delete permanently 复选框，如图 3.63 所示。通过 Entity 文本框在图形窗口中选择表示厚度的 Surface，单击鼠标中键，结果如图 3.64 所示。

（5）根据步骤（1）～（4），对 BENCH_FORE 和 BENCH_MID 进行抽取中面操作。

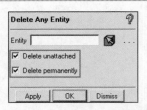

图 3.63　Delete Any Entity 数据输入窗口　　　　图 3.64　删除表示厚度的 Surface

5. 重新建立拓扑

为了检查各 Surface 之间存在的缝隙，为下一步的延伸 Surface 做准备，再次建立拓扑。首先在图形窗口中显示所有的 Part，然后单击功能区内 Geometry 选项卡中的 Repair Geometry 按钮，打开 Repair Geometry 数据输入窗口，单击 Build Topology 按钮，取消勾选 Part by part 复选框，其他参数保持默认，然后单击 OK 按钮。

6. 延伸 Surface

在显示树中的 Parts 目录下仅勾选 BENCH_AFT 前面的复选框，即在图形窗口中仅显示船尾长凳。单击功能区内 Geometry 选项卡中的 Create/Modify Surface 按钮，打开 Create/Modify Surface 数据输入窗口，单击 Extend Surface 按钮，将 Method 设为 Extend Curve to Surface(s)。通过 Curve 文本框在图形窗口中选择两条 Curve，通过 Surfaces 文本框在图形窗口中选择上面的 Surface，如图 3.65 所示，单击鼠标中键确认，将两个垂直的 Surface 延伸到上面的 Surface。

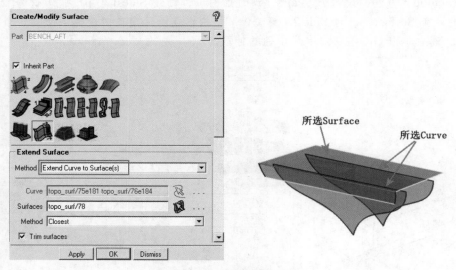

图 3.65　延伸 Surface（1）

在显示树中的 Parts 目录下仅勾选 BENCH_AFT 和 HULL 前面的复选框，即在图形窗口中仅显示船尾长凳和船身。将 Create/Modify Surface 数据输入窗口中的第二个 Method 设为 Tangential along U/V，即延伸方向由曲面边上的曲线切向向量所确定。通过 Curve 文本框在图形窗口中选择船尾长凳一侧的三条 Curve（仅选择黄色线），通过 Surfaces 文本框在图形窗口中选择相邻的船身表面，如图 3.66 所示，单击鼠标中键确认。按照相同的方法，将船尾长凳另一侧的面延伸到船身表面。

通过此方法，对 BENCH_MID 和 BENCH_FORE 进行延伸 Surface 操作，完成船体几何模型的修改。修改后的船体从原来由实体组成的几何模型变为由面组成的几何模型。

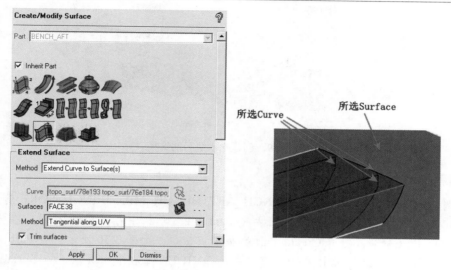

图 3.66　延伸 Surface（2）

7. 创建吃水线

在图形窗口中显示所有的 Part，单击功能区内 Geometry 选项卡中的 Create/Modify Surface 按钮，打开 Create/Modify Surface 数据输入窗口，单击 Segment/Trim Surface 按钮，将 Method 设为 By Plane（通过平面），如图 3.67 所示。单击 Surface(s)文本框的 Select surface(s)按钮，在弹出的选择工具条中单击 Select items in a part 按钮，在弹出的 Select part 对话框中勾选 HULL 和 TRANSOM 复选框，如图 3.68 所示。单击 Accept 按钮，返回 Create/Modify Surface 数据输入窗口，在 Through point 文本框中输入 0 −10 0，在 Normal 文本框中输入 0 1 0（表示平面的法向为 Y 方向），单击 Apply 按钮，结果如图 3.69 所示。所创建的吃水线将名称为 HULL 和 TRANSOM 的 Part 分成两部分。

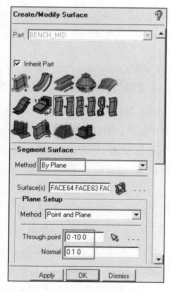

图 3.67　Create/Modify Surface
数据输入窗口

图 3.68　Select Part 对话框

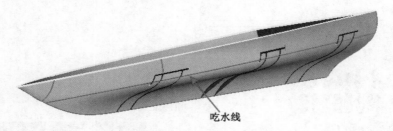

吃水线

图 3.69　创建吃水线后的结果

8. 创建新 Part

在显示树中取消勾选 Parts 目录下 BENCH_AFT、BENCH_MID、BENCH_FORE 前面的复选框，在图形窗口中仅显示 HULL 和 TRANSOM 两个 Part。在显示树中右击 Parts 目录，在弹出的快捷菜单中选择 Create Part 命令，打开 Create Part 数据输入窗口，如图 3.70 所示。在 Part 文本框中输入 HULL_BOT，通过 Entities 文本框在图形窗口中选择 HULL 中在吃水线以下的 Surface，如图 3.71 所示，然后单击鼠标中键，创建一个名称为 HULL_BOT 的新 Part。根据同样的方法，通过选择 TRANSOM 中在吃水线以下的 Surface 创建一个名称为 TRANS_BOT 的新 Part。完成创建 Part 操作后，在图形窗口中显示全部 Part。

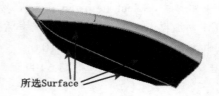

所选Surface

图 3.70　Create Part 数据输入窗口　　　　图 3.71　选择 HULL 中在吃水线以下的 Surface

9. 创建桨架孔

（1）创建定位线。单击功能区内 Geometry 选项卡中的 Create/Modify Curve 按钮，打开 Create/Modify Curve 数据输入窗口，单击 Surface Parameter 按钮，在 U/V direction 组框中将 Method 设为 U，在 Parameter 文本框中输入 0.25，如图 3.72 所示，通过 Surface(s) 文本框在图形窗口中选择图 3.73 所示的船身面，单击鼠标中键，创建第一条 Curve。返回 Create/Modify Curve 数据输入窗口，在 U/V direction 组框中将 Method 设为 V，在 Parameter 文本框中输入 0.48，通过 Surface(s) 文本框在图形窗口中选择图 3.73 所示的船身面，单击鼠标中键，创建第二条 Curve。在所选船身 Surface 上创建的两条 Curve 如图 3.74 所示。

（2）创建桨架孔的定位点。单击功能区内 Geometry 选项卡中的 Create Point 按钮，打开 Create Point 数据输入窗口，单击 Curve-Curve Intersection 按钮，如图 3.75 所示，通过 Curve(s) 文本框在图形窗口中选择图 3.74 所示的 Curve1 和 Curve2，在两条 Curve 的交点处创建一个 Point。

（3）单击功能区内 Geometry 选项卡中的 Delete Curve 按钮，打开 Delete Curve 数据输入窗口，勾选 Delete Unattached 和 Delete Permanently 复选框，如图 3.76 所示，单击 Apply 按钮，删除所有不隶属于任何面的线（绿色）。

图 3.72　Create/Modify Curve
数据输入窗口

图 3.73　所选船身 Surface

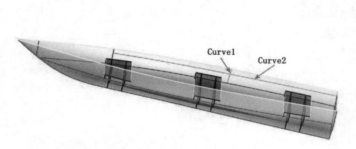

图 3.74　船身面上所创建的两条 Curve

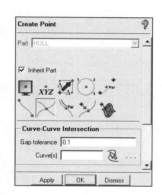

图 3.75　Create Point 数据输入窗口

（4）创建圆曲线。单击功能区内 Geometry 选项卡中的 Create/Modify Curve 按钮 ，打开 Create/Modify Curve 数据输入窗口，单击 Circle or arc from Center point and 2 points 按钮 ，勾选 Radius 复选框，如图 3.77 所示，并在 Radius 文本框中输入 1。单击 Points 文本框后的 Select location(s)按钮 ，在图形窗口中首先选择步骤（2）中所创建的 Point，然后选择船身 Surface 上的其他两个位置，创建一个圆曲线，如图 3.78 所示。

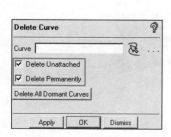

图 3.76　Delete Curve 数据输入窗口

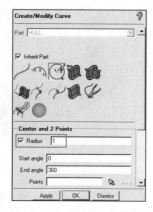

图 3.77　Create/Modify Curve 数据输入窗口

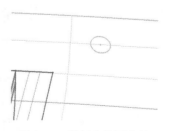

图 3.78　所创建的圆曲线

（5）镜像圆曲线。单击功能区内 Geometry 选项卡中的 Transform Geometry 按钮，打开 Transformation Tools 数据输入窗口，通过 Select 文本框在图形窗口中选择前面所创建的圆曲线，单击 Mirror Geometry 按钮，勾选 Copy 复选框，其他参数保持默认，如图 3.79 所示，单击 Apply 按钮，将所选圆对全局坐标系的 YZ 平面进行镜像复制。

（6）裁剪船身面。单击功能区内 Geometry 选项卡中的 Create/Modify Surface 按钮，打开 Create/Modify Surface 数据输入窗口，单击 Segment/Trim Surface 按钮，将 Method 设为 By Curve，如图 3.80 所示。通过 Surface 文本框在图形窗口中选择图 3.81 所示的船身面，通过 Curves 文本框在图形窗口中选择图 3.81 所示的圆曲线，单击鼠标中键，将通过圆曲线对船身面进行裁剪（此时内部圆面并未删除）。根据此方法，通过另一侧的圆曲线对船身面进行裁剪。

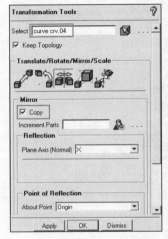

图 3.79　Transformation Tools
数据输入窗口

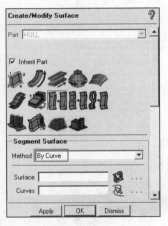

图 3.80　Create/Modify Curve
数据输入窗口

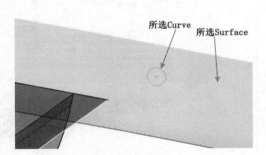

图 3.81　所选 Surface 和 Curve

（7）删除多余的 Surface、Curve 和 Point。单击功能区内 Geometry 选项卡中的 Delete Surface 按钮，打开 Delete Surface 数据输入窗口，在图形窗口中选择两个内部圆面，单击 Apply 按钮。单击功能区内 Geometry 选项卡中的 Delete Curve 按钮，打开 Delete Curve 数据输入窗口，勾选 Delete Unattached 复选框，通过 Curve 文本框在图形窗口中选择所有 Curve，单击 Apply 按钮，删除所有不隶属于任何 Surface 的 Curve。单击功能区内 Geometry 选项卡中的 Delete Point 按钮，打开 Delete Point 数据输入窗口，勾选 Delete Unattached 复选框，如图 3.82 所示，通过 Point 文本框在图形窗口中选择所有 Point，单击 Apply 按钮，删除所有不隶属于任何 Surface、Curve 的 Point。完成船体几何模型的修改，最终结果如图 3.83 所示。

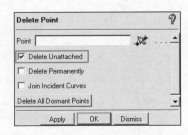

图 3.82　Delete Point 数据输入窗口

图 3.83　修改后的船体模型

扫一扫，看视频

10. 保存项目

单击工具栏中的 Save Project 按钮■，将项目进行保存。此时将保存所有文件，其中包括几何文件 boat.tin。

3.5　飞机几何模型的修改实例

本节将通过对一个简单飞机几何模型进行修改的实例，让读者进一步了解 ICEM 所提供的几何模型的设计和修改工具。

3.5.1　创建一个新项目

（1）在 Windows 操作系统中选择"开始"→"所有程序"→Ansys 2023 R1→ICEM CFD 2023 R1 命令，启动 ICEM CFD 2023 R1，进入 ICEM CFD 2023 R1 用户界面。

（2）选择 File→Change Working Dir 命令，打开 New working directory 对话框，新建一个 wingbody 文件夹并选中该文件夹，如图 3.84 所示，单击 OK 按钮，将该文件夹作为工作目录。将电子资源包中提供的 airplane.tin 和 fairing.tin 文件复制到该工作目录中。

（3）单击工具栏中的 Save Project 按钮■，以 wingbody.prj 为项目名称创建一个新项目。

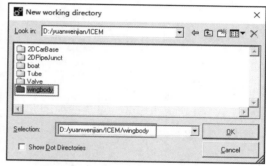

图 3.84　New working directory 对话框

3.5.2　导入几何模型

单击工具栏中的 Open Geometry 按钮，在打开的 Open Geometry File 对话框中选择 airplane.tin 和 fairing.tin 两个文件，如图 3.85 所示，然后单击"打开"按钮，打开 Merge multiple geometry files? 对话框，如图 3.86 所示，单击 Merge files 按钮，将两个几何模型文件进行合并。

图 3.85　Open Geometry File 对话框

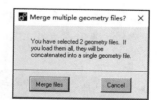

图 3.86　Merge multiple geometry files?对话框

3.5.3　修改几何模型

1. 建立拓扑

首先，单击工具栏中的 Solid Simple Display 按钮，以实体形式显示 Surface。然后，单击功

能区内 Geometry 选项卡中的 Repair Geometry 按钮 ，打开
Repair Geometry 数据输入窗口，勾选 Inherit Part 复选框，单击
Build Topology 按钮 ，在 Tolerance 文本框中输入 0.05，其他
参数保持默认，如图 3.87 所示，单击 OK 按钮。

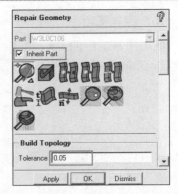

图 3.87　Repair Geometry 数据输入窗口

2. 创建 Part

（1）创建新 Part。在显示树中右击 Parts 目录，在弹出的快
捷菜单中选择 Create Part 命令，如图 3.88 所示，打开 Create Part
数据输入窗口。在 Part 文本框中输入 FUSELAGE，如图 3.89
所示，通过 Entities 文本框在图形窗口中选择组成机身的所有
Surface，单击鼠标中键，如图 3.90 所示，创建一个名称为
FUSELAGE 的新 Part。

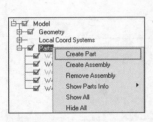

图 3.88　右键快捷菜单

图 3.89　Create Part 数据输入窗口

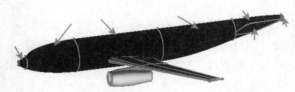

图 3.90　选择组成机身的所有 Surface

根据同样的方法，通过组成机翼的所有 Surface 创建一个名称为 WING 的新 Part。在选择
Surface 时要注意选中机翼尾缘处的两个狭长的 Surface，所选 Surface 如图 3.91 所示。

🔊 提示：

> 创建 Part 时，要随时观察显示树的变化。完成 Part 创建后，Parts 目录下会新增所创建的 Part 名称。在显
> 示树中取消勾选 Parts→FUSELAGE 目录前的复选框，查看几何模型上组成机身的面是否会在图形窗口中消
> 失，若消失，则说明 FUSELAGE 创建成功。可通过相同的方法检验 WING 是否创建成功。若创建 FUSELAGE
> 时漏选了某个 Surface，可在显示树中右击 Parts→FUSELAGE 目录，在弹出的快捷菜单中选择 Add to Part
> 命令，如图 3.92 所示，然后选择漏选的 Surface 即可。

（2）Part 重命名。在显示树中右击 Parts→W3LOC106 目录，在弹出的快捷菜单中选择 Rename
命令，将该 Part 重命名为 FAIRING，重命名后的显示树如图 3.93 所示。

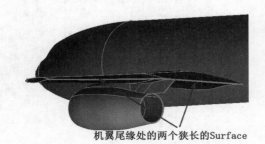

机翼尾缘处的两个狭长的 Surface

图 3.91　选择组成机翼的所有 Surface

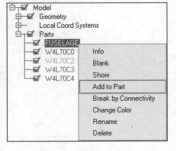

图 3.92　快捷菜单

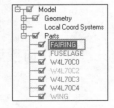

图 3.93　重命名后的显示树

3. 删除不需要的 Surface、Curve 和 Point

（1）删除不需要的 Surface。单击功能区内 Geometry 选项卡中的 Delete Surface 按钮█，在图形窗口中选择发动机吊舱和吊架的所有 Surface，如图 3.94 所示，然后单击鼠标中键，将不需要的 Surface 删除。

（2）删除不需要的 Curve 和 Point。在显示树中取消勾选 Geometry→Surfaces 目录前的复选框，勾选 Geometry→Curves 和 Points 目录前的复选框，在图形窗口中显示所有的 Curve 和 Point。单击功能区内 Geometry 选项卡中的 Delete Any Entity 按钮█，勾选 Delete permanently 复选框，然后在选择工具条中单击 Select all appropriate visible objects 按钮█，将所有不需要的 Curve 和 Point 删除。重新在图形窗口中显示 Surface，结果如图 3.95 所示。

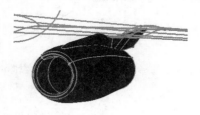

图 3.94　选择发动机吊舱和吊架的所有 Surface

图 3.95　删除不需要的 Surface、Curve 和 Point 后的结果

📣 提示：

> 在后续的步骤中，通过建立拓扑可以重新创建 Curve 和 Point。

4. 放大整流罩

在图形窗口中可以看到 FAIRING（整流罩）与其他几何模型都不成比例，如图 3.96 所示，原因是所导入的 fairing.tin 几何模型文件采用的是英制单位，需要对其进行比例放大，以转换为国际单位制。

单击功能区内 Geometry 选项卡中的 Transform Geometry 按钮█，打开 Transformation Tools 数据输入窗口，单击 Scale Geometry 按钮█，通过 Select 文本框在图形窗口中选择组成 FAIRING 的所有 Surface，在 X factor、Y factor 和 Z factor 文本框中均输入 25.4（1in＝25.4mm，此处将英寸转换为毫米，缩放比例设置为 25.4），其他参数保持默认，如图 3.97 所示。单击 Apply 按钮，完成整流罩的放大，结果如图 3.98 所示。

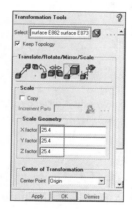

图 3.96　整流罩与其他几何模型都不成比例

图 3.97　Transformation Tools 数据输入窗口

5．重新建立拓扑

单击功能区内 Geometry 选项卡中的 Repair Geometry 按钮，打开 Repair Geometry 数据输入窗口，单击 Build Topology 按钮，其他参数保持默认即可，然后单击 OK 按钮。

6．删除与整流罩重合的机身表面

（1）单击功能区内 Geometry 选项卡中的 Delete Surface 按钮，在图形窗口中选择与整流罩重合的机身表面，如图 3.99 所示，然后单击鼠标中键。

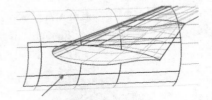

图 3.98　放大后的整流罩　　　　　　图 3.99　选择与整流罩重合的机身表面（1）

📢 **提示：**

> 在选择与整流罩重合的机身表面时，为了方便选取和防止选错，可以在显示树中取消勾选 Parts→FAIRING 目录前的复选框，即关闭 FAIRING 的显示，并以线框模式显示 Surface。

（2）单击功能区内 Geometry 选项卡中的 Create/Modify Surface 按钮，打开 Create/Modify Surface 数据输入窗口，单击 Segment/Trim Surface 按钮，如图 3.100 所示，将 Method 设为 By Curve，通过 Surface 文本框在图形窗口中选择图 3.101 所示的重叠在整流罩上面的机身表面，通过 Curves 文本框在图形窗口中选择图 3.101 所示的 4 条 Curve，单击鼠标中键确认，完成机身表面的裁剪。单击功能区内 Geometry 选项卡中的 Delete Surface 按钮，在图形窗口中选择刚刚裁剪的机身表面，然后单击鼠标中键，将裁剪的机身表面删除。

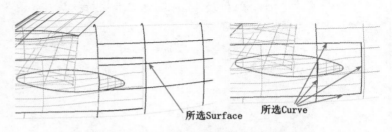

图 3.100　Create/Modify Surface　　　图 3.101　选择与整流罩重合的机身表面（2）
　　　　　数据输入窗口

7．修补孔

（1）单击功能区内 Geometry 选项卡中的 Create/Modify Surface 按钮，打开 Create/Modify Surface 数据输入窗口，单击 Untrim surface 按钮，如图 3.102 所示，通过 Surfaces 文本框在图形窗口中选择图 3.103 所示的机翼下面围绕孔的三个 Surface，单击鼠标中键确认，完成孔的修补。

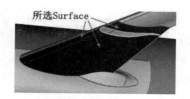

图 3.102 Create/Modify Surface 数据输入窗口   图 3.103 选择机翼下面围绕孔的三个 Surface

（2）单击功能区内 Geometry 选项卡中的 Delete Curve 按钮 **X**，打开 Delete Curve 数据输入窗口，勾选 Delete Unattached 复选框，如图 3.104 所示，通过 Curve 文本框在图形窗口中选择所有 Curve，单击 Apply 按钮，删除所有不隶属于任何 Surface 的 Curve。单击功能区内 Geometry 选项卡中的 Delete Point 按钮 **X**，打开 Delete Point 数据输入窗口，勾选 Delete Unattached 复选框，如图 3.105 所示，通过 Point 文本框在图形窗口中选择所有 Point，单击 Apply 按钮，删除所有不隶属于任何 Surface、Curve 的 Point。

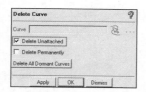

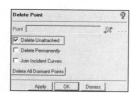

图 3.104 Delete Curve 数据输入窗口   图 3.105 Delete Point 数据输入窗口

8. 封闭缝隙

为了检查各面之间存在的缝隙，为封闭缝隙做准备，再次建立拓扑。单击功能区内 Geometry 选项卡中的 Repair Geometry 按钮 **■**，打开 Repair Geometry 数据输入窗口，单击 Stitch/Match Edges 按钮 **■**，其他参数保持默认，如图 3.106 所示。通过 Curves 文本框在图形窗口中选择图 3.107 所示的机翼下方的两条平行的黄色 Curve，然后单击鼠标中键，当图形窗口下方出现"Option:n=no change;f=fill;b=blend;t=trim;m=match;a=auto;x=cancel;p=set partial."提示时，按 M 键，以缝合 Curve。此时，缝合好的 Curve 由黄色变成了红色。

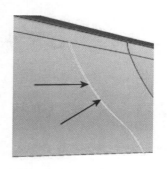

图 3.106 Repair Geometry 数据输入窗口   图 3.107 所选择的 Curve

9. 裁剪机翼和整流罩

此时整流罩和机翼之间还有 Surface 互相相交，现需要对其进行裁剪。首先创建相交线，单击功能区内 Geometry 选项卡中的 Create/Modify Curve 按钮 ，打开 Create/Modify Curve 数据输入窗口，单击 Surface-Surface Intersection 按钮 ，在 Method 组框中选中 2 sets 单选按钮，在 Created Curve Type 组框中选中 Bspline 单选按钮，如图 3.108 所示。通过 Set1 Surfaces 文本框选择组成 FAIRING 的所有 Surface，通过 Set2 Surfaces 文本框选择组成 WING 的所有 Surface，创建的相交线呈绿色，再次建立拓扑，相交线呈蓝色，如图 3.109 所示。

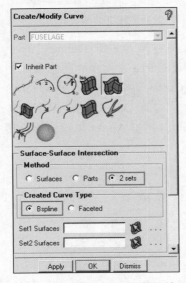

图 3.108　Create/Modify Curve 数据输入窗口

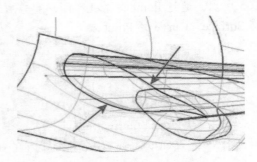

图 3.109　新建的相交线

单击功能区内 Geometry 选项卡中的 Delete Surface 按钮 ，在图形窗口中选择图 3.110 所示的整流罩和机翼之间相互交叉的多余 Surface，然后单击鼠标中键，完成 Surface 的删除。再次建立拓扑，完成飞机几何模型的修改。

图 3.110　需要删除的 Surface

第 4 章　非结构面网格的划分

内容简介

面包含二维平面和三维曲面。无论面的形状是简单还是复杂，都可以直接划分为非结构化的面网格。

本章将介绍 ICEM 中非结构面网格的划分方法，并通过具体实例详细讲解使用 ICEM 进行非结构面网格划分的基本工作流程。

内容要点

➢ 面网格的类型
➢ 面网格的划分方法
➢ 网格的其他参数设置
➢ 非结构面网格的划分流程
➢ 网格的生成与输出

4.1　面网格概述

面网格是指二维平面网格或者三维曲面网格。三维曲面网格可以用于固体力学中壳体的数值计算，也可以用于流体力学中非结构三维网格生成的边界；二维平面网格可看作面网格的一种特殊形式。

本节主要介绍面网格的一些基础知识，包括面网格的类型、面网格的划分方法、网格的尺寸控制、非结构面网格的划分流程等，以帮助读者理解 ICEM 中面网格划分的相应设置方法。

4.1.1　面网格的类型

单击功能区内 Mesh（网格）选项卡中的 Global Mesh Setup（全局网格设置）按钮，在打开的 Global Mesh Setup（全局网格设置）数据输入窗口中单击 Shell Meshing Parameters（面网格参数）按钮，通过 Mesh type（网格类型）下拉列表即可选择面网格的类型，如图 4.1 所示。

（1）All Tri（全部三角形）：所有的单元类型均为三角形，如图 4.2（a）所示。

（2）Quad w/one Tri（带一个三角形的四边形）：网格单元大部分为四边形，一个 Surface 上最多允许有一

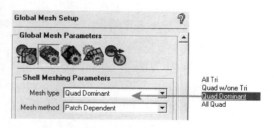

图 4.1　面网格的类型

个三角形网格单元。在环（Loop）边界上的不均匀网格之间可以通过该三角形单元来进行更好的过渡，如图4.2（b）所示。

（3）Quad Dominant（四边形主导）：Surface上的网格单元大部分是四边形，允许一部分三角形网格单元的存在（用于四边形之间的过渡）。这种网格类型多用于复杂的Surface，此时如果生成全部四边形网格，会导致网格质量较差，如图4.2（c）所示。

（4）All Quad（全四边形）：所有的单元类型均为四边形，如图4.2（d）所示。

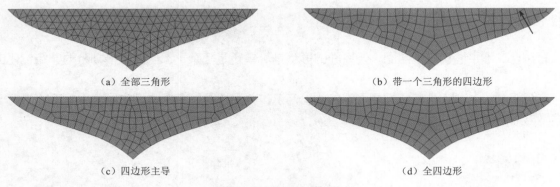

（a）全部三角形　　　　　　　　　　　　　　（b）带一个三角形的四边形

（c）四边形主导　　　　　　　　　　　　　　（d）全四边形

图4.2　面网格类型示例

📢 **注意：**

如果为某个Surface指定了不同类型的面网格，则对该Surface的局部设置将替代此处的全局设置。

4.1.2　面网格的划分方法

单击功能区内Mesh（网格）选项卡中的Global Mesh Setup（全局网格设置）按钮，在打开的Global Mesh Setup（全局网格设置）数据输入窗口中单击Shell Meshing Parameters（面网格参数）按钮，通过Mesh method（网格划分方法）下拉列表即可选择面网格的划分方法，如图4.3所示。

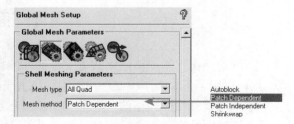

图4.3　面网格的划分方法

1．Autoblock（自动块）

Autoblock（自动块）使用映射或基于块的网格划分算法，自动地在每个Surface上生成二维的Block，然后生成网格。该方法能够自动确定最佳拟合，以获得定义的最小边缘和正交性；对于无法映射的曲面片（具有多于或少于 4 个角点），将调用通过基于块的算法来调用补丁适形（Patch Dependent）网格划分方法。当选择该网格划分方法时，可以设置下列网格参数，如图4.4所示。

➢ Ignore size（忽略尺寸）：通过将相邻的 Curve 进行合并，以忽略宽度小于定义值的狭长Surface。

➢ Method（方法）：Surface Blocking Options 组框中的 Method 栏用于设置 Surface 分块的方法。其中，Free 选项表示将所有 Surface 都以类似于 Patch Dependent 的网格划分方法进行网格划分；Some mapped 选项表示将某些 Surface 以映射的方法进行网格划分（具有 4 个顶点和 4 条边线的 Surface 可能会生成正交网格），而其余 Surface 将以类似于 Patch Dependent 的方法进行网格划分 [具有多于或少于 4 个顶点的 Surface 将作为自由块（Free block）进行网格划分]；Mostly mapped 选项表示大多数 Surface 将以映射的方法进行网格划分（通过对 Surface 进行分块来实现，如可以将三角形 Surface 以 Y 形分块策略分成三个块，如图 4.5 所示），其余 Surface 将以类似于 Patch Dependent 的方法进行网格划分。

➤ Merge mapped blocks（合并映射块）：勾选该复选框时，ICEM 将尝试对可以通过映射方法进行网格划分的 Surface 进行合并，以形成更大的网格划分区域。

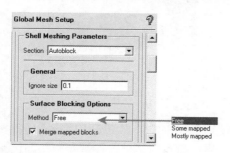

图 4.4　自动块网格划分方法的参数设置

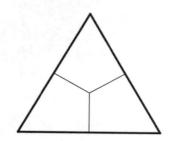

图 4.5　将三角形 Surface 分成三个块

2．Patch Dependent（补丁适形）

Patch Dependent（补丁适形）是一个自由曲面网格生成器，用于网格化称为 Loop 的闭合区域。在考虑孔洞和内部曲线的前提下，ICEM 可以通过 Surface 或 Curve 创建 Loop。ICEM 将根据 Curve 上设置的节点间距来确定网格种子，共享一条 Curve 的相邻 Loop 的网格将自动连接在一起，如图 4.6 所示。这种网格划分方法在捕捉 Surface 细节的同时，能够创建以四边形为主导的高质量网格。当选择该网格划分方法时，可以设置下列网格参数，如图 4.7 所示。

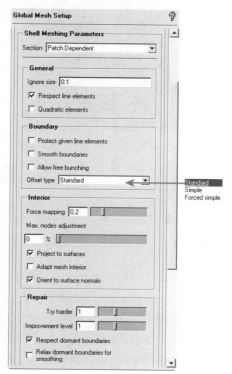

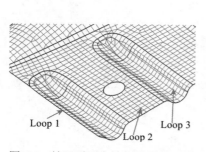

图 4.6　补丁适形方法划分网格示例

图 4.7　补丁适形网格划分方法的参数设置

> Ignore size（忽略尺寸）：通过将较小的 Loop 与相邻的 Loop 合并，忽略宽度小于定义值的狭长 Surface。如图 4.8 所示，当 Ignore size=0.2 时，宽度为 0.6 的狭长 Surface 将作为一个 Loop 单独进行网格划分；当 Ignore size=1 时，该狭长 Surface 所形成的 Loop 将与相邻的 Loop 合并。

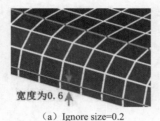

（a）Ignore size=0.2　　　　　　　　　　　（b）Ignore size=1

图 4.8　忽略尺寸设置示例

> Respect line elements（考虑线单元）：勾选该复选框时，ICEM 在生成面网格时将参考边界线已经生成线单元的节点。该复选框以已有网格边界的节点为基础，保持新网格与已有网格之间的节点共享，这对于需要将新建网格连接到现有网格时非常有用。如图 4.9 所示，一个四边形的 Surface，其底边已经生成了 14 个线单元（15 个节点）。如果将该边的节点数修改为 11（10 个单元），则当勾选 Respect line elements 复选框后，在生成面网格时，该边的线单元网格将保持不变，如图 4.9（a）所示；如果取消勾选 Respect line elements 复选框，则新生成的面网格将忽略该边的线单元网格，并根据节点数重新调整该边的网格，如图 4.9（b）所示。

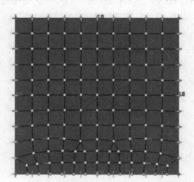 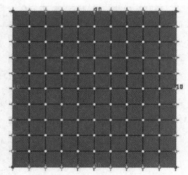

（a）勾选 Respect line elements 复选框　　　　　　（b）取消勾选 Respect line elements 复选框

图 4.9　考虑线单元设置示例

📢 **提示：**

　　Respect line elements 复选框对于确保新网格与已有网格 [已有网格来自另一个网格生成器(如 Hexa 网格生成器)或来自其他软件] 匹配和连接非常有用。如果存在难以通过 Curve 网格参数控制来进行节点匹配的复杂边线，此选项也很有用。如图 4.10 所示，使用 ICEM 的 Hexa 网格生成器对内部风扇进行网格划分，并通过 Respect line elements 复选框对外保护罩进行面网格划分，可以确保已有网格与新网格之间的节点共享。

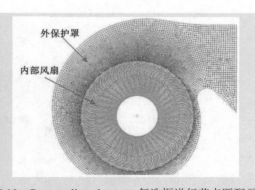

图 4.10　Respect line elements 复选框进行节点匹配示例

➢ Quadratic elements（二阶单元）：勾选该复选框时，将生成具有中间节点的单元。三角形具有 6 个节点（3 个角节点和 3 个中间边节点），四边形具有 8 个节点（4 个角节点和 4 个中间边节点），如图 4.11 所示。

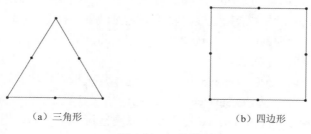

（a）三角形　　　　　　　　（b）四边形

图 4.11　二阶单元

➢ Protect given line elements（保护指定的线单元）：当设置 Ignore size 并勾选 Respect line elements 复选框时，该复选框可以使用。当勾选该复选框时，ICEM 将保护小于 Ignore size 数值的已有线单元不被删除。

➢ Smooth boundaries（光顺边界）：勾选该复选框时，将在网格划分完成后光顺边界。这通常会生成更高质量的网格，但可能不遵守原来在边界线上的节点布置。

➢ Allow free bunching（允许自由聚束）：当勾选该复选框时，ICEM 将允许对使用 Patch Independent 网格划分方法的 Surface 采用自由曲线聚束。当取消勾选该复选框时，曲线聚束将由 Patch Dependent 网格生成器来完成，那么采用 Patch Independent 网格划分方法的 Surface 只能按照这种曲线聚束来生成网格。

📢 提示：

> 曲线聚束是指设置节点沿 Curve 的分布规律和分布参数。

➢ Offset type（偏移类型）：该下拉列表用于选择创建偏移的方式。Patch Dependent 网格划分方法中，在无须对 Surface 的拐角进行特殊设置的情况下，即可垂直于边界线创建偏移，这在生成边界层网格时非常有用。其中，Standard 选项表示偏移前沿上的节点数可能与初始边界上的节点数不同，如图 4.12（a）所示；Simple 选项表示偏移前沿上的节点数与初始边界上的节点数相同，如图 4.12（b）所示；Forced simple 选项与 Simple 选项类似，但不会进行冲突检查，如图 4.12（c）所示。

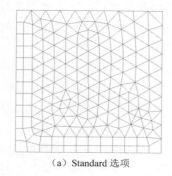
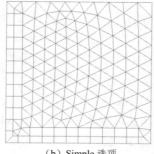
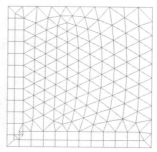

（a）Standard 选项　　　　　　（b）Simple 选项　　　　　　（c）Forced simple 选项

图 4.12　选择不同偏移类型的示例

➢ Force mapping（强制映射）：如果 Surface 的边界近似四边形，则会强制在边界附近处产生结构化网格以提高网格质量。其默认值为 0，对于混合网格推荐值为 0.2。

➢ Max. nodes adjustment（最大节点数调整）：对于设置不同节点数的相对边界，将以百分比形式计算节点数的比率。如果所有比率的百分比值小于指定值，将通过映射方法划分网格；如果所有比率的百分比值大于指定值，将不会通过映射方法划分网格。

➢ Project to surfaces（投影到面）：勾选该复选框时，将允许 Loop 内部的节点投影到 Surface，而不是在 Curve 之间进行插值。

➢ Adapt mesh interior（自适应内部网格）：当勾选该复选框时，将允许 Surface 内部存在较大的网格尺寸过渡。例如，如果 Surface 边界线的网格尺寸设定为 1，Surface 的网格尺寸设定为 10，则划分网格时，将在 Surface 边界线上以网格尺寸 1 开始，但在 Surface 中间过渡到 10。自适应内部网格示例如图 4.13 所示。

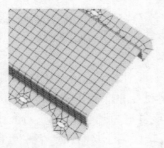 

（a）取消勾选 Adapt mesh interior 复选框　　　　（b）勾选 Adapt mesh interior 复选框

图 4.13　自适应内部网格示例

◀》 提示：

可以通过 Surface Mesh Setup（Surface 网格设置）数据输入窗口中的 Height Ratio 参数来设置网格尺寸的过渡速度。对于 All Quad、Quad Dominant 和 Quad w/one Tri 的网格类型，Force mapping 选项的级别优先于此复选框。如果需要将 Adapt mesh interior 复选框应用于这些类型的网格，应将 Force mapping 设为 0。

➢ Orient to surface normals（定向到 Surface 的法线）：将面网格的法线定向到与 Surface 法线相同的方向。默认情况下，勾选该复选框。

➢ Try harder（尝试创建网格）：当设置为 0 时，如果网格划分失败，则不会进一步尝试并报告问题；当设置为 1 时，如果网格划分失败，则尝试通过将 Surface 进行简单的三角化来修复有问题的 Surface（仅适用于 All Tri 和 Quad Dominant 的网格类型）；当设置为 2 时，将通过设置为 1 的步骤进行网格划分，如有必要将激活休眠的 Curve；当设置为 3 时，将通过设置为 2 的步骤进行网格划分，如有必要将使用 Tetra 网格生成器。

➢ Improvement level（网格质量提高的水平）：当设置为 0 时，执行纯 Laplace 光顺，将在保持网格拓扑不变的情况下移动节点；当设置为 1 时，如果选择了 Quad Dominant 或 All Tri 网格类型，将对任何网格划分失败的 Loop 使用 STL 方法进行网格划分，质量非常差的四边形将会被分割成两个三角形，这可以使 Patch Dependent 网格生成器的稳健性更好；当设置为 2 时，除执行设置为 1 的操作之外，还将把三角形组合成四边形，并将质量较差的四边形分割成三角形（此选项最常用）；当设置为 3 时，除执行设置为 2 的操作之外，还会允许将节点移出 Curve 之外以提高网格质量。

➢ Respect dormant boundaries（考虑休眠的边界）：当勾选该复选框时，所有休眠 Curve 和 Point 都将包含在网格边界定义中。默认情况下，取消勾选该复选框。

➢ Relax dormant boundaries for smoothing（松弛休眠边界以进行光顺）：如果允许对休眠图元进行网格划分，则勾选该复选框时，将允许移动休眠 Curve 和 Point 上的节点，以提高网格的平滑度。

3．Patch Independent（补丁独立）

Patch Independent（补丁独立）使用稳健的 Octree（八叉树）方法，在网格划分过程中不严格按照 Surface 的边界线，能够忽略小的曲面特征（如缝隙和孔洞），适用于精度不高或连通性差的 Surface。使用 Patch Independent 方法划分的白车身面网格示例如图 4.14 所示。

4．Shrinkwrap（包络处理）

Shrinkwrap（包络处理）使用笛卡儿方法初始生成所有四边形网格，并使用 Quad Dominant/All Tri 选项来更好地捕捉几何特征。该方法可以自动化消除特征，并允许忽略大的特征、缝隙和孔，因此最适合划分具有间隙的几何模型。使用 Shrinkwrap 方法划分的发动机面网格示例如图 4.15 所示。该方法不推荐用于薄板实体模型。当选择该网格划分方法时，可以设置下列网格参数，如图 4.16 所示。

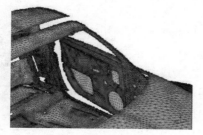

图 4.14　使用 Patch Independent 方法划分的白车身面网格示例

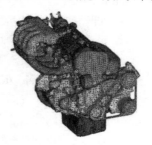

图 4.15　使用 Shrinkwrap 方法划分的发动机面网格示例

➢ Num. of smooth iterations（光顺迭代次数）：用于输入为提高网格质量而执行的光顺迭代次数，允许设置为 1～10 的整数。

➢ Surface projection factor（曲面投影因子）：用于控制所生成面网格与原始几何模型的紧密度。其允许输入值的范围为 0～1，其中 0 表示所生成的面网格完全未投影到原始几何模型，1 表示所生成的网格完全投影到原始几何模型。使用不同曲面投影因子所产生的效果示例如图 4.17 所示。

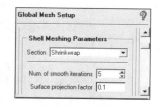

图 4.16　包络处理网格划分方法的参数设置

（a）Surface projection factor＝0.2

（b）Surface projection factor＝0.9

图 4.17　使用不同曲面投影因子所产生的效果示例

4.1.3 网格的其他参数设置

除了设置面网格类型、划分方法之外，用户还可以设置网格尺寸等其他网格参数。对于面网格，除了通过功能区内 Mesh（网格）选项卡中的 Global Mesh Setup（全局网格设置）按钮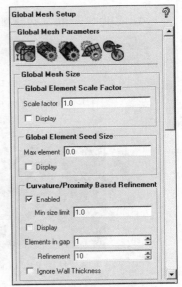对网格参数进行全局设置之外，还可以通过其中的 Part Mesh Setup（Part 网格设置）按钮、Surface Mesh Setup（Surface 网格设置）按钮、Curve Mesh Setup（Curve 网格设置）按钮对网格参数进行局部设置。下面分别予以简要介绍。

1. 全局网格参数设置

单击功能区内 Mesh（网格）选项卡中的 Global Mesh Setup（全局网格设置）按钮，在打开的 Global Mesh Setup（全局网格设置）数据输入窗口中单击 Global Mesh Size（全局网格尺寸）按钮，即可进行全局网格参数设置，如图 4.18 所示。

（1）Global Element Scale Factor（全局单元比例因子）。

➤ Scale factor（比例因子）：该比例因子是全局网格参数的乘数因子，可以非常方便地缩放全局网格参数。例如，如果给定图元的 Max element（最大单元）为 4 个单位，Scale factor 设为 3.5，则用于对该图元进行网格划分的实际最大单元尺寸为 4×3.5＝14 个单位。Scale factor 可以是任何正实数，其允许用户全局控制网格大小，而不用更改不同图元的网格参数。

➤ Display（显示）：勾线该复选框时，在图形窗口中会出现标识 Scale factor 大小的网格，为用户提供 Scale factor 大小的可视化参考。

图 4.18　全局网格参数设置

📢 **注意：**

> 不是所有的网格参数都受此比例因子的影响。有关受此比例因子影响的参数列表，请参见 Ansys ICEM CFD 提供的帮助文档。

（2）Global Element Seed Size（全局单元种子尺寸）。

➤ Max element（最大单元）：该文本框用于设置模型中最大的可能网格尺寸，即模型中的最大网格尺寸不会超过 Max element×Scale factor。建议 Max element 的数值设置为 2^n，n 为正整数。即使用户指定的值不是 2^n，一些网格划分器（如 Octree/Patch Independent）在网格划分时也会将最大网格尺寸近似为最接近 2^n 的数值。如果将 Max element 设置为 0，则 ICEM 自动开启 Automatic sizing（自动尺寸设置）功能。Automatic sizing 会临时设置一个全局最大网格尺寸，如果 Surface 或 Curve 网格尺寸的设置不小于该值，将生成统一的网格。如果大多数 Surface（<22%）的网格尺寸未设置，则 Automatic sizing 将全局最大网格尺寸设置为 0.025×几何模型边框的对角线长度；如果大多数 Surface（>22%）的网格尺寸已设置，则 Automatic sizing 将全局最大网格尺寸设置为 Surface 的最大网格尺寸。如果用户设置的全局最大网格尺寸太大（≥0.1×几何模型边框的对角线长度），并且未设置任何 Surface 的网格尺寸或 Surface 的网格尺寸也大于该值，那么 ICEM 会提示设定的网格尺寸过大，不能代表几何模型，并询问是否采用 Automatic sizing。

➢ Display（显示）：勾选该复选框时，在图形窗口中会出现标识最大网格尺寸的网格，为用户提供最大网格尺寸大小的可视化参考。

（3）Curvature/Proximity Based Refinement（基于曲率/邻近度的细化）。当勾选该组框中的 Enabled 复选框时，ICEM 将根据几何曲率和邻近度自动对网格进行细化。ICEM 将在平坦的平面上生成较大的单元，而在高曲率区域或小间隙内生成较小的单元。下面对该组框中的选项进行简要介绍。

📣 注意：

> 当前，基于曲率/邻近度的细化功能仅适用于 Octree 和 Patch Independent 网格划分方法。

➢ Min size limit（最小单元尺寸限制）：用于设置模型中最小单元的尺寸，可防止网格单元被细化为小于此值。但是，如果在未细化到此值的情况下满足了 Refinement 和 Elements in gap 的要求，则细化将自行停止。勾选其下方的 Display 复选框，将在图形窗口中显示 Min size limit 大小的网格。

➢ Elements in gap（间隙中的单元）：可以在该文本框中输入任意正整数，用于强制 Octree/Patch Independent 网格生成器在间隙中创建指定数量的单元（基于邻近度的细化）。输入此数值时需要注意，如果 Min size limit 设置的数值太大，由于 ICEM 不能细化到网格尺寸小于 Min size limit，因此此处所输入的数值可能无效。

➢ Refinement（细化）：用指定的网格数拟合一个圆，即沿原曲线的曲率半径延伸到 360° 将会形成一个辅助圆，此文本框用于输入拟合该辅助圆的网格数量。如图 4.19 所示，如果将 Refinement 设置为 10，ICEM 将通过原曲线形成一个辅助圆，并使用 10 个网格来拟合该辅助圆，此时只需三个网格即可拟合原曲线。如果 Min size limit 的数值设置得过小，则通过该文本框的设置可以避免沿原曲线生成过多的网格。

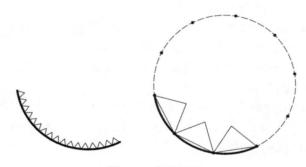

图 4.19　细化功能

➢ Ignore Wall Thickness（忽略壁厚）：该复选框可以防止 ICEM 细化间距很小的平行曲面（薄壁）。当模型中存在薄壁时，Elements in gap 功能可能会过分细化薄壁处的网格，这会使总体网格数量显著增加。勾选 Ignore Wall Thickness 复选框时，ICEM 将在薄壁处生成较大的网格，从而降低总体网格数量，但这将导致这些较大网格不均匀，从而降低网格质量。这可以使用 Octree Tetra 网格生成器中的 Define thin cuts 功能来处理。忽略壁厚示例如图 4.20 所示。

（a）未勾选 Ignore Wall Thickness 复选框

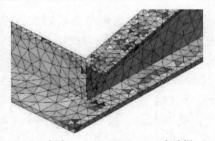
（b）勾选 Ignore Wall Thickness 复选框

图 4.20　忽略壁厚示例

2．Part 网格参数设置

单击功能区内 Mesh（网格）选项卡中的 Part Mesh Setup（Part 网格设置）按钮，在打开的 Part Mesh Setup（Part 网格设置）对话框中即可进行 Part 网格参数的设置，如图 4.21 所示。

图 4.21　Part Mesh Setup 对话框

Part Mesh Setup 对话框中的参数设置简要介绍如下。

➢ 表格内输入 0 值表示将使用全局网格参数。

➢ 表格内的空白区域说明在此 Part 内不同的 Curve/Surface 有各自的参数设置。

➢ 一般情况下，对 Part 的网格参数设置将覆盖全局网格设置。

➢ 如果在完成 Curve/Surface 网格参数设置后再进行 Part 的网格参数设置，将覆盖 Curve/Surface 上的局部网格参数设置。

如果用户需要为所有可用 Part 设置相同的参数值，可以单击该参数的标题单元格，此时将弹出相应的参数输入对话框，如图 4.22 所示，在 Maximum size 文本框中输入最大单元尺寸。此处的 Maximum size 将受到 Scale factor 的影响。

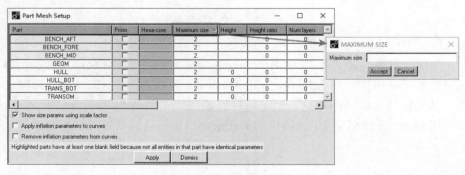

图 4.22　设置相同的参数值

假如全局网格设置 Curvature/Proximity Based Refinement 组框中的 Enabled 复选框未勾选，通常需要在 Part Mesh Setup 对话框中设置 Maximum size（最大单元尺寸）。假如需要从 Curve 上生成四边形的边界层网格（假如孔周围的网格），通常需要设置 Height（高度，指 Curve 上第一层四边形网格的高度）、Height ratio（高度比，指以 Curve 上第一层网格高度为基准，上一层网格高度与下一层网格高度的比值）和 Num layers（层数，指边界网格的层数）。生成边界层网格示例如图 4.23 所示。

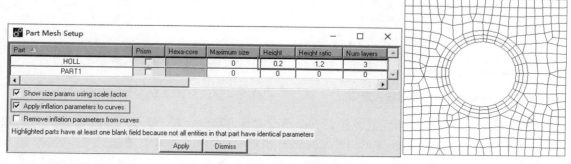

图 4.23　生成边界层网格示例

📢 注意：

> 对于面网格，只有 Patch Dependent 方法才能生成边界层网格。在生成边界层网格时，只有在勾选 Apply inflation parameters to curves 复选框的情况下，膨胀参数（Height、Height ratio 和 Num layers）的设置才生效。

假如在全局网格设置 Curvature/Proximity Based Refinement 组框中勾选 Enabled 复选框，通常需要在 Part Mesh Setup 对话框中设置 Min size limit（最小单元尺寸限制），此时对某个 Part 所设置的 Min size limit 参数将覆盖全局的 Min size limit 参数。另外一种网格划分方法是设置 Max deviation（最大偏差），这是一种基于三角形或四边形面网格的中心与实际几何表面的接近度的网格划分方法。如果某个网格的中心到几何表面的距离大于此值，则该网格将自动进行分割，所产生的新节点将投影到几何表面上。

3．Surface 网格参数设置

单击功能区内 Mesh（网格）选项卡中的 Surface Mesh Setup（Surface 网格设置）按钮，在打开的 Surface Mesh Setup（Surface 网格设置）数据输入窗口中即可对选定的 Surface 进行网格参数设置，如图 4.24 所示。通过 Surface Mesh Setup 数据输入窗口所进行的网格参数设置属于局部 Surface 网格参数设置，将覆盖全局网格参数设置。假如在设置 Part 网格参数后，再修改某个 Surface 的网格参数设置，则会覆盖原先通过 Part 对该 Surface 所进行的网格参数设置。

下面仅介绍与面网格有关的网格参数设置。

（1）Surface(s)（曲面）：该文本框用于选择需要进行局部网格参数设置的 Surface。

（2）Maximum size（最大单元尺寸）：该文本框用于为所选 Surface 指定最大单元尺寸。此处的 Maximum size 将受到 Scale factor 的影响。当对所选 Surface 进行网格尺寸设置后，右击显示树中的 Geometry→Surfaces 目录，在弹出的快捷菜单中选择 Tetra/Hexa Sizes 命令，即可在每个 Surface 上显示一个与指定单元尺寸相对应的参考网格单元图标，为用户提供一个直观的最大网格尺寸示意，如图 4.25 所示。

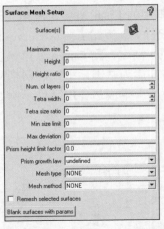

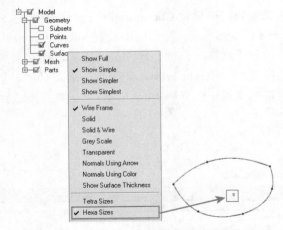

图 4.24　Surface Mesh Setup 数据输入窗口　　　图 4.25　显示 Surface 的参考网格单元尺寸

（3）Min size limit（最小单元尺寸限制）：小于该值的面单元将不再进行划分。该文本框仅在全局网格设置 Curvature/Proximity Based Refinement 组框中勾选 Enabled 复选框时起作用。

（4）Max deviation（最大偏差）：该参数的含义与 Part 网格参数设置中的 Max deviation 参数的含义相同。

（5）Mesh type（网格类型）：用于设置选定 Surface 的网格类型。

（6）Mesh method（网格划分方法）：用于设置选定 Surface 的网格划分方法。

（7）Remesh selected surfaces（对选定 Surface 重新划分网格）：勾选该复选框时，在更改面网格参数后，可以对选定 Surface 重新进行网格划分，并自动生成新的面网格。

（8）Blank surfaces with params（隐藏带网格参数的 Surface）：单击该按钮时，应用了网格参数的 Surface 将变为不可见。

4．Curve 网格参数设置

单击功能区内 Mesh（网格）选项卡中的 Curve Mesh Setup（Curve 网格设置）按钮，在打开的 Curve Mesh Setup（Curve 网格设置）数据输入窗口中即可对 Curve 进行网格参数设置，如图 4.26 所示。其中需要注意，假如在设置 Part 网格参数之后再修改某条 Curve 的网格参数，则会覆盖原先通过 Part 对该 Curve 的网格参数设置。

在对 Curve 进行网格参数设置时，有以下三种方法：General（常规）方法表示通过输入参数来进行网格尺寸设置；Dynamic（动态）方法表示可以在图形窗口中动态调整网格参数，此时可以采用鼠标交互式显示 Curve 上的所选网格参数值，单击时参数增加，右击时参数减少；Copy Parameters（复制参数）方法表示将复制其他 Curve 上的网格参数，该方法尤其适用于平行的 Curve。

（1）General（常规）方法。下面对使用常规方法对 Curve 进行网格参数设置的各参数栏进行简要介绍，其中部分网格参数的名称与前面介绍的 Part Mesh Setup 对话框及 Surface Mesh Setup 数据输入窗口中的相同，其含义此处不再赘述。

➢ Select Curve(s)（选择 Curve）：该文本框用于选择需要进行网格参数设置的 Curve。

➢ Maximum size（最大单元尺寸）：该文本框用于为所选 Curve 指定最大单元尺寸。此处的 Maximum size 将受到 Scale factor 的影响。当对所选 Curve 进行网格尺寸设置后，右击显示树中的 Geometry→Curves 目录，在弹出的快捷菜单中选择 Curve Node Spacing（Curve 的节点间距）命令，可在每条 Curve 上显示该 Curve 的节点分布；选择 Curve Tetra/Hexa Sizes 命令，可在每条 Curve 上显示一个与指定单元尺寸相对应的参考网格单元图标，如图 4.27 所示。

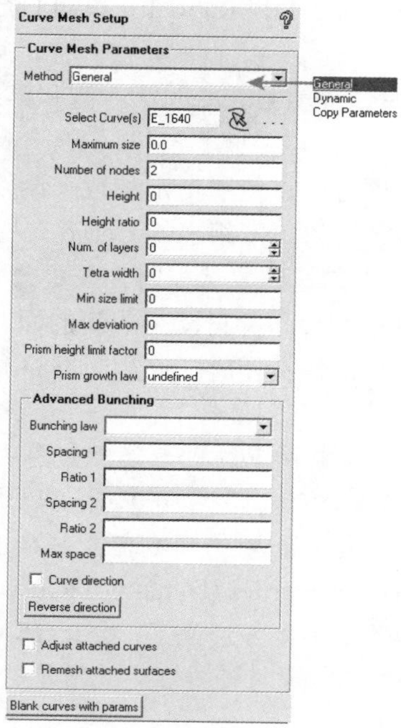

图 4.26　Curve Mesh Setup 数据输入窗口 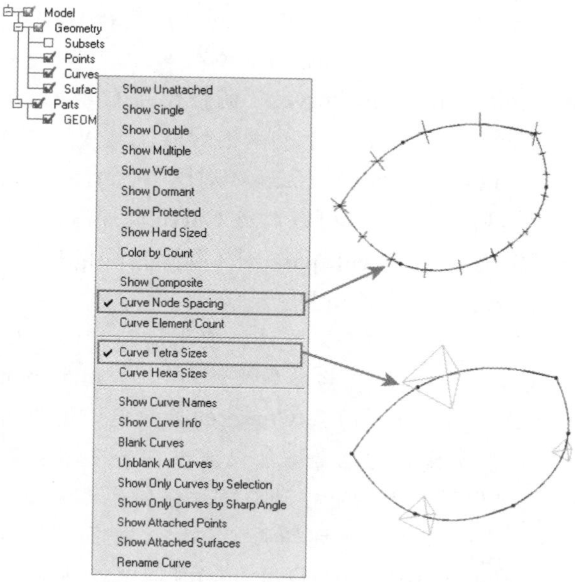　　　　图 4.27　显示 Curve 的节点分布和参考网格单元

➢ **Number of nodes**（节点数）：用于指定所选 Curve 上的节点数，这是设置 Maximum size 的替代选项。其所输入的数值必须是不小于 2 的整数。

📢 **提示：**

对于面网格，仅当采用 Patch Dependent 网格划分方法时，Height、Height Ratio 和 Num. of layers 三个参数才起作用。它们的含义与 Part 网格参数设置中的 Height、Height Ratio 和 Num layers 三个参数的含义相同。

➢ **Bunching law**（聚束规则）：用于设置节点沿所选 Curve 的分布规律。
➢ **Spacing**（间距）：间距是指 Curve 端点与相邻节点之间的距离（第一个单元的高度）。选择一条 Curve 后，可以在该 Curve 上显示一个箭头以显示 Curve 的方向。Spacing 1 是指 Curve 起始端点处的间距，Spacing 2 是指 Curve 终止端点处的间距，如图 4.28 所示。

图 4.28　间距

➢ **Ratio**（比率）：比率是指以 Curve 端点为起点，下一个单元高度与上一个单元高度的比率。Ratio 1 是指 Curve 起始端点处的比率，Ratio 2 是指 Curve 终止端点处的比率。
➢ **Max space**（最大间距）：Curve 上最大的节点间距。

➢ Curve direction（Curve 方向）：勾选该复选框（默认）时，将在 Curve 中点处显示一个黄色箭头，用以标识 Curve 方向。该箭头从 Curve 第一侧（Spacing 1 和 Ratio 1）指向 Curve 第二侧（Spacing 2 和 Ratio 2）。

➢ Reverse direction（翻转方向）：翻转 Curve 的方向，此时仅翻转 Curve 的第一侧和第二侧，而不会翻转 Spacing、Ratio 等参数。

➢ Adjust attached curves（调整相连 Curve）：勾选该复选框时，将使用指定参数来调整与该 Curve 相连 Curve 上的网格尺寸。其仅适用于以 60°～120° 的角度相连的 Curve。

➢ Remesh attached surfaces（对附着 Surface 重新划分网格）：勾选该复选框时，在更改 Curve 的网格参数后，可以对该 Curve 所属 Surface 重新进行网格划分，并自动生成新的面网格。

➢ Blank curves with params（隐藏带网格参数的 Curve）：单击该按钮时，应用了网格参数的 Curve 将变为不可见。

（2）Dynamic（动态）方法。使用动态方法对 Curve 进行网格参数设置的各参数栏如图 4.29 所示。通过单击 Curve 网格参数文本框中的 increment/decrement（递增/递减）按钮，可以选择该 Curve 参数，其将显示每条 Curve 的参数值。用户可以单击选中特定 Curve 的参数值，并单击以按 Value 文本框中设置的增量增加该值或右击按增量减少该值。Curve Properties (Dynamic) [Curve 属性（动态）] 组框可用于指定在动态方法中特定 Curve 网格参数的增量，具体方法如下：在 Incr/Decr for（增加/减少）下拉列表中选择某个 Curve 网格参数，在 Value 文本框中输入该网格参数增量的数值，最后单击 Curve Properties (Dynamic)组框中的 Apply（应用）按钮。

（3）Copy Parameters（复制参数）方法。使用复制参数方法对 Curve 进行网格参数设置的各参数栏如图 4.30 所示。其中，From Curve（从 Curve）组框中的 Curve 文本框用于选择需要从中复制参数的 Curve（源 Curve）。To Selected Curve(s)（到选定 Curve）组框中的 Curve(s)文本框用于选择网格参数将复制到的 Curve（目标 Curve）。Copy 组框中的 Relative 单选按钮表示相对于目标 Curve 的长度从源 Curve 复制网格参数；Absolute 表示将精确的网格参数从源 Curve 复制到目标 Curve，而不考虑目标 Curve 的长度。

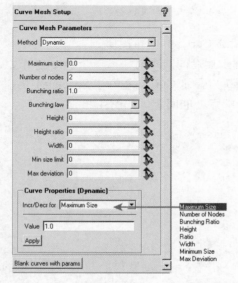

图 4.29　使用动态方法对 Curve 进行
网格参数设置

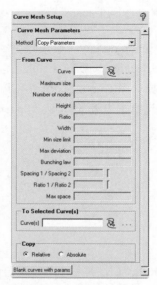

图 4.30　使用复制参数方法对 Curve
进行网格参数设置

4.1.4 非结构面网格的划分流程

一般情况下,ICEM 非结构面网格划分的基本流程如图 4.31 所示,下面对涉及的各个按钮进行简要介绍。

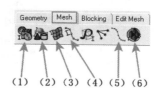

图 4.31 非结构面网格划分的基本流程

(1) Global Mesh Setup（全局网格设置）：对整个模型进行全局网格参数设置，包括设置全局网格尺寸、网格类型、网格划分方法等。

(2) Part Mesh Setup（Part 网格设置）：为各 Part 进行不同的网格参数设置，包括网格尺寸、单元高度（Height）、高度比（Height Ratio）等。由于 ICEM 可以为各 Part 设置不同的网格参数，因此在划分网格时，如何合理地定义 Part 显得尤为重要。

(3) Surface Mesh Setup（Surface 网格设置）：为所选 Surface 进行网格参数设置，包括网格类型、网格划分方法、网格尺寸等。

(4) Curve Mesh Setup（Curve 网格设置）：为所选 Curve 进行网格参数设置，包括网格尺寸、线上节点数、线上节点分布等。

(5) Mesh Curve（生成线网格）：为所选线生成一维线单元。单击该按钮，打开 Mesh Curve（生成线网格）数据输入窗口，通过 Curves（线）文本框可以在图形窗口中选择需要生成线网格的 Curve，如图 4.32 所示。此步骤一般用于对某条 Curve 进行网格参数设置后，查看该 Curve 的网格划分情况。通常情况下此步骤可以省略。

(6) Compute Mesh（计算网格）：通过指定的网格参数生成非结构面网格。单击该按钮，打开 Compute Mesh（计算网格）数据输入窗口，单击 Surface Mesh（面网格）按钮，在完成参数设置后，即可通过单击 Compute（计算）按钮生成网格，如图 4.33 所示。如果所生成的网格存在错误，还可以通过网格编辑对网格进行修复或优化。

图 4.32 Mesh Curve 数据输入窗口

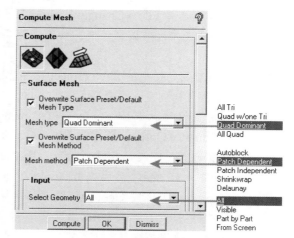

图 4.33 Compute Mesh 数据输入窗口

下面对 Compute Mesh 数据输入窗口进行简要介绍。

➤ Mesh type（网格类型）：当勾选 Overwrite Surface Preset/Default Mesh Type 复选框时，可以通过该下拉列表快速修改全局的网格类型，避免退回到全局网格设置来修改网格参数。

➤ Mesh method（网格划分方法）：当勾选 Overwrite Surface Preset/Default Mesh Method 复选

框时，可以通过该下拉列表快速修改全局的网格划分方法。

➢ Select Geometry（选择几何图元）：用于选择进行网格划分的几何图元。其中，All（全部）表示对整个几何模型进行网格划分；Visible（可见）表示仅对可见的几何图元进行网格划分；Part by Part（逐个 Part）表示将按 Part 分别进行网格划分，此时网格在不同 Part 的连接处将不进行对齐；From Screen（从屏幕）表示需要用户在图形窗口中选取要进行网格划分的几何图元。

扫一扫，看视频

4.2 二维非结构面网格的划分——喷嘴实例

假设流动空气高速通过一个缩放型喷嘴，如图 4.34 所示，其圆形横截面面积 A 随着轴向距离 x 的变化而变化，符合公式 $A=0.1+x^2(-0.5<x<0.5)$，其中 A 的单位是 m^2，x 的单位是 m。进口处的滞点压力 P_0 为 101325Pa，滞点温度 T_0 为 300K；出口的静压力 P 为 3738.9Pa。该几何模型可以简化为一个二维轴对称问题，通过划分为非结构面网格进行求解。

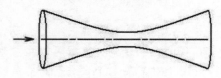

图 4.34 缩放型喷嘴

4.2.1 创建几何模型

（1）启动 ICEM。在 Windows 操作系统中选择"开始"→"所有程序"→Ansys 2023 R1→ICEM CFD 2023 R1 命令，启动 ICEM CFD 2023 R1，进入 ICEM CFD 2023 R1 用户界面。

（2）设置工作目录。选择 File→Change Working Dir 命令，打开 New working directory 对话框，新建一个 2DNozzle 文件夹并选中该文件夹，如图 4.35 所示。单击 OK 按钮，将该文件夹作为工作目录。

（3）保存项目。单击工具栏中的 Save Project 按钮，以 Nozzle_2D.prj 为项目名称创建一个新项目。

（4）设置几何图元首选项。选择 Settings→Geometry Options 命令，打开 Geometry Options 数据输入窗口，勾选 Name new geometry 复选框，即在几何建模时可以命名为新的几何图元名称，如图 4.36 所示，然后单击 Apply 按钮。

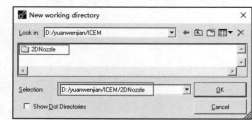

图 4.35 New working directory 对话框

（5）创建 Point。单击功能区内 Geometry 选项卡中的 Create Point 按钮，即可打开 Create Point 数据输入窗口，单击 Explicit Coordinates 按钮，在 X 文本框中输入−0.5，其他参数保持默认，如图 4.37 所示，然后单击 Apply 按钮，创建一个名称为 pnt.00，坐标值为(−0.5,0,0)的 Point。按照此方法创建 Point pnt.01(0.5,0,0)。

在 Create Point 数据输入窗口中，将 Method 设为 Create multiple points，在"m1 m2 ... mn OR m1,mn,incr"文本框中输入"−0.5,0.5,0.1"，在"F(m) −>X"文本框中输入 m，在"F(m) −>Y"文本框中输入"sqrt((0.1+m^2)/3.14159)"，在"F(m) −>Z"文本框中输入 0，如图 4.38 所示，然后单击 Apply 按钮。

在显示树中右击 Geometry→Points 目录，在弹出的快捷菜单中选择 Show Point Names（显示 Point 的名称）命令，如图 4.39 所示，将 Point 的名称显示出来，结果如图 4.40 所示。

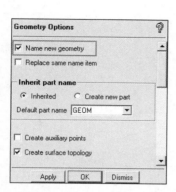

图 4.36　Geometry Options 数据输入窗口

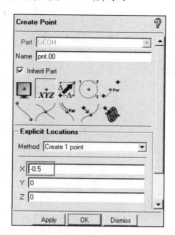

图 4.37　Greate Point 数据输入窗口（1）

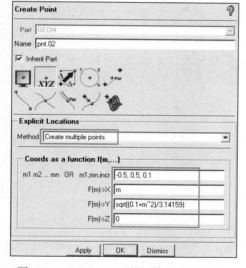

图 4.38　Greate Point 数据输入窗口（2）

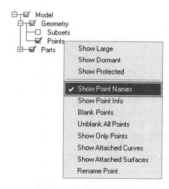

图 4.39　快捷菜单

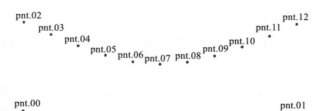

图 4.40　创建 Point 的结果

（6）创建 Curve。单击功能区内 Geometry 选项卡中的 Create/Modify Curve 按钮，即可打开 Create/Modify Curve 数据输入窗口，单击 From Points 按钮，如图 4.41 所示，再单击 Points 文本框中的 Select location(s)按钮。在图形窗口中依次单击选择 Point pnt.12 和 Point pnt.01，单击鼠标

中键确认，创建直线 crv.00。按照此方法，通过 Point pnt.01、pnt.00 创建直线 crv.01，通过 Point pnt.00、pnt.02 创建直线 crv.02，通过 Point pnt.02、pnt.03、pnt.04、pnt.05、pnt.06、pnt.07、pnt.08、pnt.09、pnt.10、pnt.11、pnt.12 创建曲线 crv.03。将 Point 的名称隐藏，使用与显示 Point 名称相似的方法显示出 Curve 的名称，结果如图 4.42 所示。

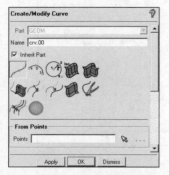

图 4.41　Create/Modify Curve 数据输入窗口

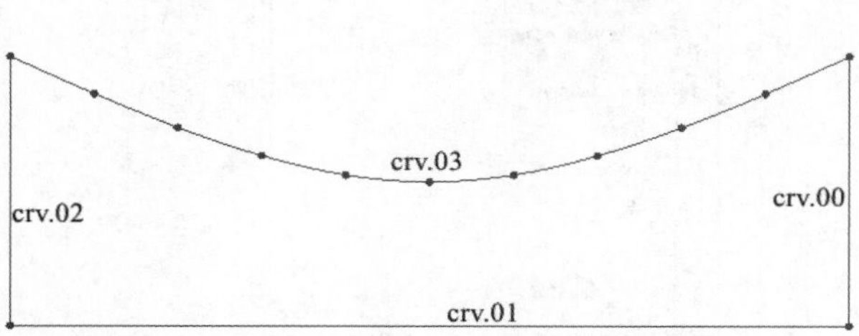

图 4.42　创建 Curve 的结果

（7）创建 Surface。单击功能区内 Geometry 选项卡中的 Create/Modify Surface 按钮，即可打开 Create/Modify Surface 数据输入窗口，单击 From Curves 按钮，如图 4.43 所示，再单击 Curves 文本框中的 Select curve(s)按钮。在图形窗口中依次单击选择 crv.00、crv.01、crv.02、crv.03，单击鼠标中键确认，创建 Surface srf.00。将 Curve 的名称隐藏，显示出 Surface 的名称，结果如图 4.44 所示。

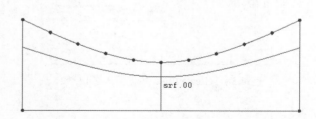

图 4.43　Create/Modify Surface 数据输入窗口

图 4.44　创建 Surface 的结果

📢 提示：

> 在 ICEM 中划分二维面网格时，需要在 XY 平面创建几何模型，否则在导入 Fluent 后可能出现问题。

（8）创建 Part。在显示树中右击 Parts 目录，在弹出的快捷菜单中选择 Create Part 命令，打开 Create Part 数据输入窗口，在 Part 文本框中输入 INLET，如图 4.45 所示。单击 Entities 文本框后的 Select entities 按钮，在图形窗口中单击选择 Curve crv.02，单击鼠标中键确认，创建 Part INLET。按照此方法，通过 Curve crv.01 创建 Part SYMM，通过 Curve crv.00 创建 Part OUTLET，通过 Curve crv.03 创建 Part WALL，通过 Surface srf.00 创建 Part FLUID。完成 Part 创建的显示树如图 4.46 所示。

图 4.45　Create Part 数据输入窗口

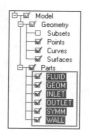

图 4.46　完成 Part 创建的显示树

📢 提示：

> 对于二维问题，计算边界为 Curve。在本实例中，边界条件主要有入口、出口、壁面和对称轴。进行 Part 定义时需要包含 4 个边界条件，具体如下：入口（INLET）、出口（OUTLET）、壁面（WALL）和对称轴（SYMM）。

（9）保存几何模型。单击工具栏中的 Open Geometry 下拉按钮 🔾，在弹出的下拉菜单中单击 Save Geometry as 按钮 🔾，将当前的几何模型保存为 Nozzle_2D_geo.tin。

4.2.2　设置网格参数

（1）设置全局网格尺寸。单击功能区内 Mesh 选项卡中的 Global Mesh Setup 按钮 🔾，打开 Global Mesh Setup 数据输入窗口，单击 Global Mesh Size 按钮 🔾，在 Max element 文本框中输入 0.02，即最大单元尺寸为 0.02，其他参数保持默认，如图 4.47 所示，然后单击 Apply 按钮。

（2）设置全局网格参数。在 Global Mesh Setup 数据输入窗口中单击 Shell Meshing Parameters 按钮 🔾，将 Mesh type 设置为 All Tri，即面网格的类型为全部三角形；将 Mesh method 设置为 Patch Dependent，即网格划分方法为补丁适形，其他参数保持默认，如图 4.48 所示，然后单击 Apply 按钮。

图 4.47　Global Mesh Setup 数据输入窗口（1）

图 4.48　Global Mesh Setup 数据输入窗口（2）

（3）设置 Part 网格参数。单击功能区内 Mesh 选项卡中的 Part Mesh Setup 按钮 🔾，打开 Part Mesh Setup 对话框，勾选 Apply inflation parameters to curves 复选框，使膨胀参数（Height、Height ratio 和 Num layers）的设置能够生效；然后在 Part 名称为 WALL 的行中勾选 Prism 复选框以生成边界层网格，设置 Height 为 0.005（第一层网格高度）、Height ratio 为 1.2（边界层网格的高度比）、Num layers 为 5（边界网格的层数），其他参数保持默认，如图 4.49 所示，单击 Apply 按钮确认；最后单击 Dismiss 按钮，退出 Part Mesh Setup 对话框。

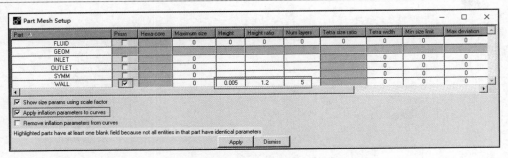

图 4.49　Part Mesh Setup 对话框

4.2.3　生成网格

（1）生成网格。单击功能区内 Mesh 选项卡中的 Compute Mesh 按钮，打开 Compute Mesh 数据输入窗口，单击 Surface Mesh 按钮，其他参数保持默认，如图 4.50 所示。单击 Compute 按钮，生成非结构面网格，如图 4.51 所示。

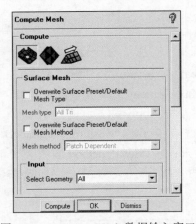

图 4.50　Compute Mesh 数据输入窗口

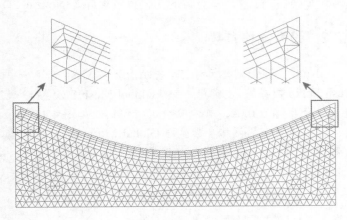

图 4.51　生成非结构面网格

（2）调整网格。观察图 4.51 所示的网格可见，在 Point pnt.02 和 Point pnt.12 附近的网格不理想，下面通过调整 Curve crv.00 和 Curve crv.02 上的节点分布，以生成理想的边界层网格。在显示树中取消勾选 Mesh 目录前的复选框，隐藏所生成的网格。按照同样的方法，在显示树中取消勾选 Geometry→Points 和 Geometry→Surfaces 目录前的复选框，隐藏 Point 和 Surface，在图形窗口中仅显示 Curve。在显示树中右击 Geometry→Curves 目录，在弹出的快捷菜单中依次选择 Curve Node Spacing 和 Curve Element Count 命令，如图 4.52 所示，以显示 Curve 上的节点分布情况和单元数量，结果如图 4.53 所示。由于此时还没有设置 Curve 的网格参数，因此 Curve 上显示为 0。

单击功能区内 Mesh 选项卡中的 Curve Mesh Setup 按钮，打开 Curve Mesh Setup 数据输入窗口，通过 Select Curve(s)文本框在图形窗口中选择 Curve crv.00，在 Number of nodes 文本框中输入 30（Curve 上的总节点数为 30，单元数为节点总数减 1，即单元数为 29），将 Bunching law 设置为 BiGeometric（默认的聚束规则，可以使节点偏向 Curve 的两个端点，从两个端点开始的膨胀速率是线性递增的），在 Spacing 1 文本框中输入 0.005，在 Ratio 1 文本框中输入 1.2，勾选 Curve direction 复选框（以显示 Curve 的方向），其他参数保持默认，如图 4.54 所示，然后单击 Apply 按钮，结果如图 4.55 所示。按照同样的方法，采用相同的参数设置 Curve crv.02 的网格参数（读者在操作时需要注意观察 Curve crv.02 的方向，如果 Curve crv.02 的方向不是垂直向下的，则可以通过单击 Reverse direction 按钮翻转 Curve 的方向），最终结果如图 4.56 所示。

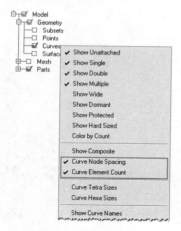

图 4.52　快捷菜单

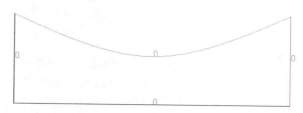

图 4.53　显示 Curve 上的节点分布情况和单元数量

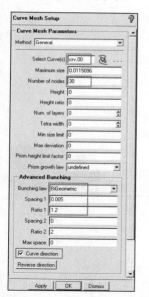

图 4.54　Curve Mesh Setup 数据输入窗口

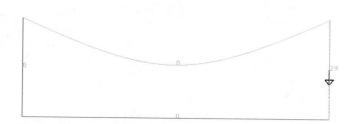

图 4.55　设置 Curve crv.00 网格参数的结果

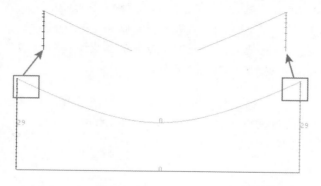

图 4.56　完成 Curve 网格设置后的节点分布情况

（3）再次生成网格。按照步骤（1）的操作再次生成网格，结果如图 4.57 所示。

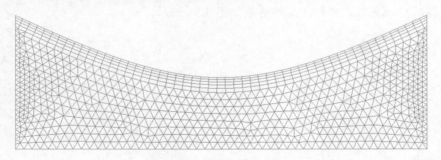

图 4.57　调整后的网格

（4）检查网格质量。单击功能区内 Edit Mesh（网格编辑）选项卡中的 Display Mesh Quality（显示网格质量）按钮，打开 Quality Metrics（质量度量）数据输入窗口，如图 4.58 所示，保持默认设置，然后单击 Apply 按钮。此时将打开直方图窗口，以直方图的形式显示网格质量的统计结果，如图 4.59 所示。

图 4.58　Quality Metrics 数据输入窗口

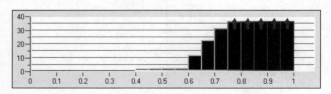

图 4.59　直方图窗口

📢 提示：

在图 4.58 所示的 Quality Metrics 数据输入窗口中，Mesh types to check（检查的网格类型）组框中的 TRI_3 行和 QUAD_4 行、Yes 列中的单选按钮被选中，表示将检查三角形和四边形网格单元；Elements to check（检查的单元）组框中的 All 单选按钮被选中，表示检查所有的网格单元；Quality type（质量类型）组框中的 Criterion（标准）被设为 Quality（质量），表示将计算三角形单元的纵横比和四边形单元的行列式。在图 4.59 所示的网格质量直方图中，横轴表示网格质量，正常的网格质量在 0～1 之间，值越大表明网格质量越好，网格质量不允许为负值；纵轴为相应网格质量区间内对应的网格数量。

（5）保存网格文件。单击工具栏中的 Open Mesh 下拉按钮，在弹出的下拉菜单中单击 Save Mesh as 按钮，将当前的几何模型保存为 Nozzle_2D_mesh.uns。

4.2.4　输出网格

（1）选择求解器。单击功能区内 Output Mesh（网格输出）选项卡中的 Select Solver（选择求解器)按钮 ，打开 Solver Setup(求解器设置)数据输入窗口，Output Solver 选项默认设为 Ansys Fluent，如图 4.60 所示，单击 Apply 按钮。本书将通过 Fluent 求解器进行网格质量验证，在后续的实例讲解中，将省略对此步骤的描述。

（2）为求解器生成输入文件。单击功能区内 Output Mesh（网格输出）选项卡中的 Write Input（写输入文件）按钮 ，打开 Save（保存）对话框，如图 4.61 所示，读者可以单击 Yes 按钮，保存当前项目。此时打开"打开"对话框，如图 4.62 所示，ICEM 会自动选择 Nozzle_2D.uns 作为网格文件，保持默认设置，单击"打开"按钮。此时打开图 4.63 所示的 Ansys Fluent 对话框，在 Grid dimension 栏中选中 2D 单选按钮，即输出二维网格。读者也可以在 Output file 文本框内修改输出的路径和文件名，本实例中不对此处进行修改。单击 Done 按钮，此时可在 Output file 文本框所示的路径下找到输入文件 fluent.msh。

图 4.60 Solver Setup 数据输入窗口

图 4.61 Save 对话框

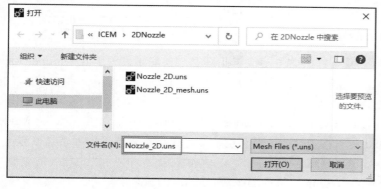

图 4.62 "打开"对话框

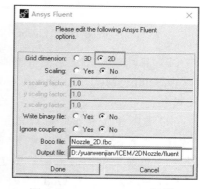

图 4.63 Ansys Fluent 对话框

4.2.5 计算及后处理

本小节将通过 Fluent 进行数值计算，以验证所生成的网格是否满足计算要求。由于本书重点是讲解 ICEM 的网格划分技术，因此在计算及后处理的讲解中，尽量简化对 Fluent 操作的介绍。

（1）启动 Fluent。在 Windows 操作系统中选择"开始"→"所有程序"→Ansys 2023 R1→Fluent 2023 R1 命令，打开 Fluent Launcher 2023 R1 对话框，Dimension 选择 2D（选择二维求解器），设置工作目录后单击 Start 按钮，进入 Fluent 2023 R1 用户界面。

（2）读入网格文件。选择 File→Read→Mesh 命令，读入 4.2.4 小节中 ICEM 所生成的网格文件 fluent.msh。

（3）检查网格。在界面左侧 Outline View 中双击 Setup→General 命令，在 Task Page 的 Mesh 组框中单击 Check 按钮，以检查网格。注意，界面右下角 Console 中显示的检查结果 minimum volume（最小体积）应大于 0。

（4）定义网格单位。在 Task Page 的 Mesh 组框中单击 Scale 按钮，在打开的 Scale Mesh 对话框中将 Mesh Was Created In 设置为 m，单击 Scale 按钮确认，单击 Close 按钮退出。

（5）显示网格。在 Task Page 的 Mesh 组框中单击 Display 按钮，打开 Mesh Display 对话框，保持默认设置，单击 Display 按钮，在图形窗口中显示网格，如图 4.64 所示。

（6）选择求解器。在 Task Page 的 Solver 组框中将 Type 设为 Density-Based，Velocity Formulation 设为 Absolute，Time 设为 Steady，2D Space 设为 Axisymmetric，如图 4.65 所示，即选择二维轴对称基于密度的稳态求解器。本例中不勾选 Gravity 复选框，表示忽略重力对流体流动的影响。

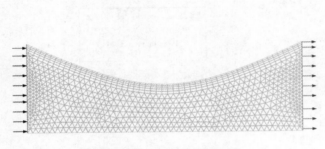

图 4.64　Fluent 中显示的网格

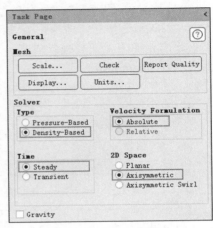

图 4.65　选择求解器

（7）启动能量方程。由于该流动问题为可压缩流动，因此需要启动能量方程。在 Outline View 中双击 Setup→Models→Energy 命令，在打开的 Energy 对话框中勾选 Energy Equation 复选框，单击 OK 按钮。

（8）选择湍流模型。在 Outline View 中双击 Setup→Models→Viscous 命令，打开 Viscous Model 对话框，在 Model 组框中选中 Inviscid 单选按钮，即选择无黏流模型（由于该流动问题雷诺数较大，因此可以忽略黏性力对流动的影响），单击 OK 按钮。

（9）定义材料。在 Outline View 中双击 Setup→Materials→Fluid→air 命令，打开 Create/Edit Materials 对话框，在 Properties 组框中将 Density 设为 ideal-gas，单击 Change/Create 按钮，然后单击 Close 按钮，完成对材料的定义。

（10）定义工作条件。单击功能区内 Physics 选项卡 Solver 组中的 Operating Conditions 按钮，打开 Operating Conditions 对话框，在本例中因为只要绝对压力，所以在 Operating Pressure [Pa]文本框中输入 0，单击 OK 按钮。

（11）定义边界条件。在 Outline View 中双击 Setup→Boundary Conditions 命令，然后在 Task Page 的 Zone 列表框中选择 inlet，将 Type 设置为 pressure-inlet，如图 4.66 所示。单击 Edit 按钮，打开 Pressure Inlet 对话框，在 Gauge Total Pressure [Pa]文本框中输入 101325（总压力），在 Supersonic/Initial Pressure [Pa]文本框中输入 99290.5（初始压力）；再选择 Thermal 选项卡，在 Total Temperature [K]文本框中输入 300（总温度）。

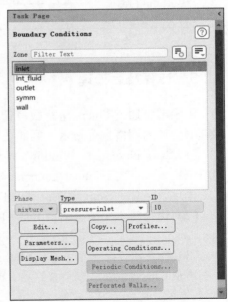

图 4.66　定义边界条件

单击 Apply 按钮，再单击 Close 按钮退出，完成入口边界条件的定义。

在 Task Page 的 Zone 列表框中选择 outlet，Fluent 已经自动将 Type 设置为 pressure-outlet，将 Gauge Total Pressure 设置为 3738.9（Pa），将 Total Temperature 设置为 300（K），完成出口边界条件的定义。

在 Task Page 的 Zone 列表框中选择 symm，将 Type 设置为 axis，完成轴对称边界条件的定义。

📢 提示：

> Fluent 会根据 ICEM 显示树中 Parts 目录下各 Part 的名称自动定义边界条件的类型。如果读者在 ICEM 中合理定义 Part 的名称，就可以减少在 Fluent 中定义边界条件的工作量。例如，Fluent 已经自动将 Part WALL 的边界条件类型设置为 wall，即定义为壁面；如果读者在 ICEM 中将 Part SYMM 的名称修改为 AXIS，Fluent 就会自动完成轴对称边界条件的定义。

（12）定义流体域的材料。在 Outline View 中双击 Setup→Cell Zone Conditions→Fluid→fluid 命令，打开 Fluid 对话框，由于本例中只定义了一种材料，因此 Material Name 下拉列表中自动选择 air（如果读者定义了多种材料，则可以在下拉列表中进行选择），单击 Close 按钮退出。

（13）定义参考值。在 Outline View 中双击 Setup→Reference Values 命令，然后在 Task Page 的 Compute from 下拉列表中选择 inlet，其他参数保持默认。

（14）定义收敛条件。在 Outline View 中双击 Solution→Monitors→Residual 命令，打开 Residual Monitors 对话框，将各变量收敛残差设置为 1e−5，如图 4.67 所示，然后单击 OK 按钮。

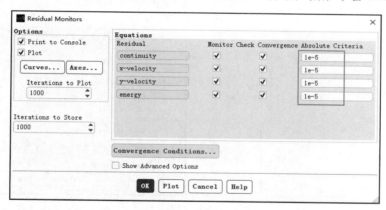

图 4.67　定义收敛条件

（15）定义监视器。单击功能区内 Solution 选项卡 Reports 组中的 Definitions 按钮，在下拉菜单中选择 New→Surface Report→Mass Flow Rate 命令，打开 Surface Report Definition 对话框，在 Surfaces 列表框中选择 outlet，即监视出口处的流量变化，如图 4.68 所示，然后单击 OK 按钮。

（16）初始化流场。在 Outline View 中双击 Solution→Initialization 命令，然后在 Task Page 的 Initialization Methods 组框中选中 Standard Initialization 单选按钮，在 Compute from 下拉列表中选择 inlet，其他参数保持默认，如图 4.69 所示，然后单击 Initialize 按钮。

（17）提交求解。在 Outline View 中双击 Solution→Run Calculation 命令，然后在 Task Page 的 Number of Iterations 文本框中输入 500，其他参数保持默认，如图 4.70 所示，然后单击 Calculate 按钮提交求解。由于残差设置值较小，大约迭代 208 步后结果收敛，图 4.71 所示为其残差变化情况。如图 4.72 所示，出口流量趋于稳定，可判断为计算已经收敛。

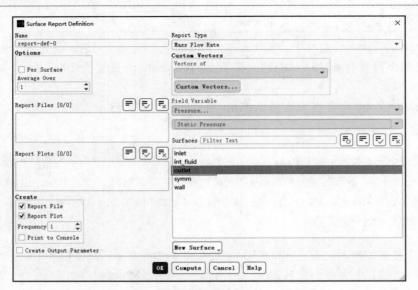

图 4.68　定义监视器

图 4.69　初始化流场

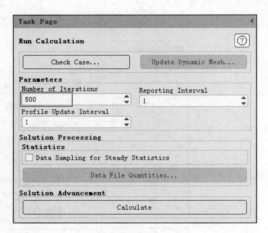

图 4.70　提交求解

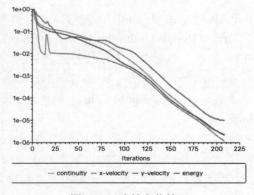

图 4.71　残差变化情况

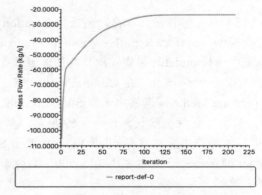

图 4.72　出口流量变化情况

（18）显示云图。单击功能区内 View 选项卡 Display 组中的 Views 按钮，在打开的 Views 对话框中将 Mirror Planes 设为 symm，显示完整的几何模型。在 Outline View 中双击 Results→Graphics →Contours 命令，打开 Contours 对话框，在 Contours of 栏中分别选择 Velocity 和 Velocity Magnitude、Temperature 和 Static Temperature、Pressure 和 Static Pressure，然后单击 Save/Display 按钮，即可显示速度标量、静态温度和静态压力的云图，如图 4.73～图 4.75 所示。

（19）显示流线图。在 Outline View 中双击 Results→Graphics→Pathlines 命令，打开 Pathlines 对话框，将 Style 设置为 line-arrows；单击 Attributes 按钮，将 Scale 设置为 0.1；将 Path Skip 设置为 2；在 Release from Surfaces 列表中选中 inlet。单击 Save/Display 按钮，即可显示图 4.76 所示的流线图。

图 4.73　速度标量云图

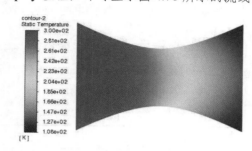

图 4.74　静态温度云图

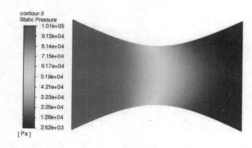

图 4.75　静态压力云图

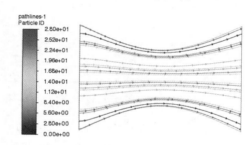

图 4.76　流线图

上面的计算结果表明，生成的网格能够满足计算要求。

4.3　二维非结构面网格的划分——孔板流量计实例

扫一扫，看视频

孔板流量计通过测定孔板前后的压差来计算管道中的流量，其原理图如图 4.77 所示。孔板流量计简化模型如图 4.78 所示，长度单位为 mm，入口处的水流速度为 1m/s。该几何模型可以简化为一个二维轴对称问题，通过划分为非结构面网格进行求解。

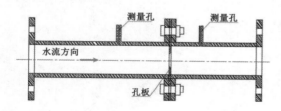

图 4.77　孔板流量计原理图

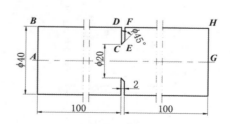

图 4.78　孔板流量计简化模型

4.3.1 创建几何模型

（1）启动 ICEM。在 Windows 操作系统中选择"开始"→"所有程序"→Ansys 2023 R1→ICEM CFD 2023 R1 命令，启动 ICEM CFD 2023 R1，进入 ICEM CFD 2023 R1 用户界面。

（2）设置工作目录。选择 File→Change Working Dir 命令，打开 New working directory 对话框，新建一个 2DOrifice 文件夹并选中该文件夹，如图 4.79 所示。单击 OK 按钮，将该文件夹作为工作目录。

（3）保存项目。单击工具栏中的 Save Project 按钮🖫，以 Orifice_2D.prj 为项目名称创建一个新项目。

（4）设置几何图元首选项。选择 Settings→Geometry Options 命令，打开 Geometry Options 数据输入窗口，勾选 Name new geometry 复选框，即在几何建模时可以命名新的几何图元名称，如图 4.80 所示，然后单击 Apply 按钮。

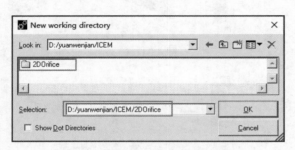

图 4.79　New working directory 对话框

图 4.80　Geometry Options 数据输入窗口

（5）创建 Point。单击功能区内 Geometry 选项卡中的 Create Point 按钮✐，即可打开 Create Point 数据输入窗口，单击 Explicit Coordinates 按钮，在 Name 文本框中输入 A，在 X、Y、Z 文本框中均输入 0，如图 4.81 所示，然后单击 Apply 按钮，创建 Point A(0,0,0)。按照此方法，按照流线图孔板流量计简化模型的尺寸依次创建 Point B(0,20,0)、C(100,10,0)、D(100,20,0)、E(102,12,0)、F(102,20,0)、G(202,0,0)、H(202,20,0)。

在显示树中右击 Geometry→Points 目录，在弹出的快捷菜单中选择 Show Point Names 命令，将 Point 的名称显示出来，结果如图 4.82 所示。

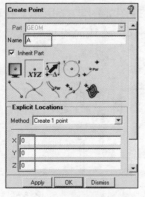

图 4.81　Create Point 数据输入窗口

图 4.82　创建 Point 的结果

（6）创建 Curve。单击功能区内 Geometry 选项卡中的 Create/Modify Curve 按钮 $\bigvee$，即可打开 Create/Modify Curve 数据输入窗口，单击 From Points 按钮 $\nearrow$，如图 4.83 所示，再单击 Points 文本框后的 Select location(s)按钮 $\searrow$。在图形窗口中依次单击选择 Point A 和 B，单击鼠标中键确认，创建直线（表示为 Curve AB）。按照此方法，通过 Point B 和 D、D 和 C、C 和 E、E 和 F、F 和 H、H 和 G、G 和 A 分别创建 Curve BD、DC、CE、EF、FH、HG 和 GA，并隐藏 Point，结果如图 4.84 所示。

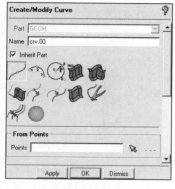

图 4.83　Create/Modify Curve
数据输入窗口

图 4.84　创建 Curve 的结果

（7）创建 Surface。单击功能区内 Geometry 选项卡中的 Create/Modify Surface 按钮 $\blacksquare$，即可打开 Create/Modify Surface 数据输入窗口，单击 From Curves 按钮 $\blacksquare$，将 Method 设为 From Curves，如图 4.85 所示，再单击 Curves 文本框后的 Select curve(s)按钮 $\searrow$。在图形窗口中依次单击选择 Curve AB、BD、DC、CE、EF、FH、HG 和 GA，单击鼠标中键确认，创建 Surface srf.00。显示出 Surface 的名称，结果如图 4.86 所示。

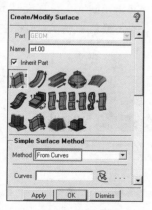

图 4.85　Create/Modify Surface
数据输入窗口

图 4.86　创建 Surface 的结果

📢 提示：

　　在图形窗口中通过选择 Curve 来创建 Surface 时，不一定按照上面的顺序进行选择，但是必须按照顺时针方向或逆时针方向依次进行选择，否则无法成功创建 Surface。图 4.86 所示 Surface 的显示方式是 Wire Frame，读者也可以选择其他显示方式。

（8）定义 Part。在显示树中右击 Parts 目录，在弹出的快捷菜单中选择 Create Part 命令，打开 Create Part 数据输入窗口，在 Part 文本框中输入 INLET，如图 4.87 所示。单击 Entities 文本框后的 Select entities 按钮 ，在图形窗口中单击选择 Curve AB，单击鼠标中键确认，创建 Part INLET。按照此方法，通过 Curve GA 创建 Part AXIS，通过 Curve HG 创建 Part OUTLET，通过 Curve BD、DC、CE、EF、FH 创建 Part WALL，通过 Surface srf.00 创建 Part FLUID，完成 Part 创建的显示树如图 4.88 所示。

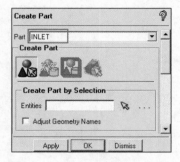

图 4.87　Create Part 数据输入窗口

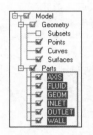

图 4.88　完成 Part 创建的显示树

（9）保存几何模型。单击工具栏中的 Open Geometry 下拉按钮，在弹出的下拉菜单中单击 Save Geometry as 按钮 ，将当前的几何模型保存为 Orifice_2D_geo.tin。

4.3.2　设置网格参数

（1）设置全局网格尺寸。单击功能区内 Mesh 选项卡中的 Global Mesh Setup 按钮 ，打开 Global Mesh Setup 数据输入窗口，单击 Global Mesh Size 按钮 ，在 Max element 文本框中输入 1.25，即最大单元尺寸为 1.25，其他参数保持默认，如图 4.89 所示，然后单击 Apply 按钮。

（2）设置全局网格参数。在 Global Mesh Setup 数据输入窗口中单击 Shell Meshing Parameters 按钮 。将 Mesh type 设置为 All Tri，即面网格的类型为全部三角形；将 Mesh method 设置为 Patch Dependent，即网格划分方法为补丁适形。其他参数保持默认，如图 4.90 所示，然后单击 Apply 按钮。

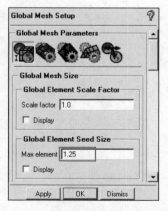

图 4.89　Global Mesh Setup 数据输入窗口（1）

图 4.90　Global Mesh Setup 数据输入窗口（2）

（3）设置 Curve AB、HG 的网格参数。单击功能区内 Mesh 选项卡中的 Curve Mesh Setup 按钮 ，打开 Curve Mesh Setup 数据输入窗口，通过 Select Curve(s)文本框在图形窗口中选择 Curve AB；在 Number of nodes 文本框中输入 21，即 Curve 上的节点数为 21；将 Bunching law 设置为 Geometric1，

在 Spacing 1 文本框中输入 0.8，在 Ratio 1 文本框中输入 1.1，勾选 Curve direction 复选框，单击 Reverse direction 按钮。其他参数保持默认，如图 4.91 所示，然后单击 Apply 按钮。在显示树中右击 Geometry →Curves 目录，在弹出的快捷菜单中依次选择 Curve Node Spacing 和 Curve Element Count 命令，以显示 Curve 上的节点分布情况和单元数量，结果如图 4.92 所示。按照相同的方法将上述网格参数赋给 Curve HG，注意操作时由于无须翻转 Curve HG 的方向，因此不要单击 Reverse direction 按钮。

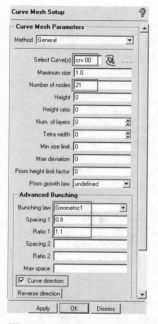

图 4.91　Curve Mesh Setup
数据输入窗口（1）

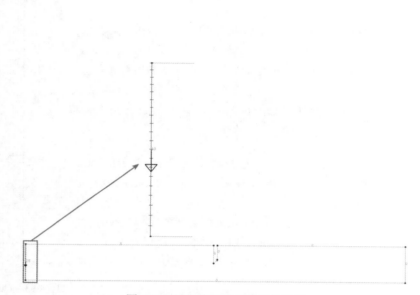

图 4.92　设置线网格参数后的结果

📢 提示：

> 　　聚束规则设置为 Geometric1，表示 Spacing 1 用于设置 Curve 起始端点处的第一个节点间距，并以恒定的增长比率 Ratio 1 分布其余节点。单击 Reverse direction 按钮，可以翻转 Curve 的起始端点和终止端点，将 Point B 设为 Curve AB 的起始端点。

（4）设置 Curve BD、FH 的网格参数。在 Curve Mesh Setup 数据输入窗口中将 Method 设置为 General，通过 Select Curve(s)文本框在图形窗口中选择 Curve BD，在 Number of nodes 文本框中输入 101，将 Bunching law 设置为 Geometric1，在 Spacing 1 文本框中输入 0.5，在 Ratio 1 文本框中输入 1.1，单击 Reverse direction 按钮，其他参数保持默认，然后单击 Apply 按钮，完成 Curve BD 网格参数的设置。按照相同的方法将上述网格参数赋给 Curve FH，注意操作时由于无须翻转 Curve FH 的方向，因此不要单击 Reverse direction 按钮。

（5）设置 Curve DC 的网格参数。在 Curve Mesh Setup 数据输入窗口中，通过 Select Curve(s)文本框在图形窗口中选择 Curve DC，在 Number of nodes 文本框中输入 21，其他参数保持默认，然后单击 Apply 按钮，完成 Curve DC 网格参数的设置。

（6）设置 Curve CE 的网格参数。在 Curve Mesh Setup 数据输入窗口中，通过 Select Curve(s)文本框在图形窗口中选择 Curve CE，在 Number of nodes 文本框中输入 7，其他参数保持默认，单击

Apply 按钮，完成 Curve CE 网格参数的设置。

（7）设置 Curve GA 的网格参数。在 Curve Mesh Setup 数据输入窗口中，通过 Select Curve(s)文本框在图形窗口中选择 Curve GA，在 Number of nodes 文本框中输入 281，将 Bunching law 设置为 Poisson，在 Spacing 1 和 Spacing 2 文本框中均输入 1.2，在 Ratio 1 和 Ratio 2 文本框中输入 0.9，其他参数保持默认，然后单击 Apply 按钮，完成 Curve GA 网格参数的设置。

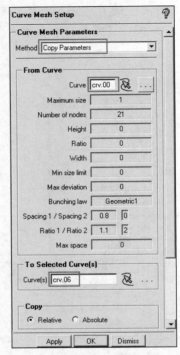

📢 提示：

> 聚束规则设置为 Poisson，表示将根据泊松分布计算节点分布的间距。计算过程中将使用所输入的 Spacing 1 和 Spacing 2；所输入的 Ratio 1 和 Ratio 2 并不直接使用，而是用于确定节点间距是否合适。如果节点间距不合适，将自动调整节点间距。本实例中将聚束规则设置为 Poisson，可将 Curve GA 的节点从两端向中点处进行聚集。

（8）设置 Curve EF 的网格参数。在 Curve Mesh Setup 数据输入窗口中，将 Method 设置为 Copy Parameters，通过 From Curve 组框中的 Curve 文本框在图形窗口中选择 Curve DC，通过 To Selected Curve(s)组框中的 Curve(s)文本框在图形窗口中选择 Curve EF，其他参数保持默认，如图 4.93 所示，然后单击 Apply 按钮，将 Curve DC 的网格参数复制给 Curve EF。

图 4.93　Curve Mesh Setup 数据输入窗口（2）

4.3.3　生成网格

（1）生成网格。单击功能区内 Mesh 选项卡中的 Compute Mesh 按钮，打开 Compute Mesh 数据输入窗口，单击 Surface Mesh 按钮，其他参数保持默认，如图 4.94 所示。单击 Compute 按钮，生成非结构面网格，如图 4.95 所示。通过观察网格可见，在孔板周围的网格较密，向两侧逐渐变稀疏，并且靠近轴线位置的网格较密。

图 4.94　Compute Mesh 数据输入窗口

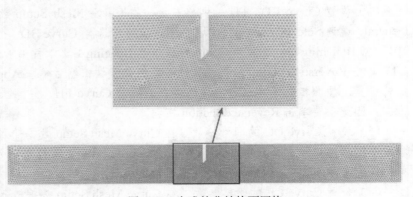

图 4.95　生成的非结构面网格

（2）检查网格质量。单击功能区内 Edit Mesh 选项卡中的 Display Mesh Quality 按钮，打开 Quality Metrics 数据输入窗口，如图 4.96 所示，保持默认设置，然后单击 Apply 按钮。此时将弹出直方图窗口，以直方图的形式显示网格质量的统计结果，如图 4.97 所示。

图 4.96 Quality Metrics
数据输入窗口

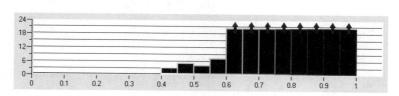

图 4.97 直方图窗口

（3）保存网格文件。单击工具栏中的 Open Mesh 下拉按钮，在弹出的下拉菜单中单击 Save Mesh as 按钮，将当前的几何模型保存为 Orifice_2D_mesh.uns。

4.3.4 输出网格

单击功能区内 Output Mesh 选项卡中的 Write Input 按钮，打开 Save 对话框，单击 Yes 按钮，保存当前项目。此时将打开"打开"对话框，保持默认设置，然后单击"打开"按钮。此时将打开图 4.98 所示的 Ansys Fluent 对话框，在 Grid dimension 栏中选中 2D 单选按钮，即输出二维网格。读者也可以在 Output file 文本框中修改输出的路径和文件名，本实例中不对路径和文件名进行修改。单击 Done 按钮，此时可在 Output file 文本框所示的路径下找到输出文件 fluent.msh。

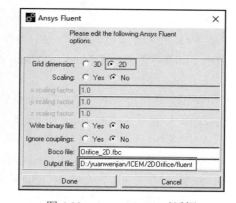

图 4.98 Ansys Fluent 对话框

4.3.5 计算及后处理

下面通过 Fluent 进行数值计算来验证所生成的网格是否满足计算要求。

（1）读入网格文件。启动 Fluent，在 Fluent Launcher 2023 R1 对话框中将 Dimension 设置为 2D，即选择二维求解器；在 Solver Options 列表中勾选 Double Precision 复选框，即计算精度为双精度；设置工作目录后单击 Start 按钮，进入 Fluent 2023 R1 用户界面。选择 File→Read→Mesh 命令，读入 4.3.4 小节中 ICEM 所生成的网格文件 fluent.msh。

（2）检查网格。在界面左侧 Outline View 中双击 Setup→General 命令，在 Task Page 的 Mesh 组框中单击 Check 按钮，以检查网格。注意，界面右下角 Console 中显示的检查结果 minimum volume 应大于 0。

（3）定义网格单位。在 Task Page 的 Mesh 组框中单击 Scale 按钮，在打开的 Scale Mesh 对话框中将 Mesh Was Created In 设置为 mm，单击 Scale 按钮确认，再单击 Close 按钮退出。

（4）显示网格。在 Task Page 的 Mesh 组框中单击 Display 按钮，打开 Mesh Display 对话框，保持默认设置，单击 Display 按钮，在图形窗口中显示网格，如图 4.99 所示。

图 4.99　Fluent 中显示的网格

（5）选择求解器。在 Task Page 的 Solver 组框中将 2D Space 设为 Axisymmetric，其他参数保持默认。

（6）选择湍流模型。在 Outline View 中双击 Setup→Models→Viscous 命令，打开 Viscous Model 对话框，在 Model 组框中选中 k-epsilon 单选按钮，然后单击 OK 按钮。

（7）定义材料。在 Outline View 中双击 Setup→Materials→Fluid→air 命令，打开 Create/Edit Materials 对话框；单击 Fluent Database 按钮，打开 Fluent Database Materials 对话框，在 Fluent Fluid Materials 下拉列表框中选择 water-liquid（水流体）选项。单击 Copy 按钮，即可把水的物理性质从数据库中调出。单击 Close 按钮，返回 Create/Edit Materials 对话框，再单击 Close 按钮，完成对材料的定义。

（8）定义工作条件。单击功能区内 Physics 选项卡 Solver 组中的 Operating Conditions 按钮，打开 Operating Conditions 对话框，本实例保持系统默认工作条件设置即可满足要求，直接单击 OK 按钮。

（9）定义流体域的材料。在 Outline View 中双击 Setup→Cell Zone Conditions→Fluid→fluid 命令，打开 Fluid 对话框，将 Material Name 设为 water-liquid，单击 Apply 按钮，将区域中的流体定义为水，单击 Close 按钮退出。

（10）定义边界条件。在 Outline View 中双击 Setup→Boundary Conditions 命令，然后在 Task Page 的 Zone 列表框中选择 inlet，Fluent 已自动将 Type 设置为 velocity-inlet（速度入口边界条件），如图 4.100 所示。单击 Edit 按钮，打开 Velocity Inlet 对话框，在 Velocity Magnitude [m/s]文本框中输入 1，将 Specification Method 设为 Intensity and Hydraulic Diameter，然后在 Turbulent Intensity [%]文本框中输入 5，在 Hydraulic Diameter [m]文本框中输入 0.04，单击 Apply 按钮，再单击 Close 按钮退出，完成入口边界条件的定义。

在 Task Page 的 Zone 列表框中选择 outlet，将 Type 设置为 outflow（自由出流边界条件），在打开的 Outflow 对话框中保持默认的参数设置，单击 Apply 按钮，再单击 Close 按钮退出，完成出口边界条件的定义。

其他边界条件保持系统默认设置。

（11）定义收敛条件。在 Outline View 中双击 Solution→Monitors→Residual 命令，打开 Residual Monitors 对话框，将各变量收敛残差设置为 1e-8，如图 4.101 所示，然后单击 OK 按钮。

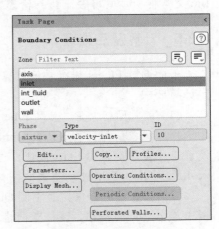

图 4.100　定义边界条件

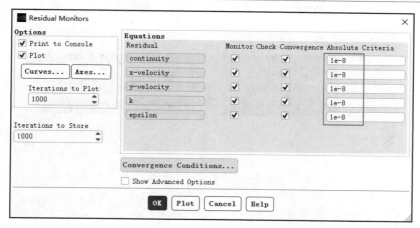

图 4.101　定义收敛条件

（12）初始化流场。在 Outline View 中双击 Solution→Initialization 命令，在 Task Page 的 Initialization Methods 组框中选中 Standard Initialization 单选按钮，在 Compute from 下拉列表中选择 inlet，其他参数保持默认，如图 4.102 所示，然后单击 Initialize 按钮。

（13）提交求解。在 Outline View 中双击 Solution→Run Calculation 命令，然后在 Task Page 的 Number of Iterations 文本框中输入 500，其他参数保持默认，单击 Calculate 按钮提交求解。由于残差设置值较小，大约迭代 275 步后结果收敛，图 4.103 所示为其残差变化情况。

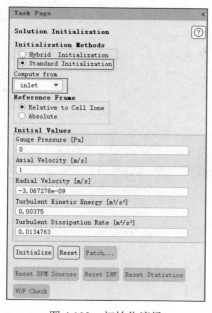

图 4.102　初始化流场

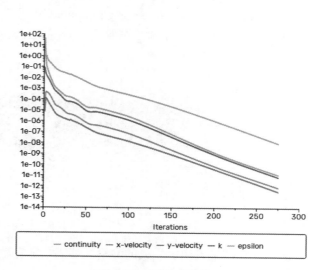

图 4.103　残差变化情况

（14）显示云图。单击功能区内 View 选项卡 Display 组中的 Views 按钮，在打开的 Views 对话框中将 Mirror Planes 设为 axis，显示出完整的几何模型。在 Outline View 中双击 Results→Graphics→Contours 命令，打开 Contours 对话框，在 Contours of 栏中分别选择 Velocity 和 Velocity Magnitude、Pressure 和 Static Pressure，然后单击 Save/Display 按钮，即可显示速度标量和静态压力的云图，如图 4.104 和图 4.105 所示。

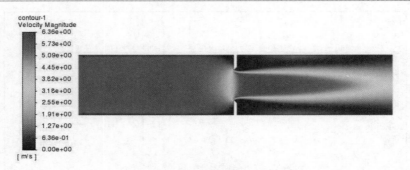

图 4.104　速度标量云图

图 4.105　静态压力云图

（15）显示速度矢量图。在 Outline View 中双击 Results→Graphics→Vectors 命令，打开 Vectors 对话框，将 Style 设置为 arrow，在 Color by 栏中分别选择 Velocity 和 Velocity Magnitude，单击 Save/Display 按钮，即可显示速度矢量图，如图 4.106 所示。

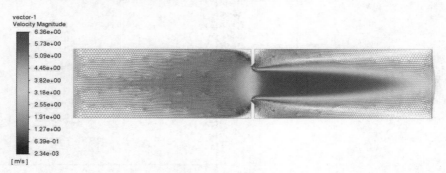

图 4.106　速度矢量图

上面的计算结果表明，生成的网格能够满足计算要求。

4.4　三维曲面的非结构面网格划分——飞机实例

扫一扫，看视频

除二维平面外，三维曲面也可以划分为非结构面网格，以用于固体力学中壳体的数值计算或流体力学中体网格的边界。本节将对一个简单飞机模型的三维曲面进行非结构面网格划分，使读者了解三维曲面非结构网格的划分流程。简单飞机模型的三维曲面如图 4.107 所示。

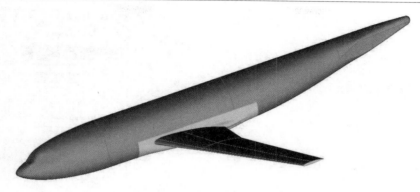

图 4.107　简单飞机模型的三维曲面

4.4.1　导入几何模型

（1）设置工作目录。启动 ICEM CFD 2023 R1，选择 File→Change Working Dir 命令，打开 New working directory 对话框，新建一个 PlaneSurfMesh 文件夹，并将该文件夹作为工作目录。将电子资源包中提供的 Plane_Final.tin 文件复制到该文件夹中。

（2）保存项目。单击工具栏中的 Save Project 按钮，以 PlaneSurfMesh.prj 为项目名称创建一个新项目。

（3）打开几何文件。单击工具栏中的 Open Geometry 按钮，在打开的"打开"对话框中选择 Plane_Final.tin，然后单击"打开"按钮，打开几何文件。

（4）查看几何模型。在显示树中勾选 Geometry→Surfaces 目录前的复选框，以在图形窗口中显示面。在显示树中取消勾选 Parts→FARFIELD 目录前的复选框，观察模型的变化，隐藏不见的几何图元即为 Part FARFIELD（远场）。按照此方法，将 Part INLET（入口）、OUTLET（出口）、SYMM（对称面）隐藏，在图形窗口中仅显示 Part FAIRING（整流罩）、FUSELAGE（机身）和 WING（机翼），最终的显示树如图 4.108 所示。

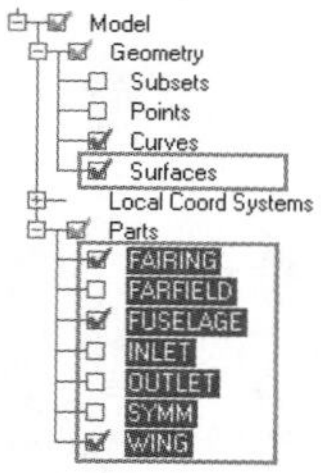

图 4.108　最终的显示树

4.4.2　设置网格参数

（1）设置全局网格尺寸。单击功能区内 Mesh 选项卡中的 Global Mesh Setup 按钮，打开 Global Mesh Setup 数据输入窗口，单击 Global Mesh Size 按钮，在 Max element 文本框中输入 1000，即最大单元尺寸为 1000，其他参数保持默认，如图 4.109 所示，然后单击 Apply 按钮。

（2）设置全局网格参数。在 Global Mesh Setup 数据输入窗口中单击 Shell Meshing Parameters 按钮。将 Mesh type 设置为 All Tri，即面网格的类型为全部三角形；将 Mesh method 设置为 Patch Dependent，即网格划分方法为补丁适形。在 Ignore size 文本框中输入 0.05，其他参数保持默认，如图 4.110 所示，然后单击 Apply 按钮。

（3）设置 Part 网格参数。单击功能区内 Mesh 选项卡中的 Part Mesh Setup 按钮，打开 Part Mesh Setup 对话框，分别设置 Part FAIRING、FARFIELD、FUSELAGE、INLET、OUTLET、SYMM 和 WING 的 Maximum size（最大网格尺寸）为 10、1000、10、1000、1000、1000 和 5，如图 4.111 所示。单击 Apply 按钮，确认后再单击 Dismiss 按钮退出。

Global Mesh Setup
Global Mesh Parameters
Global Mesh Size
Global Element Scale Factor
Scale factor 1.0
Display
Global Element Seed Size
Max element 1000
Display
Apply OK Dismiss

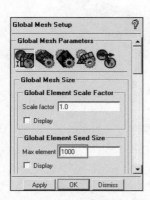

图 4.109　Global Mesh Setup 数据输入窗口（1）

Global Mesh Setup
Global Mesh Parameters
Shell Meshing Parameters
Mesh type All Tri
Mesh method Patch Dependent
Shell Meshing Parameters
Section Patch Dependent
General
Ignore size 0.05
Respect line elements
Quadratic elements
Apply OK Dismiss

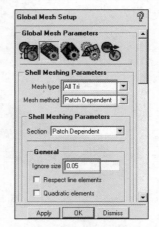

图 4.110　Global Mesh Setup 数据输入窗口（2）

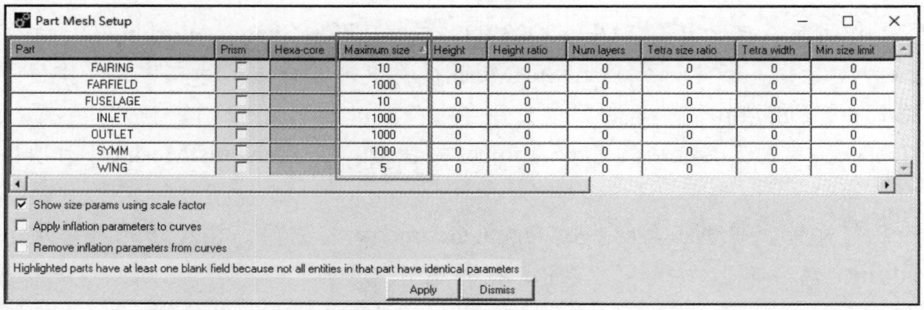

Part Mesh Setup
Part Prism Hexa-core Maximum size Height Height ratio Num layers Tetra size ratio Tetra width Min size limit
FAIRING 10 0 0 0 0 0 0
FARFIELD 1000 0 0 0 0 0 0
FUSELAGE 10 0 0 0 0 0 0
INLET 1000 0 0 0 0 0 0
OUTLET 1000 0 0 0 0 0 0
SYMM 1000 0 0 0 0 0 0
WING 5 0 0 0 0 0 0
Show size params using scale factor
Apply inflation parameters to curves
Remove inflation parameters from curves
Highlighted parts have at least one blank field because not all entities in that part have identical parameters
Apply Dismiss

图 4.111　Part Mesh Setup 对话框

提示：

在设置 Part 最大网格尺寸时，可以首先单击 Maximum size 的标题单元格，打开 MAXIMUM SIZE 对话框；然后在 Maximum size 文本框中输入 1000，如图 4.112 所示。单击 Accept 按钮确认，返回 Part Mesh Setup 对话框。此时所有 Part 的 Maximum size 均设置为 1000，然后对 Part FAIRING、FUSELAGE 和 WING 的 Maximum size 进行修改即可。

MAXIMUM SIZE
Maximum size 1000
Accept Cancel

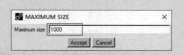

图 4.112　MAXIMUM SIZE 对话框

（4）设置 Surface 的网格参数。单击功能区内 Mesh 选项卡中的 Surface Mesh Setup 按钮，打开图 4.113 所示的 Surface Mesh Setup 数据输入窗口，通过 Surface(s) 文本框在图形窗口中选择图 4.114 所示机翼前缘和后缘部分的共计 6 个 Surface，此时 Maximum size 自动设为 5 [该参数来自步骤（3）Part WING 的 Maximum size 设置]，将 Mesh method 设为 Autoblock（将所选 Surface 的网格划分方法设为自动块），然后单击 Apply 按钮。

（5）显示控制。为了便于设置 Curve 的网格参数，在显示树中 Geometry 目录下仅勾选 Curves 前面的复选框，在 Parts 目录下仅勾选 WING 前面的复选框，即在图形窗口中仅显示机翼 Part 的 Curve；在显示树中右击 Geometry→Curves 目录，在弹出的快捷菜单中依次选择 Curve Node Spacing 和 Curve Element Count 命令，以显示 Curve 上的节点分布情况和单元数量，如图 4.115 所示。

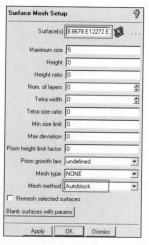

图 4.113　Surface Mesh Setup 数据输入窗口

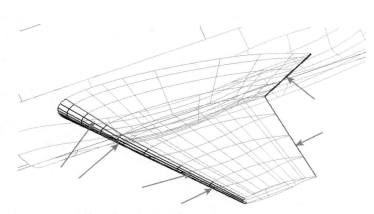

图 4.114　所选机翼前缘和后缘部分的 6 个 Surface

（6）设置机翼与机身连接处 Curve 的网格参数。单击功能区内 Mesh 选项卡中的 Curve Mesh Setup 按钮，打开 Curve Mesh Setup 数据输入窗口，将 Method 设置为 Dynamic，如图 4.116 所示，单击 Number of nodes 文本框后的 increment/decrement 按钮，将鼠标指针放置在机翼与机身的连接处 Curve 的位置，当该 Curve 变为黑色时，单击以增加节点数，直至该 Curve 上的数字显示为 11（将该 Curve 上的节点数设置为 11，如果节点数过多，可以右击以减少节点数），如图 4.117 所示。

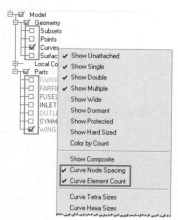

图 4.115　显示控制

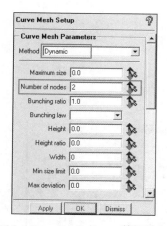

图 4.116　Curve Mesh Setup 数据输入窗口

在 Curve Mesh Setup 数据输入窗口中将 Bunching law 设置为 Geometric1。单击 Bunching ratio 文本框后的 increment/decrement 按钮，将鼠标指针放置在该 Curve 的位置，当该 Curve 再次变为黑色时 [图 4.118（a）]，右击直至该 Curve 旁显示（Geometric2）[如图 4.118（b）所示，即将 Bunching law 调整为 Geometric2]，然后单击使该 Curve 上显示的数字为 1.2 [将 Bunching ratio 设为 1.2, 如图 4.118（c）所示]。其中需要注意，在完成 Curve 的网格参数设置后，节点的加密方向为向机翼前缘的中间位置进行加密。

（7）复制 Curve 的网格参数。在 Curve Mesh Setup 数据输入窗口中，将 Method 设置为 Copy Parameters, 如图 4.119 所示，通过 From Curve 组框中的 Curve 文本框在图形窗口中选择步骤（6）中已设置好网格参数的 Curve; 通过 To Selected Curve(s)组框中的 Curve(s)文本框在图形窗口中选择

图 4.120 所示的机翼前缘的其他 5 条 Curve，然后单击 Apply 按钮。

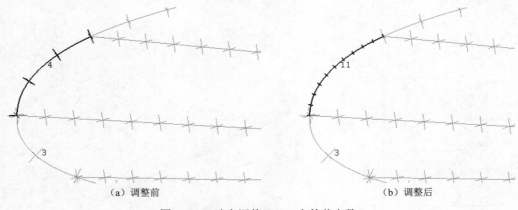

（a）调整前　　　　　　　　　　　　　　　　　　（b）调整后

图 4.117　动态调整 Curve 上的节点数

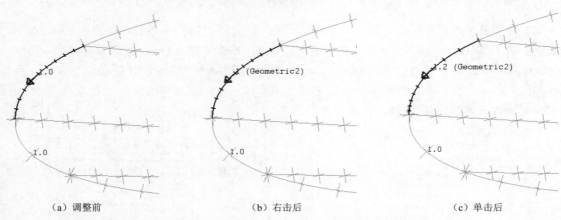

（a）调整前　　　　　　　　（b）右击后　　　　　　　（c）单击后

图 4.118　动态调整 Curve 上的节点分布规律

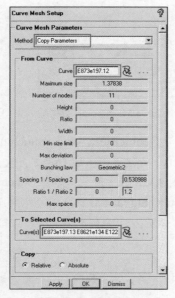

图 4.119　Curve Mesh Setup 数据输入窗口

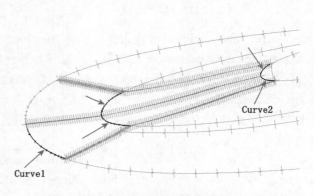

图 4.120　所选需要复制网格参数的 Curve

（8）修改 Curve 的网格参数。通过观察已完成复制网格参数的 5 条 Curve 可以发现，其中有两条 Curve（图 4.120 所示的 Curve1 和 Curve2）节点的加密方向不符合要求。在 Curve Mesh Setup 数据输入窗口中将 Method 设为 Dynamic。单击 Bunching ratio 文本框后的 increment/decrement 按钮，将鼠标指针放置在 Curve1 的位置，当 Curve1 变为黑色时 [图 4.121（a）]，首先右击直至 Curve1 旁显示（Geometric1）[此时 Curve1 上显示的数字为 1，如图 4.121（b）所示]，然后单击直至 Curve1 上显示的数字为 1.2 [图 4.121（c）]。按照此方法修改 Curve2 上的网格参数。

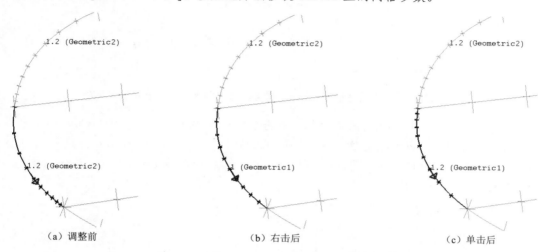

（a）调整前　　　　　　（b）右击后　　　　　　（c）单击后

图 4.121　修改 Curve1 上的节点分布规律

（9）修改对应 Curve 的网格参数。在应用 Autoblock 网格划分方法时，需要 Surface 上对应 Curve 的节点数是相同的。如图 4.122（a）所示，在与机身相连的机翼前缘面上，Curve1 和 Curve2 的节点数均为 37，而与它们对应的 Curve3 和 Curve4 的节点总数为 32+7−1＝38（减去 1 个共享节点），因此需要将 Curve4 的节点数修改为 6（或将 Curve3 的节点数修改为 31）。根据步骤（6）的方法可以修改 Curve4 上的节点数，结果如图 4.122（b）所示。这样修改后，可以使 Surface 上对应 Curve 的网格分布一致，可以生成质量更好的映射网格。

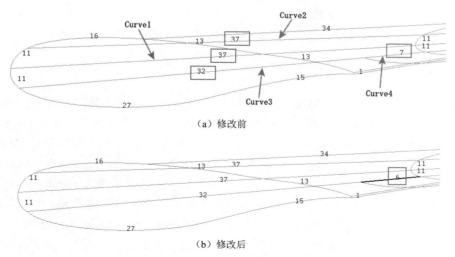

（a）修改前

（b）修改后

图 4.122　修改对应 Curve 上的节点数（隐藏 Curve 上的节点分布）

（10）修改机翼尾梢处 Curve 上的节点数。根据步骤（6）的方法可以修改机翼尾梢处 Curve 上的节点数，结果如图 4.123 所示。

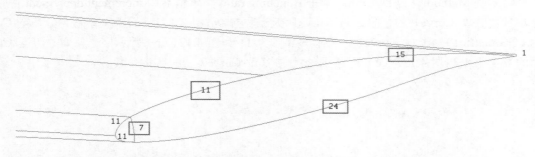

图 4.123　修改机翼尾梢处 Curve 上的节点数（隐藏 Curve 上的节点分布）

（11）修改机身鼻部 Curve 的网格参数。单击功能区内 Mesh 选项卡中的 Curve Mesh Setup 按钮，打开 Curve Mesh Setup 数据输入窗口，将 Method 设置为 General，如图 4.124 所示，通过 Select Curve(s)文本框在图形窗口中选择图 4.125 所示机身最前端的 4 条 Curve，在 Maximum size 文本框中输入 5，然后单击 Apply 按钮。

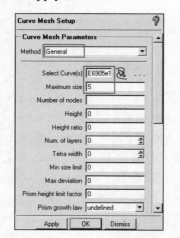

图 4.124　Curve Mesh Setup 数据输入窗口

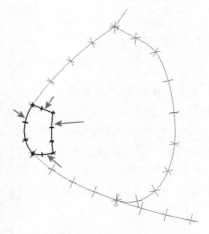

图 4.125　所选 Curve

4.4.3　生成网格

（1）生成网格。单击功能区内 Mesh 选项卡中的 Compute Mesh 按钮，打开 Compute Mesh 数据输入窗口，单击 Surface Mesh 按钮，其他参数保持默认，如图 4.126 所示。单击 Compute 按钮，生成非结构面网格，如图 4.127 所示。通过观察网格可见，机身前端的网格质量不好，需要进行修改。

（2）删除质量不好的单元。单击功能区内 Edit Mesh 选项卡中的 Delete Elements（删除单元）按钮，打开 Delete Elements 数据输入窗口，如图 4.128 所示。单击 Elements 文本框后的 Select elements 按钮，在机身前端的两个 Surface 上分别选择一个质量不好的单元，如图 4.129 所示。单击 Select mesh elements 工具条中的 Select all items attached to current selection,up to a curve（选择边界线内的单元）按钮，选择后的单元如图 4.130 所示。单击鼠标中键确认，删除单元后的结果如图 4.131 所示。

图 4.126　Compute Mesh 数据输入窗口

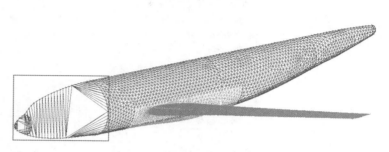

图 4.127　生成的非结构面网格

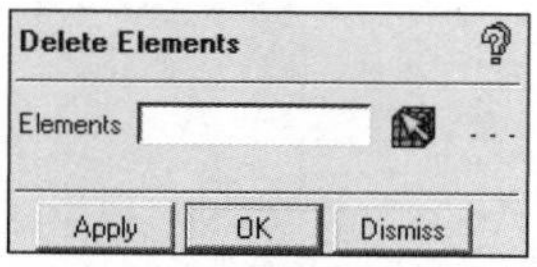

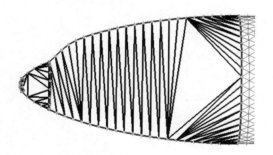

图 4.128　Delete Elements 数据输入窗口

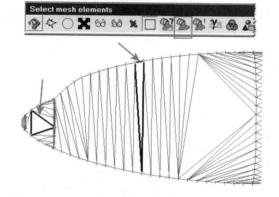

图 4.129　所选的两个单元

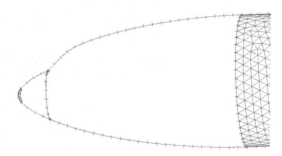

图 4.130　选择所有需要删除的单元

图 4.131　删除单元后的结果

（3）重新设置全局网格参数。单击功能区内 Mesh 选项卡中的 Global Mesh Setup 按钮 ，打开 Global Mesh Setup 数据输入窗口，单击 Shell Meshing Parameters 按钮 ，勾选 Respect line elements 复选框，将 Repair 组框中的 Try harder 设置为 3，其他参数保持默认，如图 4.132 所示，然后单击 Apply 按钮。

（4）重新生成网格。单击功能区内 Mesh 选项卡中的 Compute Mesh 按钮 ，打开 Compute Mesh 数据输入窗口，单击 Surface Mesh 按钮 ，将 Select Geometry 设置为 From Screen，如图 4.133 所示。通过 Entities 文本框在图形窗口中选择步骤（2）中被删除单元的两个 Surface，单击 Compute 按钮，重新生成网格，结果如图 4.134 所示。

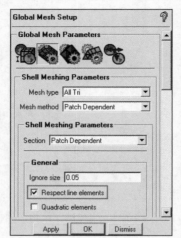
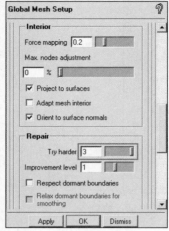

图 4.132 Global Mesh Setup 数据输入窗口

图 4.133 Compute Mesh 数据输入窗口

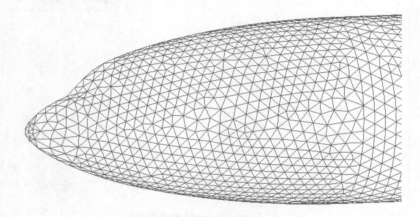

图 4.134 重新生成的网格

（5）保存网格文件。单击工具栏中的 Open Mesh 下拉按钮，在弹出的下拉菜单中单击 Save Mesh as 按钮，将当前的几何模型保存为 PlaneSurf_mesh.uns。

第 5 章　结构面网格的划分

内容简介

对于面而言，其除了可以划分为非结构化的面网格之外，还可以通过分块的方法划分为结构化的面网格。

ICEM 具有强大的结构面网格的划分能力。本章将介绍 ICEM 中结构面网格的划分方法，并通过具体实例详细讲解使用 ICEM 进行结构面网格划分的基本工作流程。

内容要点

> 结构面网格的划分流程
> 二维块的创建
> 块的分割
> 创建块与几何模型之间的关联
> 提高网格质量

5.1　结构面网格的划分流程

结构面网格划分的基本流程与非结构面网格划分的基本流程有所不同，在结构面网格划分过程中需要对几何模型进行分块。结构面网格的划分流程如下：

（1）几何模型的准备。创建或导入几何模型，然后对几何模型进行处理。

（2）对几何模型进行分块。首先创建初始块，然后根据几何模型的拓扑结构对初始块进行分割，并创建块与几何模型之间的关联。

（3）设置网格参数并预览网格。与非结构面网格划分有所不同，此步骤中可以对块的网格参数进行设置。

（4）检查网格质量。通过网格质量检查可以发现质量不好的网格，以便于后续的网格参数修改或细化网格。

（5）通过对块/网格参数进行修改，以提高网格质量。

（6）输出网格。

在 ICEM 中，通过对几何模型进行分块，可以生成高质量的结构网格。对于初学者而言，在结构面网格划分过程中，如何根据几何模型的拓扑结构选择适合的分块策略是一个难题，这需要在网格划分实践中不断积累经验。因此，下面将通过具体实例来讲解结构面网格的划分方法，读者在学习过程中要注意掌握网格划分过程中所使用的分块策略。

5.2 二维结构面网格的划分——三通弯管实例

假设一个三通弯管，水从两个进水口流入后混合，从一个出水口流出，如图 5.1 所示。进水口 1 处的水流速度为 1m/s，进水口 2 处的水流速度为 2m/s，出水口处为自由出流。该几何模型可以简化为一个二维平面模型，并通过划分为二维结构面网格进行求解。

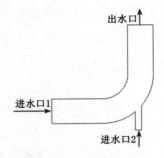

图 5.1 三通弯管

5.2.1 几何模型的准备

（1）设置工作目录。选择 File→Change Working Dir 命令，打开 New working directory 对话框，新建一个 2DPipeJunct 文件夹，并将该文件夹作为工作目录。将电子资源包中提供的 Pipe_Junct_2D.tin 文件复制到该工作目录中。

（2）保存项目。单击工具栏中的 Save Project 按钮🖫，以 PipeJunct_2D.prj 为项目名称创建一个新项目。

（3）导入几何模型。单击工具栏中的 Open Geometry 按钮📂，选择 Pipe_Junct_2D.tin 文件并打开，将在图形窗口中显示所导入的几何模型，如图 5.2 所示。

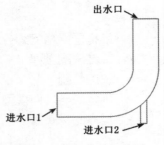

图 5.2 导入的几何模型

（4）创建 Part。该几何模型包含两个进水口和一个出水口，为便于导入到 CFD 软件中进行边界条件的定义，在 ICEM 中应创建 Part。在显示树中右击 Parts 目录，在弹出的快捷菜单中选择 Create Part 命令，如图 5.3 所示，打开 Create Part 数据输入窗口，在 Part 文本框中输入 IN，如图 5.4 所示。单击 Entities 文本框后的 Select Entities 按钮🗞，在图形窗口中选择进水口 1 的边界线，单击鼠标中键或单击 Apply 按钮，完成 Part IN 的创建。按照此方法，通过进水口 2 的边界线创建 Part IN1，通过出水口的边界线创建 Part OUT，完成 Part 定义后的显示树如图 5.5 所示。

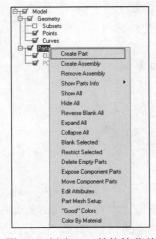

图 5.3 创建 Part 的快捷菜单

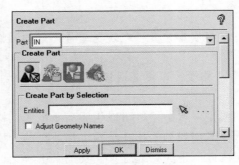

图 5.4 Create Part 数据输入窗口

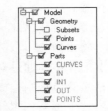

图 5.5 完成 Part 定义后的
显示树

5.2.2　创建块

对于本实例而言，该几何模型定义块的步骤包括创建形状类似于字母 T 的块（下文简称"T 形块"）和将其关联到几何模型。本小节创建 T 形块。

通过观察三通弯管的几何模型可以发现，二维三通弯管的几何形状相当于一个 T 形，其中右侧的横线向上弯曲。通过在块的线（Edge）与几何模型中的线（Curve）之间创建关联，并将块的点（Vertex）移动到几何模型的点（Point）上，可以将 T 形块拟合到该几何模型，如图 5.6 所示。其中，T 形块中的 Vertex V_1、V_2、V_3、V_4、V_5、V_6、V_7、V_8、V_9、V_10 与二维三通弯管中的 Point P_1、P_2、P_3、P_4、P_5、P_6、P_7、P_8、P_9、P_10 为一一对应的关系。

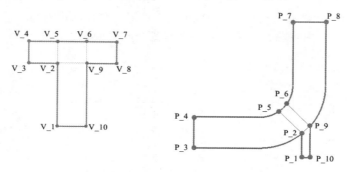

图 5.6　T 形块和二维三通管拟合

为了创建 T 形块，首先需要创建初始块，然后将初始块进行分割，最后删除不需要的块。

1. 创建初始块

2D（二维）块的类型有两种，一种是 2D Planar 块，另一种是 2D Surface Blocking。其中，第一种类型主要用于在 XY 平面中创建围绕整个几何模型拟合的 2D 平面块，第二种类型可创建曲面的块。本实例中创建第一种类型的块。

（1）单击功能区内 Blocking（块）选项卡中的 Create Block（创建块）按钮，即可打开 Create Block（创建块）数据输入窗口，单击 Initialize Blocks（初始块）按钮，在 Part 文本框中输入 FLUID，将 Type 设置为 2D Planar，如图 5.7 所示，然后单击 Apply 按钮，创建一个环绕所有几何图元的块。

（2）在显示树中勾选 Blocking→Vertices 目录前的复选框，然后右击该目录，在弹出的快捷菜单中选择 Numbers（编号）命令，显示 Vertex 的编号，如图 5.8 所示。

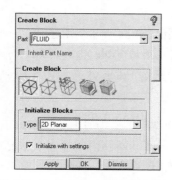

图 5.7　Create Block 数据输入窗口

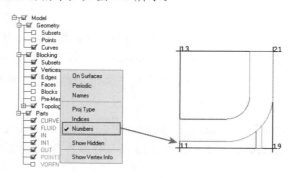

图 5.8　显示编号

🔊 提示：

> 进行此操作后，Curve 将通过单独的颜色显示，而不是按 Part 的统一颜色显示。这便于读者区分各条 Curve。

2．对初始块进行分割

下面通过分割块来对初始块进行修改，以创建能够拟合三通弯管几何模型的块。在本实例中，可以使用两个垂直分割和一个水平分割来分割初始块。

（1）单击功能区内 Blocking（块）选项卡中的 Split Block（分割块）按钮，即可打开 Split Block（分割块）数据输入窗口，单击 Split Block（分割块）按钮，将 Split Method（分割方法）设置为 Screen select（屏幕选择，即手动选择分割块的位置），如图 5.9 所示。单击 Edge 文本框后的 Select edge(s)按钮，在图形窗口中单击选择 Edge 11-19（Edge 11-19 表示由 11 号和 19 号 Vertex 所定义的 Edge）或 Edge 13-21，则新建一条垂直的 Edge。通过按住鼠标左键并拖动，可以将新建的 Edge 移动到合适位置，单击鼠标中键确认，完成第一个垂直分割块的操作，结果如图 5.10 所示。

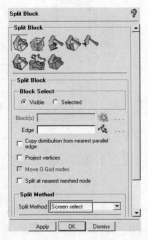

图 5.9　Split Block 数据输入窗口

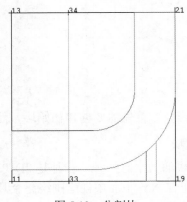

图 5.10　分割块

🔊 提示：

> 新建的 Edge 33-34 的颜色为青色，表示其是内部 Edge。本实例中，只需将块分割为 T 形，并没有对分割的位置进行精确定位。

（2）按照此方法，通过 Edge 33-19（或 Edge 34-21）再次进行第二次垂直分割块操作，结果如图 5.11 所示。

（3）进行水平分割块操作。在 Split Block 数据输入窗口中将 Split Method 设置为 Relative（相对，即按照给定的参数分割块），在 Parameter（参数）文本框中输入 0.5（在所选 Edge 的中点处分割块），如图 5.12 所示，然后通过 Edge 文本框在图形窗口中选择任意一条垂直的 Edge，结果如图 5.13 所示。

3．删除不需要的块

单击功能区内 Blocking（块）选项卡中的 Delete Block（删除块）按钮，即可打开 Delete Block（删除块）数据输入窗口，如图 5.14 所示。单击 Blocks 文本框后的 Select block(s)（选择块）按钮，在图形窗口中选择图 5.15 所示的两个需要删除的块，然后单击鼠标中键确认，删除块后的结果如图 5.16 所示。

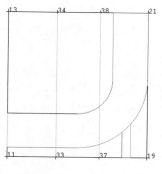

图 5.11　垂直分割后的块

图 5.12　Split Block 数据输入窗口

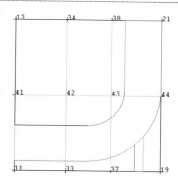

图 5.13　水平分割后的块

图 5.14　Delete Block 数据输入窗口

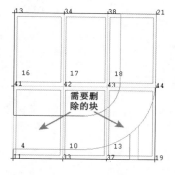

图 5.15　选择需要删除的块

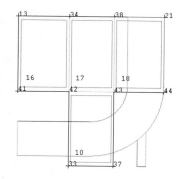

图 5.16　删除块后的结果

由图 5.16 可见，通过前面的操作，已经完成了一个 T 形块的创建。

注意：

> 在默认情况下，Delete Block 数据输入窗口中的 Delete permanently（永久删除）复选框未勾选。因此，在上述操作中，ICEM 并没有真正删除块，只是将块移动到 Part VORFN 中，这是一个存放休眠块的 Part，如图 5.17 所示，如果需要，还可以重新使用这些块。

图 5.17　存放休眠块的 Part VORFN

5.2.3　创建块与几何模型之间的关联

创建块与几何模型之间关联的目的是建立起几何模型与块之间的对应关系。如果不定义关联，在生成网格时，ICEM 无法知道块上的 Vertex、Edge、Face 对应着几何模型的哪一个部分，也无法创建块与几何模型之间的映射关系。

1. 创建 Edge 与 Curve 的关联

首先将块的 Edge 与几何模型的 Curve 相关联。

（1）为了便于后续操作，在图形窗口中显示出 Curve 的名称。在显示树中右击 Geometry→Curves 目录，在弹出的快捷菜单中选择 Show Curve Names（显示 Curve 名称）命令，在图形窗口中即可显示几何模型中 Curve 的名称，结果如图 5.18 所示。

（2）单击功能区内 Blocking（块）选项卡中的 Associate（关联）按钮，即可打开 Blocking Associations（块关联）数据输入窗口，单击 Associate Edge to Curve（关联 Edge 与 Curve）按钮，取消勾选 Project vertices（投影 Vertex）复选框，如图 5.19 所示，通过 Edge(s)文本框在图形窗口中选择 Edge 41-13，通过 Curve(s)文本框在图形窗口中选择 CURVES/1，关联后的 Edge 将变为绿色。

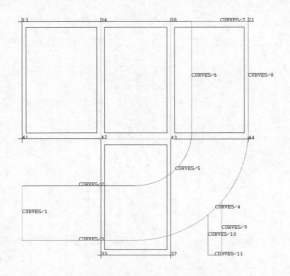

图 5.18　显示几何模型中 Curve 的名称

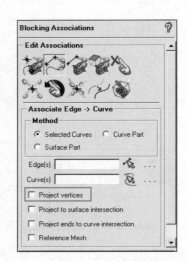

图 5.19　Blocking Associations 数据输入窗口

（3）按照此方法，按表 5.1 的对应关系创建其他 Edge 与 Curve 之间的关联。

表 5.1　Edge 与 Curve 的对应关系

Edge	Curve
44-21	CURVES/7
33-42	CURVES/10
33-37	CURVES/11
37-43	CURVES/9
13-34、34-38、38-21	CURVES/2、CURVES/5、CURVES/6
41-42、42-43、43-44	CURVES/3、CURVES/4、CURVES/8

◁》 注意：

在选择 Curve 操作时，如果选择了两条或多条 Curve，这些 Curve 将自动进行连接（分组）。这种连接并非真正的连接 Curve，只是在保存的块文件中对 Curve 进行分组。在本实例中的最后两个关联操作中，需要先选择三条 Edge，再选择三条 Curve。

（4）在完成所有 Edge 与 Curve 关联的创建之后，在显示树中右击 Blocking→Edges 目录，在弹出的快捷菜单中选择 Show Association（显示关联）命令，结果如图 5.20 所示。图 5.20 中，绿色箭头从 Edge 指向其关联的 Curve。这些 Edge 的节点和 Vertex 将投影到关联的几何图元上。

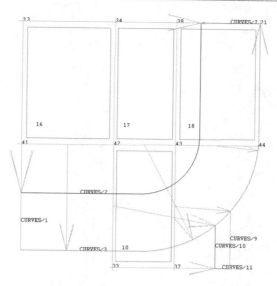

图 5.20 显示 Edge 与 Curve 的关联

（5）在确认 Edge 与 Curve 的关联无误后，再次在显示树中右击 Blocking→Edges 目录，在弹出的快捷菜单中选择 Show Association（显示关联）命令，关闭关联的显示。

2. 移动 Vertex

（1）单击功能区内 Blocking（块）选项卡中的 Move Vertex（移动 Vertex）按钮⇄，即可打开 Move Vertices（移动 Vertex）数据输入窗口，单击 Move Vertex（移动 Vertex）按钮⇄，如图 5.21 所示。单击 Vertex 文本框后的 Select Vert(s)（选择 Vertex）按钮⬚，在图形窗口中选择 41 号 Vertex 并拖动鼠标，将其移动到几何模型左下角处的 Point 位置。按照此方法，移动 13、37、33、21、44 号 Vertex，并关闭 Curve 名称的显示，结果如图 5.22 所示。

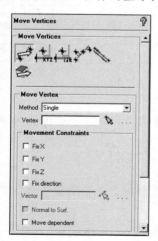

图 5.21 Move Vertices 数据输入窗口

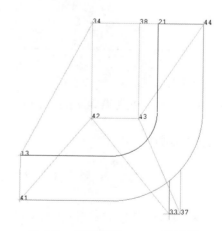

图 5.22 移动部分 Vertex 的结果

📢 **注意：**

> 由于已经创建了 Edge 和 Curve 之间的关联，因此许多 Vertex 都可以捕捉到正确的 Point 位置。如果没有捕捉到正确的 Point 位置，则可以通过拖动鼠标，使 Vertex 沿 Curve 进行移动。

（2）继续将其余 Vertex 移动到其在几何模型上的适当位置，尽量保证各块的正交性（无尖锐的内角），完成 Vertex 移动后的结果如图 5.23 所示。

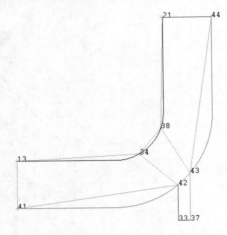

图 5.23　完成 Vertex 移动后的结果

注意：

在移动 Vertex 的过程中已经创建了 Vertex 与 Point 的关联，因此本实例中无须再创建 Vertex 与 Point 的关联。读者若感兴趣，可以通过单击功能区内 Blocking 选项卡中的 Associate 按钮，然后在 Blocking Associations 数据输入窗口中单击 Associate Vertex 按钮来创建 Vertex 与 Point 的关联。其方法与创建 Edge 与 Curve 关联的方法相同，此处不再赘述。Vertex 与 Point 的对应关系见表 5.2。

表 5.2　Vertex 与 Point 的对应关系

Vertex	Point	Vertex	Point
13	POINTS/2	33	POINTS/9
21	POINTS/5	37	POINTS/8
41	POINTS/1	43	POINTS/11
42	POINTS/10	44	POINTS/6

3．保存当前的块文件

选择 File→Blocking→Save Blocking As 命令，将当前的块文件保存为 2dpipe_geometry.blk。

5.2.4　设置网格参数

本小节将对几何图元（在二维情况下为 Curve）设置网格参数。设置网格参数既可在分块之后进行，也可在分块之前进行。

单击功能区内 Mesh（网格）选项卡中的 Curve Mesh Setup（Curve 网格设置）按钮，打开 Curve Mesh Setup（Curve 网格设置）数据输入窗口，单击 Select Curve(s)文本框后的 Select curve(s)（选择 Curve）按钮，在弹出的 Select geometry 工具条中单击 Select all appropriate visible objects（仅选择显示部分）按钮，然后在 Maximum size（最大单元尺寸）文本框中输入 1，其他参数保持默认设置，如图 5.24 所示，然后单击 Apply 按钮。

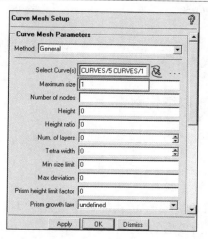

图 5.24　Curve Mesh Setup 数据输入窗口

🔊 **注意：**

> 此处的 Maximum size 表示任意网格单元的边的最大尺寸。

5.2.5　预览网格

（1）单击功能区内 Blocking（块）选项卡中的 Pre-Mesh Params（预览网格参数）按钮🧱，即可打开 Pre-Mesh Params（预览网格参数）数据输入窗口，单击 Update Sizes（更新网格尺寸）按钮🧱，勾选 Run Check/Fix Blocks（检查/修复块）复选框，如图 5.25 所示，然后单击 Apply 按钮。此时，ICEM 将根据 Curve 上设置的网格单元尺寸的大小自动确定 Edge 上的节点数。勾选 Run Check/Fix Blocks 复选框，表示自动检查网格划分中出现的问题并尽可能对这些问题进行修复。

（2）在显示树中勾选 Blocking→Pre-Mesh 目录前的复选框，打开 Mesh（网格划分）对话框，如图 5.26 所示，单击 Yes（是）按钮，将会在图形窗口中生成预览的网格。隐藏块中 Vertex 和 Edge 的显示，结果如图 5.27 所示。

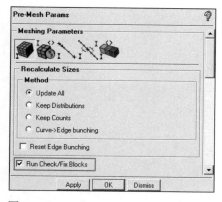

图 5.25　Pre-Mesh Params 数据输入窗口

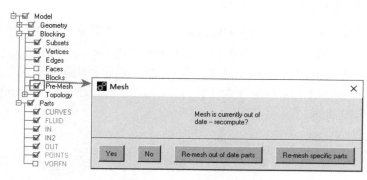

图 5.26　Mesh 对话框

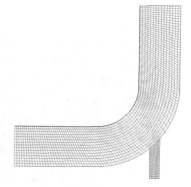

图 5.27　预览网格的显示结果

115

📢 注意:

由于预览网格中的网格数量取决于在 5.2.3 小节中将 Vertex 移动到几何模型中的所在位置，因此读者在操作时所生成的预览网格可能会与图 5.27 略有不同。

5.2.6　调整 Edge 的节点分布以细化网格

本小节将使用高级的 Edge 网格划分功能来重新调整 Edge 上的节点分布，以对预览的网格进行细化。

1．修改 Edge 的节点数

ICEM 是基于块生成网格的，即首先生成块的网格，然后根据 Edge 和 Curve 之间的关联，将块的网格节点坐标通过计算生成几何模型的网格坐标。因此，在 ICEM 中是通过修改 Edge 的节点数来修改几何模型中相关联的 Curve 节点数的。

（1）在显示树中取消勾选 Blocking→Pre-Mesh 目录前的复选框，关闭预览网格的显示，重新显示出块中的 Vertex 和 Edge，并显示出 Vertex 的编号。在显示树中右击 Blocking→Edges 目录，在弹出的快捷菜单中选择 Bunching（聚束）命令，即可显示 Edge 上的节点分布情况，如图 5.28 所示。

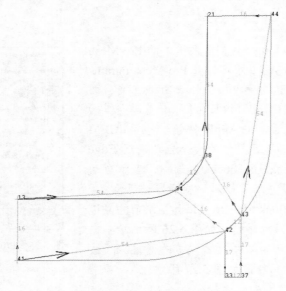

图 5.28　显示 Edge 上的节点分布情况

（2）单击功能区内 Blocking（块）选项卡中的 Pre-Mesh Params（预览网格参数）按钮，即可打开 Pre-Mesh Params（预览网格参数）数据输入窗口，单击 Edge Params（Edge 参数）按钮，通过 Edge 文本框在图形窗口中选择 Edge 13-34，在 Nodes 文本框中输入 27，其他参数保持默认，如图 5.29 所示，然后单击 Apply 按钮，将 Edge 13-34 的节点数设置为 27。按照同样的方法，将 Edge 38-21 的节点数设置为 27，结果如图 5.30 所示。

📢 提示:

由于这是一个结构网格，因此当一条 Edge 上的节点数发生改变时，所有与其平行的 Edge 将自动具有相同的节点数。在本实例中，Edge 41-42、Edge 43-44 将分别具有与 Edge 13-34、Edge 38-21 相同的节点数。

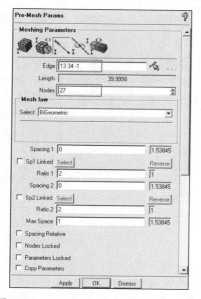

图 5.29　Pre-Mesh Params 数据输入窗口

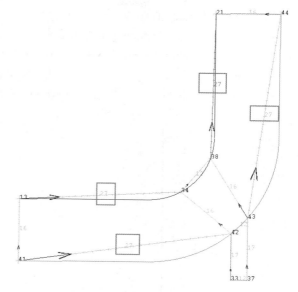

图 5.30　修改节点数后 Edge 上的节点分布

2. 将节点向管道壁偏移

（1）在 Pre-Mesh Params 数据输入窗口中，通过 Edge 文本框在图形窗口中选择 Edge 41-13，在 Spacing 1 和 Spacing 2 文本框中均输入 0.5，在 Ratio 1 和 Ratio 2 文本框中均输入 1.2，勾选 Copy Parameters 复选框，将 Method 设置为 To All Parallel Edges，其他参数保持默认，如图 5.31 所示，然后单击 Apply 按钮。

📢 提示：

> 默认情况下，Mesh Law 设置为 BiGeometric，该选项将使节点偏向 Edge 两端的 Vertex。从两端 Vertex 开始的膨胀速率是线性递增的。Spacing 1 表示 Edge 起点处的节点间距，而 Spacing 2 表示 Edge 终点处的间距。通过 Edge 上的一个黑色箭头来表示 Edge 的起点。Ratio 1/Ratio 2 表示从 Edge 起点/终点开始的节点间距比率。其中需要注意，在 Spacing 1、Spacing 2、Ratio 1、Ratio 2 文本框的第一列中输入的是需求值，实际值显示在第二列中。在本实例中，Ratio 1 和 Ratio 2 文本框中输入的需求值为 1.2，实际值为 1.30808，如图 5.31 所示。在实际的网格划分中，由于节点数、网格法则和间距等原因，可能无法获得需求值，用户可以通过增加节点数，使实际值接近需求值。通过将 Method 设置为 To All Parallel Edges，可以将 Edge 41-13 设置的参数复制给与其平行的 Edge 42-34、Edge 43-38 和 Edge 44-21。

（2）在 Pre-Mesh Params 数据输入窗口中，继续通过 Edge 文本框在图形窗口中选择 Edge 38-21，在 Spacing 1 和 Spacing 2 文本框中均输入 0.5，勾选 Copy Parameters 复选框，将 Method 设置为 To All Parallel Edges，其他参数保持默认，然后单击 Apply 按钮。在 Copy 组框中将 Method 设置为 To Selected Edges Reversed.，如图 5.32 所示，通过 Edge(s) 文本框在图形窗口中选择 Edge 13-34 和 Edge 41-42，单击鼠标中键确认。

📢 提示：

> 将 Method 设置为 To Selected Edges Reversed.，表示将 Edge 38-21 设置的参数反转后赋给 Edge 13-34 和 Edge 41-42。反转是指将 Spacing 1 和 Spacing 2、Ratio 1 和 Ratio 2 的参数值进行互换。

（3）在 Pre-Mesh Params 数据输入窗口中，继续通过 Edge 文本框在图形窗口中选择 Edge 33-42，在 Nodes 文本框中输入 9，在 Spacing 1 文本框中输入 1，在 Spacing 2 文本框中输入 0.5，勾选 Copy Parameters 复选框，将 Method 设置为 To All Parallel Edges，其他参数保持默认，然后单击 Apply 按钮。在 Pre-Mesh Params 数据输入窗口中再次通过 Edge 文本框在图形窗口中选择 Edge 33-37，在 Nodes 文本框中输入 9，其他参数保持默认，然后单击 Apply 按钮。再次预览网格，结果如图 5.33 所示。

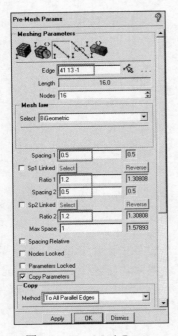

图 5.31　Pre-Mesh Params
数据输入窗口（1）

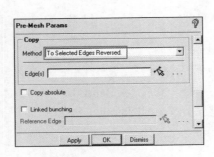

图 5.32　Pre-Mesh Params
数据输入窗口（2）

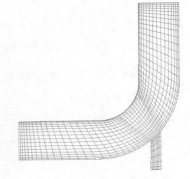

图 5.33　细化网格后的
显示结果

5.2.7　匹配 Edge 以提高网格质量

本小节将修改所选目标 Edge 终点处的节点间距，以匹配所选参考 Edge 上的节点间距。通过光顺相邻单元之间的尺寸变化，可以获得更高质量的网格。

1．手动匹配 Edge 的节点间距

为了便于后续操作，在显示树中取消勾选 Blocking→Pre-Mesh 目录前的复选框，关闭预览网格的显示，重新显示出块中的 Vertex 和 Edge，并显示出 Vertex 的编号。

单击功能区内 Blocking（块）选项卡中的 Pre-Mesh Params（预览网格参数）按钮，即可打开 Pre-Mesh Params（预览网格参数）数据输入窗口，单击 Match Edges（匹配 Edge）按钮，将 Method 设置为 Selected，如图 5.34 所示。通过 Reference Edge 文本框在图形窗口中选择 Edge 42-43，通过 Target Edge(s)文本框在图形窗口中选择 Edge 41-42 和 Edge 33-42，单击鼠标中键确认。

2．自动匹配 Edge 的节点间距

在 Pre-Mesh Params 数据输入窗口中，将 Method 设置为 Automatic，将 Spacing 设置为 Minimum，通过 Vertices 文本框在图形窗口中选择所有可见的 Vertex，通过 Ref. Edges 文本框在图形窗口中选择 Edge 13-34 和 Edge 42-34，如图 5.35 所示，然后单击 Apply 按钮。

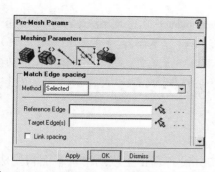

图 5.34　Pre-Mesh Params 数据输入窗口（1）

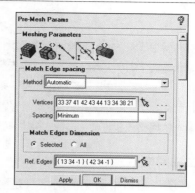

图 5.35　Pre-Mesh Params 数据输入窗口（2）

再次预览网格，匹配 Edge 前和匹配 Edge 后的对比如图 5.36 所示。

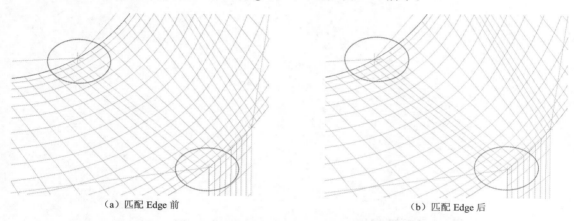

（a）匹配 Edge 前　　　　　　　　　　　　　（b）匹配 Edge 后

图 5.36　匹配 Edge 前和匹配 Edge 后的对比

5.2.8　检查网格质量并输出网格

1．检查网格质量

单击功能区内 Blocking（块）选项卡中的 Pre-Mesh Quality（预览网格质量）按钮，打开 Pre-Mesh Quality（预览网格质量）数据输入窗口，如图 5.37 所示，保持默认设置，然后单击 Apply 按钮，即可通过直方图窗口查看网格质量，如图 5.38 所示。

图 5.37　Pre-Mesh Quality 数据输入窗口

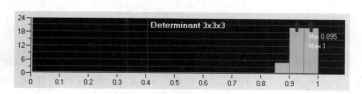

图 5.38　直方图窗口

◀ 提示：

> 结构网格质量的判定标准有很多，本例中使用默认的 Determinant 3×3×3，网格质量表示网格节点（包含各
> 网格单元边的中点）中最小雅可比矩阵行列式和最大雅可比矩阵行列式的比值，值的分布范围为-1～1，其中 1
> 表示矩形网格单元，0 表示网格单元是一条线的情况，-1 表示网格单元反转。在该判定标准下，一般认为网格
> 质量达到 0.1 以上是可以接受的，不允许存在负网格。由于分块时移动 Vertex 的位置有所差别，因此读者操作
> 时所查看的网格质量可能会与图 5.38 略有不同。

2．生成网格

前面在图形窗口中所见的网格只是网格的预览，其实并没有真正生成网格，下面将生成网格。

在显示树中右击 Blocking→Pre-Mesh 目录，在弹出的快捷菜单中选择 Convert to Unstruct Mesh
命令，如图 5.39 所示，生成的网格如图 5.40 所示。

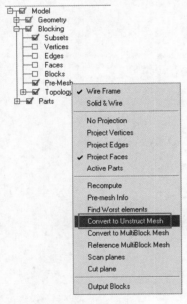

图 5.39　快捷菜单

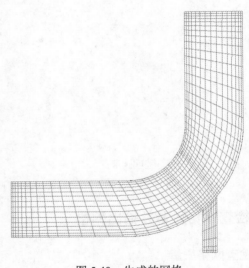

图 5.40　生成的网格

3．保存块文件

选择 File→Blocking→Save Blocking As 命令，将当前的块文件保存为 2dpipe_geometry_final.blk。

◀ 提示：

> 所保存的块文件可以通过 File→Blocking→Open Blocking 命令载入，以在其基础上进行修改或对相类似的
> 几何模型进行网格划分。此命令可以将块保存到单独的文件中，而不是覆盖以前的块文件。在对比较复杂的几
> 何模型进行分块操作时，如果出现操作上的失误，用户可能需要载入以前的块文件。

4．为求解器生成输入文件

单击功能区内 Output Mesh 选项卡中的 Write Input 按钮，打开 Save 对话框，单击 Yes 按钮，
保存当前项目。此时将打开"打开"对话框，保持默认设置，单击"打开"按钮。此时将打开图 5.41
所示的 Ansys Fluent 对话框，在 Grid dimension 栏中选中 2D 单选按钮，即输出二维网格。读者也可

以在 Output file 文本框中修改输出的路径和文件名，本实例中不对路径和文件名进行修改。单击 Done 按钮，此时可在 Output file 文本框所示的路径下找到输入文件 fluent.msh。

5.2.9 计算及后处理

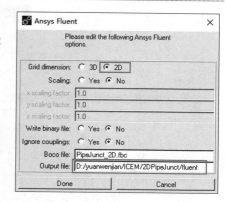

图 5.41 Ansys Fluent 对话框

本小节将通过 Fluent 进行数值计算，以验证所生成的网格是否满足计算要求。

（1）读入网格文件。启动 Fluent，在 Fluent Launcher 2023 R1 对话框中将 Dimension 设置为 2D，即选择二维求解器；设置工作目录后单击 Start 按钮，进入 Fluent 2023 R1 用户界面。选择 File→Read→Mesh 命令，读入 5.2.8 小节中 ICEM 生成的网格文件 fluent.msh。

（2）检查网格。在界面左侧 Outline View 中双击 Setup→General 命令，在 Task Page 的 Mesh 组框中单击 Check 按钮，以检查网格。注意，界面右下角 Console 中显示的检查结果 minimum volume 应大于 0。

（3）定义网格单位。在 Task Page 的 Mesh 组框中单击 Scale 按钮，在打开的 Scale Mesh 对话框中将 Mesh Was Created In 设置为 mm，单击 Scale 按钮确认，再单击 Close 按钮退出。

（4）显示网格。在 Task Page 的 Mesh 组框中单击 Display 按钮，打开 Mesh Display 对话框，保持默认设置，单击 Display 按钮，在图形窗口中显示网格。

（5）选择求解器。在 Task Page 的 Solver 组框中，将 Type 设置为 Pressure-Based，Velocity Formulation 设置为 Absolute，Time 设置为 Steady，2D Space 设置为 Planar，即选择二维平面基于压力的稳态求解器。

（6）选择湍流模型。在 Outline View 中双击 Setup→Models→Viscous 命令，打开 Viscous Model 对话框，在 Model 组框中选中 k-epsilon（2 eqn）单选按钮，然后单击 OK 按钮。

（7）定义材料。在 Outline View 中双击 Setup→Materials→Fluid→air 命令，打开 Create/Edit Materials 对话框；单击 Fluent Database 按钮，打开 Fluent Database Materials 对话框，在 Fluent Fluid Materials 下拉列表框中选择 water-liquid 选项（选择水流体），单击 Copy 按钮，即可把水的物理性质从数据库中调出。单击 Close 按钮，返回 Create/Edit Materials 对话框，再单击 Close 按钮，完成对材料的定义。

（8）定义流体域的材料。在 Outline View 中双击 Setup→Cell Zone Conditions→Fluid→fluid 命令，打开 Fluid 对话框，将 Material Name 设置为 water-liquid，单击 Apply 按钮，将区域中的流体定义为水，然后单击 Close 按钮退出。

（9）定义边界条件。在 Outline View 中双击 Setup→Boundary Conditions 命令，在 Task Page 的 Zone 列表框中选择 in，将 Type 设置为 velocity-inlet，如图 5.42 所示。单击 Edit 按钮，打开 Velocity Inlet 对话框，在 Velocity Magnitude [m/s] 文本框中输入 1，完成进水口 1 边界条件的定义。

在 Task Page 的 Zone 列表框中选择 in2，将 Type 设置为 velocity-inlet。单击 Edit 按钮，打开 Velocity Inlet 对话框，在 Velocity Magnitude [m/s] 文本框中输入 2，完成进水口 2 边界条件的定义。

在 Task Page 的 Zone 列表框中选择 out，将 Type 设置为 outflow，打开 Outflow 对话框，保持默认参数设置，完成出水口边界条件的定义。

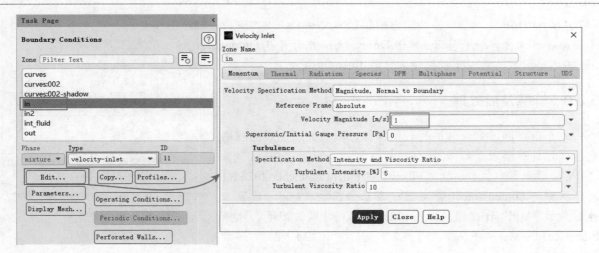

图 5.42　定义边界条件

在 Task Page 的 Zone 列表框中选择 curves:002，将 Type 设置为 interior，打开 Interior 对话框，保持默认参数设置，完成内部边界条件的定义。

（10）定义收敛条件。在 Outline View 中双击 Solution→Monitors→Residual 命令，打开 Residual Monitors 对话框，将各变量收敛残差设置为 1e-5，单击 OK 按钮。

（11）初始化流场。在 Outline View 中双击 Solution→Initialization 命令，在 Task Page 的 Initialization Methods 组框中选中 Standard Initialization 单选按钮，在 Compute from 下拉列表中选择 in，其他参数保持默认，单击 Initialize 按钮。

（12）提交求解。在 Outline View 中双击 Solution→Run Calculation 命令，在 Task Page 的 Number of Iterations 文本框中输入 300，其他参数保持默认，单击 Calculate 按钮提交求解。由于残差设置值较小，大约迭代 122 步后结果收敛，图 5.43 所示为其残差变化情况。

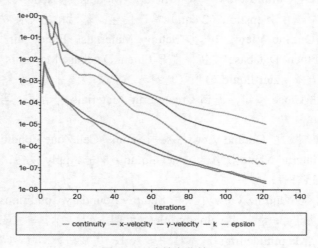

图 5.43　残差变化情况

（13）显示云图。在 Outline View 中双击 Results→Graphics→Contours 命令，打开 Contours 对话框，在 Contours of 栏中分别选择 Velocity 和 Velocity Magnitude、Pressure 和 Static Pressure，然后单击 Save/Display 按钮，即可显示速度标量和静态压力的云图，如图 5.44 和图 5.45 所示。

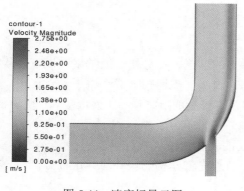

图 5.44　速度标量云图

图 5.45　静态压力云图

上面的计算结果表明，生成的网格能够满足计算要求。

5.3　二维结构面网格的划分——汽车外流场实例

假设对一个简单二维汽车模型进行风洞试验的模拟，风速设为 10m/s。在本节中，将为风洞试验中的简单二维汽车模型的外部流场生成二维结构面网格，并进行求解。

5.3.1　几何模型的准备

（1）设置工作目录。选择 File→Change Working Dir 命令，打开 New working directory 对话框，新建一个 2DCarBase 文件夹，并将该文件夹作为工作目录。将电子资源包中提供的 Car_Base_2D.tin 文件复制到该工作目录中。

（2）保存项目。单击工具栏中的 Save Project 按钮■，以 CarBase_2D.prj 为项目名称创建一个新项目。

（3）导入几何模型。单击工具栏中的 Open Geometry 按钮■，选择 Car_Base_2D.tin 文件并打开，通过显示树可以看出，该几何模型中共定义了 6 个 Part，如图 5.46 所示。同时，将在图形窗口中显示所导入的几何模型，如图 5.47 所示。

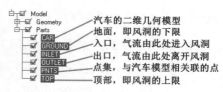

图 5.46　显示树

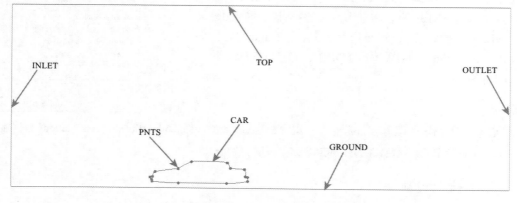

图 5.47　导入的几何模型

5.3.2 创建块

对于本实例的汽车风洞外部流场模型，为了获得理想的结果，在分块时通常采取以下步骤。

（1）创建初始块，并对初始块进行分割，以在汽车几何模型周围创建多个笛卡儿块。

（2）将 Vertex 移动到汽车几何模型上，以拟合汽车几何模型的所有细节，如保险杠、发动机罩、行李箱等。

（3）在汽车几何模型周围创建 O 型块，用于边界层的气体流动建模。

这些步骤将在接下来的几小节进行详细介绍，本小节首先创建初始块并对其进行分割。

1. 创建初始块

单击功能区内 Blocking 选项卡中的 Create Block 按钮，即可打开 Create Block 数据输入窗口，单击 Initialize Blocks 按钮，在 Part 文本框中输入 FLUID，将 Type 设置为 2D Planar，如图 5.48 所示，单击 Apply 按钮，将创建一个环绕所有几何图元的初始块，如图 5.49 所示（显示部分 Curve 名称和 Vertex 编号）。

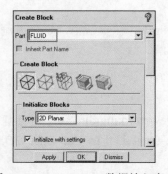

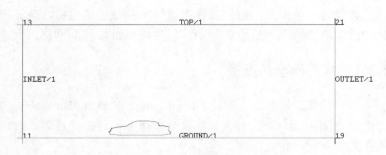

图 5.48　Create Block 数据输入窗口　　　　　　图 5.49　创建初始块

2. 将初始块的 4 条 Edge 与风洞的 4 条 Curve 相关联

单击功能区内 Blocking 选项卡中的 Associate 按钮，即可打开 Blocking Associations 数据输入窗口，单击 Associate Edge to Curve 按钮，如图 5.50 所示，通过 Edge(s) 文本框在图形窗口中选择 Edge 11-13，通过 Curve(s) 文本框在图形窗口中选择 INLET/1，单击鼠标中键确认，将 Edge 11-13 与 INLET/1 相关联。通过相同的方法，将 Edge 13-21、Edge 19-21 和 Edge 11-19 与 TOP/1、OUTLET/1 和 GROUND/1 相关联。

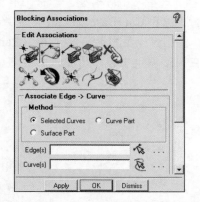

提示：

> 读者可以通过显示树关闭 Curve 的显示来查看 Edge 的颜色。如果 Edge 全部变为绿色，说明已成功创建了关联。

图 5.50　Blocking Associations 数据输入窗口

3. 对初始块进行分割

下面通过分割块来对初始块进行修改，以创建能够拟合该几何模型的拓扑。在本实例中，将使用预设 Point 的分割方法来对初始块进行分割。为了便于选择 Point，首先需要在图形窗口中显示出 Point 的编号。

　　单击功能区内 Blocking 选项卡中的 Split Block（分割块）按钮，即可打开 Split Block（分割块）数据输入窗口，单击 Split Block（分割块）按钮，将 Split Method（分割方法）设置为 Prescribed point（预设 Point，即基于特定 Point 的位置分割块，该方法更易于实现参数化），如图 5.51 所示。通过 Edge 文本框在图形窗口中选择任意一条水平的 Edge，通过 Point 文本框在图形窗口中选择汽车尾部的 PNTS/10（汽车几何模型中各 Point 的位置如图 5.52 所示），将创建一个通过 PNTS/10 的垂直分割。根据此方法，通过 PNTS/1 在汽车前部再进行一次垂直分割；再通过 PNTS/12 和 PNTS/5 进行两次水平分割，结果如图 5.53 所示（关闭 Point 编号的显示）。

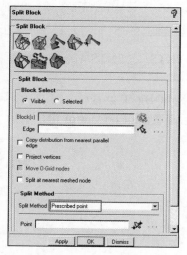

图 5.51　Split Block 数据输入窗口

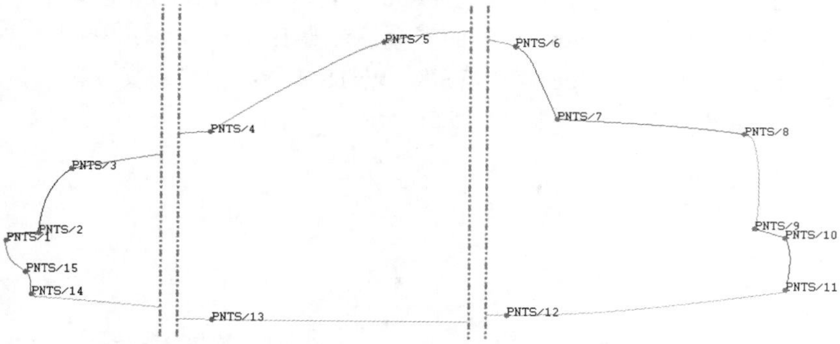

图 5.52　汽车几何模型中各 Point 的位置

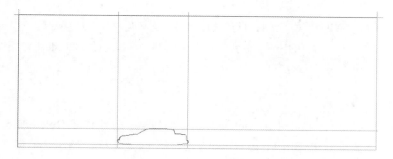

图 5.53　第一次块分割结果

4. 通过 Index Control 对所选块进行分割

　　默认情况下，仅对可见的块进行分割操作。通过使用 Index Control（索引控制）来隐藏块，可以对块的可见性进行管理，以便于进行特定块的分割操作。

　　（1）在显示树中右击 Blocking 目录，在弹出的快捷菜单中选择 Index Control 命令，在 ICEM 界面的右下角弹出 Index Control（索引控制）窗口，按图 5.54 所示设置参数（以 I：2～3 和 J：1～3 来表示），显示结果如图 5.55 所示（关闭 Point 编号的显示）。

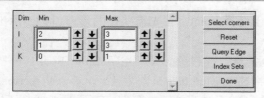

图 5.54　Index Control 窗口

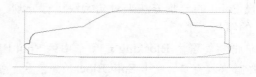

图 5.55　索引控制的显示结果（局部）

 提示：

> 此 Index Control 窗口中有两列：Min（最小值）和 Max（最大值）。ICEM 为所有块的 Edge 和 Vertex 分配索引值 I、J 和 K。例如，垂直于全局坐标系的 X 轴的第一条 Edge 的索引为 I=1，而垂直于 Y 轴的第一条 Edge 的索引为 J=1。对于二维几何模型，索引值 K 无须定义。要更改索引值，可单击文本框后的上下箭头或直接输入整数值，将在图形窗口中仅显示此索引值范围内的块。

（2）在 Split Block 数据输入窗口中，通过选择任意水平 Edge 和 PNTS/7、PNTS/4 继续创建垂直分割，然后通过选择任意垂直 Edge 和 PNTS/1、PNTS/4 创建水平分割。

（3）将 Index Control 窗口的参数设置为 I：2～5 和 J：3～4，在 Split Block 数据输入窗口中，通过选择任意水平 Edge 和 PNTS/8、PNTS/2 继续创建垂直分割，然后单击 Index Control 窗口中的 Reset（重置）按钮，结果如图 5.56 所示。

图 5.56　第二次块分割结果

 注意：

> 通过 Index Control 窗口对块的可见性进行管理，用户可对可见块进行分割操作。但实际上，为了保持结构化块的连续性，ICEM 仍对不可见的块进行隐含的分割操作。用户可以通过 Split Block 数据输入窗口中的 Extend Split（延伸分割）按钮 来打开这些隐含的分割。

5．删除不需要的块

单击功能区内 Blocking 选项卡中的 Delete Block 按钮 ，即可打开 Delete Block 数据输入窗口，如图 5.57 所示。勾选显示树中 Blocking→Blocks 目录前的复选框，显示块的编号，再通过 Blocks 文本框在图形窗口中选择图 5.58 所示编号为 17、28、26、36、30、31、33 的 7 个块（读者在操作时的块编号可能会有所不同，只需按位置选择这 7 个块即可），单击鼠标中键确认，删除块后的结果如图 5.59 所示。

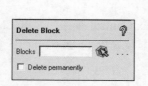

图 5.57　Delete Block 数据输入窗口

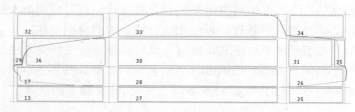

图 5.58　删除块之前

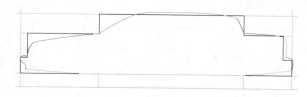

图 5.59　删除块后的结果

完成块删除后，选择 File→Blocking→Save Blocking As 命令，将当前的块文件保存为 2DCarBase_geometry.blk。

5.3.3　创建块与几何模型之间的关联

在本实例中创建块与几何模型之间的关联时，需要将块的 Vertex 正确关联到几何模型的 Point 上，将块的 Edge 正确关联到几何模型的 Curve 上。下面介绍具体操作步骤。

1．创建 Vertex 与 Point 的关联

（1）为了便于进行 Vertex 与 Point 的关联操作，需要在图形窗口中显示出 Vertex 的编号和 Point 的名称。单击功能区内 Blocking 选项卡中的 Associate 按钮，打开 Blocking Associations 数据输入窗口，单击 Associate Vertex 按钮，如图 5.60 所示。通过 Vertex 文本框在图形窗口中选择 Vertex 55，通过 Point 文本框在图形窗口中选择 PNTS/6（块中 Vertex 的位置如图 5.61 所示，汽车几何模型中的 Point 如图 5.52 所示）。

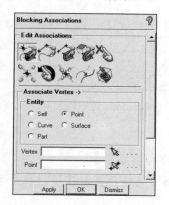

图 5.60　Blocking Associations 数据输入窗口（1）

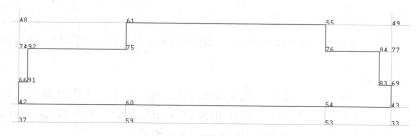

图 5.61　块中 Vertex 的位置

（2）按照此方法，按表 5.3 的对应关系创建其他 Vertex 与 Point 的关联，关联后的 Vertex 将变为红色，结果如图 5.62 所示。

表 5.3　Vertex 与 Point 的对应关系

Vertex	Point	Vertex	Point
76	PNTS/7	42	PNTS/14
84	PNTS/8	66	PNTS/1
83	PNTS/9	91	PNTS/2
69	PNTS/10	92	PNTS/3

Vertex	Point	Vertex	Point
43	PNTS/11	75	PNTS/4
54	PNTS/12	61	PNTS/5
60	PNTS/13	—	—

2．创建 Edge 与 Curve 的关联

在 Blocking Associations（块关联）数据输入窗口中，单击 Associate Edge to Curve 按钮，如图 5.63 所示。通过 Edge(s)文本框在图形窗口中选择与汽车模型拟合的所有 Edge，通过 Curve(s)文本框在图形窗口中选择组成汽车模型的所有 Curve，单击鼠标中键确认，完成 Edge 与 Curve 关联的创建。

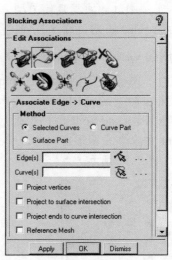

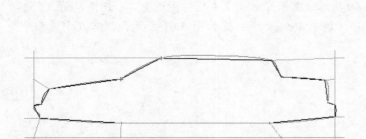

图 5.62　Vertex 与 Point 关联后的结果　　　　图 5.63　Blocking Associations 数据输入窗口（2）

3．对齐 Vertex

在此步骤中，将在笛卡儿坐标系中对 Vertex 进行排列，以帮助提高网格质量。

（1）在 ICEM 界面右下角的 Index Control 窗口中单击 Select corners（选择角点）按钮，在图形窗口中选择图 5.64 所示的两个 Vertex 作为角点。

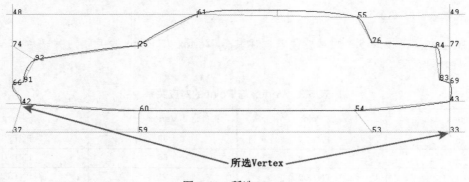

图 5.64　所选 Vertex

📢 **注意：**

　　与分割块操作相类似，对齐 Vertex 操作仅作用于可见块。因此，通过 Index Control 窗口在图形窗口中仅显示需要进行对齐 Vertex 操作的块是非常重要的。

　　（2）在显示树中右击 Blocking→Vertices 目录，在弹出的快捷菜单中选择 Indices 命令，在图形窗口中显示出 Vertex 的标识，如图 5.65 所示。

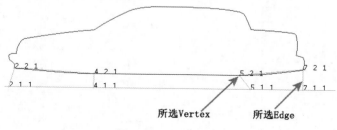

图 5.65　Vertex 标识

　　（3）单击功能区内 Blocking 选项卡中的 Move Vertex 按钮，打开 Move Vertices 数据输入窗口，单击 Align Vertices 按钮，通过 Along edge direction 文本框在图形窗口中选择图 5.65 所示的 Edge，通过 Reference vertex 文本框在图形窗口中选择图 5.65 所示的 Vertex（本实例也可选择标识为 2 2 1、4 2 1、7 2 1 中的任意一个 Vertex），单击 Apply 按钮，如图 5.66 所示，对齐后的结果如图 5.67 所示。

图 5.66　Move Vertices 数据输入窗口

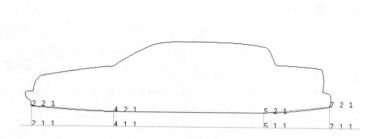

图 5.67　对齐后的结果

📢 **提示：**

　　Vertex 标识中的三个数字表示 ICEM 为该 Vertex 所分配的索引值 I、J 和 K。ICEM 假设在激活坐标系的 Y 坐标轴方向（垂直）进行对齐，因此只调整 X 和 Z 的坐标（在本实例的二维几何模型中，只调整 X 的坐标）。当选择 J=2 的任意一个 Vertex 后，其他所有可见的 Vertex 将被移动以进行对齐，同时在 Move in plane 组框中自动选中 XZ 单选按钮。

（4）完成对齐 Vertex 操作后，单击 Index Control 窗口中的 Reset 按钮，显示所有块。除了对齐 Vertex 之外，ICEM 还可以通过设置坐标来调整 Vertex 的位置。接下来通过参考 Vertex 来设置 Vertex 的新坐标，具体操作步骤如下。在图形窗口中显示出 Vertex 的编号，在 Move Vertices 数据输入窗口中单击 Set Location 按钮，通过 Ref. Vertex 文本框在图形窗口中选择 Vertex 92，勾选 Modify Y 复选框，通过 Vertices to Set 文本框在图形窗口中选择 Vertex 74，如图 5.68 所示，单击 Apply 按钮。Vertex 74 将垂直移动，以与参考 Vertex 92 对齐，结果如图 5.69 所示。

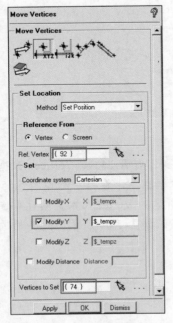

图 5.68　Move Vertices 数据输入窗口

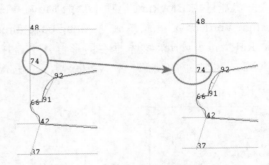

图 5.69　将 Vertex 74 与 Vertex 92 对齐

5.3.4　设置网格参数并预览网格

1．设置网格参数

（1）单击功能区内 Mesh 选项卡中的 Curve Mesh Setup 按钮，打开 Curve Mesh Setup 数据输入窗口，单击 Select Curve(s)文本框后的 Select curve(s)按钮，在弹出的 Select geometry 工具条中单击 Select items in a part 按钮，然后在打开的 Select part 对话框中勾选 CAR 复选框，如图 5.70 所示。单击 Accept 按钮，返回 Curve Mesh Setup 数据输入窗口，在 Maximum size 文本框中输入 25，其他参数保持默认，如图 5.71 所示，然后单击 Apply 按钮。

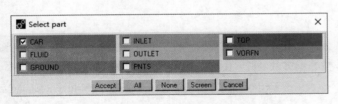

图 5.70　Select part 对话框

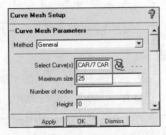

图 5.71　Curve Mesh Setup 数据输入窗口

（2）在 Curve Mesh Setup 数据输入窗口中，单击 Select Curve(s)文本框后的 Select curve(s) 按钮，在弹出的 Select geometry 工具条中单击 Select items in a part 按钮，然后在打开的 Select part 对话框中勾选 GROUND、INLET、OUTLET 和 TOP 复选框，取消勾选 CAR 复选框。单击 Accept 按钮，返回 Curve Mesh Setup 数据输入窗口，在 Maximum size 文本框中输入 500，其他参数保持默认，然后单击 Apply 按钮。

2. 预览网格

（1）单击功能区内 Blocking 选项卡中的 Pre-Mesh Params 按钮，即可打开 Pre-Mesh Params 数据输入窗口，单击 Update Sizes 按钮，其他参数保持默认，如图 5.72 所示，然后单击 Apply 按钮。此时，ICEM 将根据 Curve 上设置的网格单元尺寸的大小自动确定 Edge 上的节点数。

（2）在显示树中勾选 Blocking→Pre-Mesh 目录前的复选框，打开 Mesh 对话框，如图 5.73 所示，单击 Yes（是）按钮，将会在图形窗口中生成预览的网格，如图 5.74 所示。

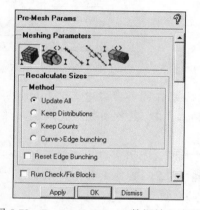

图 5.72　Pre-Mesh Params 数据输入窗口

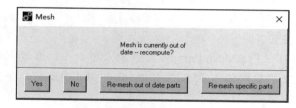

图 5.73　Mesh 对话框

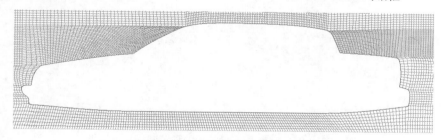

图 5.74　预览网格的显示结果

📢 提示：

> 通过前面的操作，创建了与索引 I 和 J 对齐的贴体块，这被称为 Cartesian 块（笛卡儿块）或 H 型块。

3. 设置 Edge 的网格参数

（1）为了便于设置 Edge 的网格参数，在显示树中取消勾选 Blocking→Pre-Mesh 目录前的复选框，勾选 Blocking→Vertices 目录前的复选框，在图形窗口中显示出 Vertex 的编号，如图 5.75 所示（图中仅显示需要使用到的 Vertex 的编号）。在 Pre-Mesh Params 数据输入窗口中单击 Edge Params 按钮，通过 Edge 文本框在图形窗口中选择 Edge 11-37（图 5.75），在 Nodes 文本框中输入 50，其他参数保持默认，如图 5.76 所示，然后单击 Apply 按钮。

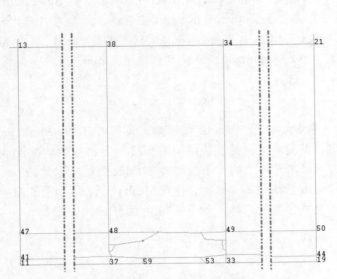

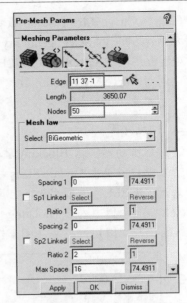

图 5.75　在图形窗口中显示出 Vertex 的编号　　　　图 5.76　Pre-Mesh Params 数据输入窗口

（2）在 Pre-Mesh Params 数据输入窗口中，通过 Edge 文本框在图形窗口中选择 Edge 48-38，在 Nodes 文本框中输入 50，在 Ratio 1 和 Ratio 2 文本框中均输入 1.2，其他参数保持默认，然后单击 Apply 按钮。

（3）在 Pre-Mesh Params 数据输入窗口中，通过 Edge 文本框在图形窗口中选择 Edge 49-50，在 Nodes 文本框中输入 75，在 Ratio 1 和 Ratio 2 文本框中均输入 1.2，其他参数保持默认，然后单击 Apply 按钮。

（4）再次预览网格，结果如图 5.77 所示。

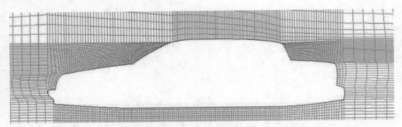

图 5.77　设置 Edge 网格参数后的预览网格显示结果

5.3.5　创建 O 型块

在本小节中，为了能够在汽车表面附近生成高质量的边界层网格，将创建 O 型块。

（1）关闭网格预览，在显示树中勾选 Parts→VORFN 目录前的复选框。单击功能区内 Blocking 选项卡中的 Split Block 按钮，即可打开 Split Block 数据输入窗口，单击 Ogrid Block（O 型块）按钮，单击 Select block(s)按钮，在图形窗口中选择图 5.78 所示的 10 个块（位于汽车模型内和汽车模型下面的块，即块 33、36、30、31、17、28、26、13、27 和 25）；再单击 Select edge(s)按钮，在图形窗口中选择图 5.78 所示汽车下面地面的三条 Edge。返回 Split Block 数据输入窗口，勾选 Around block(s)复选框，在 Offset 文本框中输入 1，如图 5.79 所示，然后单击 Apply 按钮。

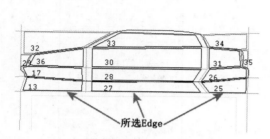

图 5.78 所选块和 Edge

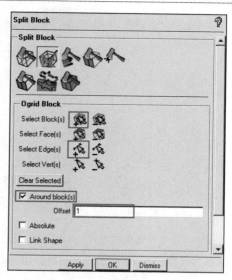

图 5.79 Split Block 数据输入窗口

（2）在显示树中取消勾选 Parts→VORFN 目录前的复选框，结果如图 5.80 所示。

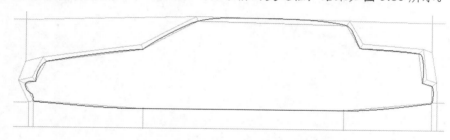

图 5.80 汽车周围的外部 O 型块

5.3.6 细化网格

本小节中将通过调整关键 Edge 的节点分布来手动提高网格质量。

1. 修改 Edge 的节点分布

（1）单击功能区内 Blocking 选项卡中的 Pre-Mesh Params（预览网格参数）按钮，即可打开 Pre-Mesh Params（预览网格参数）数据输入窗口，单击 Edge Params（Edge 参数）按钮，通过 Edge 文本框在图形窗口中选择图 5.81 所示 O 型块的一条径向 Edge，在 Nodes 文本框中输入 7，在 Mesh law 组框中将 Select 设置为 Geometric2（该选项表示将通过 Spacing 2 设置 Edge 终点处的第一个间距，然后以恒定的增长比率分布其余节点），在 Spacing 2 文本框中输入 1，在 Ratio 2 文本框中输入 1.5，勾选 Copy Parameters 复选框，将 Method 设置为 To All Parallel Edges，其他参数保持默认，如图 5.82 所示，然后单击 Apply 按钮。

（2）按照同样的方法，通过 Edge 文本框在图形窗口中选择图 5.81 所示的垂直 Edge，在 Nodes 文本框中输入 15，其他参数保持默认设置，单击 Apply 按钮。重新预览网格，结果如图 5.83 所示（局部）。

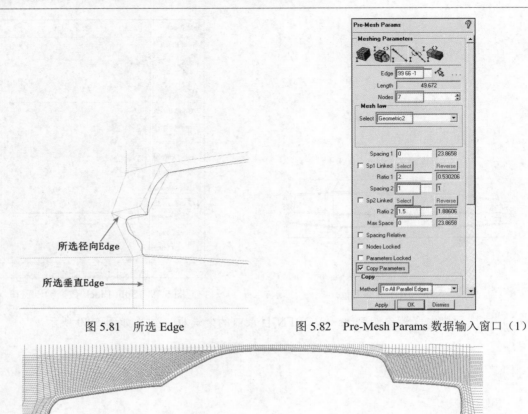

图 5.81　所选 Edge　　　　　　图 5.82　Pre-Mesh Params 数据输入窗口（1）

图 5.83　重新预览网格的显示结果

2．匹配 Edge

匹配 Edge 可以避免相邻单元之间的尺寸差异较大。

关闭网格预览，在 Pre-Mesh Params 数据输入窗口中单击 Match Edges 按钮，勾选 Link spacing 复选框，如图 5.84 所示。通过 Reference Edge 文本框在图形窗口中选择图 5.85 所示的参考 Edge，通过 Target Edge(s)文本框在图形窗口中选择图 5.85 所示的目标 Edge，单击鼠标中键，完成 Edge 的匹配。

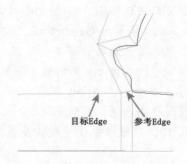

图 5.84　Pre-Mesh Params 数据输入窗口（2）　　　图 5.85　所选目标 Edge 和参考 Edge（汽车头部）

3. 将 Edge 的节点分布参数复制给与其平行的 Edge

（1）在 Pre-Mesh Params 数据输入窗口中单击 Edge Params 按钮，通过 Edge 文本框在图形窗口中选择图 5.85 所示的目标 Edge，勾选 Copy Parameters 复选框，将 Method 设置为 To Visible Parallel Edges，然后单击 Apply 按钮。

（2）按照与前面步骤 2 相同的方法，完成图 5.86 所示的目标 Edge 与参考 Edge 的匹配，并将目标 Edge 的节点分布参数复制给与其平行的 Edge。

4. 光顺网格

单击功能区内 Blocking 选项卡中的 Pre-Mesh Smooth（预览网格光顺）按钮，即可打开 Pre-Mesh Smooth（预览网格光顺）数据输入窗口，将 Method 设置为 Orthogonality，其他参数保持默认，如图 5.87 所示，然后单击 Apply 按钮。

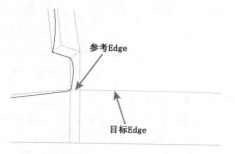

图 5.86　所选目标 Edge 和参考 Edge（汽车尾部）

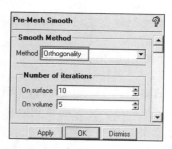

图 5.87　Pre-Mesh Smooth 数据输入窗口

5. 保存块文件

选择 File→Blocking→Save Blocking As 命令，将当前的块文件保存为 2dcar_geo_final.blk。

5.3.7　检查网格质量并输出网格

1. 检查网格质量

单击功能区内 Blocking 选项卡中的 Pre-Mesh Quality（预览网格质量）按钮，打开 Pre-Mesh Quality（预览网格质量）数据输入窗口，如图 5.88 所示，保持默认设置并单击 Apply 按钮，即可通过直方图窗口查看网格质量，如图 5.89 所示。

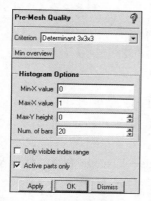

图 5.88　Pre-Mesh Quality 数据输入窗口

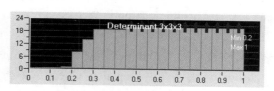

图 5.89　直方图窗口

2．生成网格

在显示树中右击 Blocking→Pre-Mesh 目录，在弹出的快捷菜单中选择 Convert to Unstruct Mesh 命令，生成网格。

3．为求解器生成输入文件

单击功能区内 Output Mesh 选项卡中的 Write Input 按钮，打开 Save 对话框，单击 Yes 按钮，将当前项目进行保存。此时将打开"打开"对话框，保持默认设置，单击"打开"按钮。此时将打开图 5.90 所示的 Ansys Fluent 对话框，在 Grid dimension 栏中选中 2D 单选按钮，即输出二维网格。读者也可以在 Output file 文本框中修改输出的路径和文件名，本实例中不对路径和文件名进行修改。单击 Done 按钮，此时可在 Output file 文本框所示的路径下找到输出文件 fluent.msh。

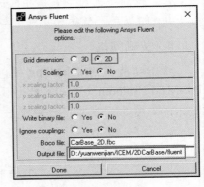

图 5.90　Ansys Fluent 对话框

5.3.8　计算及后处理

本小节将通过 Fluent 进行数值计算，以验证所生成的网格是否满足计算要求。

（1）读入网格文件。启动 Fluent，在 Fluent Launcher 2023 R1 对话框中将 Dimension 设置为 2D，即选择二维求解器；设置工作目录后单击 Start 按钮，进入 Fluent 2023 R1 用户界面。选择 File→Read→Mesh 命令，读入 5.3.7 小节中 ICEM 所生成的网格文件 fluent.msh。

（2）检查网格。在界面左侧 Outline View 中双击 Setup→General 命令，然后在 Task Page 的 Mesh 组框中单击 Check 按钮，以检查网格。注意，界面右下角 Console 中显示的检查结果 minimum volume 应大于 0。

（3）定义网格单位。在 Task Page 的 Mesh 组框中单击 Scale 按钮，在打开的 Scale Mesh 对话框中将 Mesh Was Created In 设置为 mm，单击 Scale 按钮确认，再单击 Close 按钮退出。

（4）显示网格。在 Task Page 的 Mesh 组框中单击 Display 按钮，打开 Mesh Display 对话框，保持默认设置，单击 Display 按钮，在图形窗口中显示网格，如图 5.91 所示。

图 5.91　Fluent 中显示的网格

（5）选择求解器。在 Task Page 的 Solver 组框中，将 Type 设置为 Pressure-Based，Velocity Formulation 设置为 Absolute，Time 设置为 Steady，2D Space 设置为 Planar，即选择二维平面基于压力的稳态求解器。

（6）选择湍流模型。在 Outline View 中双击 Setup→Models→Viscous 命令，打开 Viscous Model 对话框，在 Model 组框中选中 k-epsilon（2 eqn）单选按钮，然后单击 OK 按钮。

（7）定义边界条件。在 Outline View 中双击 Setup→Boundary Conditions 命令，然后在 Task Page

的 Zone 列表框中选择 inlet，Fluent 已自动将 Type 设置为 velocity-inlet。单击 Edit 按钮，打开 Velocity Inlet 对话框，在 Velocity Magnitude [m/s]文本框中输入 10，完成入口边界条件的定义。

在 Task Page 的 Zone 列表框中选择 outlet，将 Type 设置为 outflow，打开 Outflow 对话框，保持默认参数设置，完成出口边界条件的定义。

（8）定义收敛条件。在 Outline View 中双击 Solution→Monitors→Residual 命令，打开 Residual Monitors 对话框，将各变量收敛残差设置为 1e-4，然后单击 OK 按钮。

（9）初始化流场。在 Outline View 中双击 Solution→Initialization 命令，然后在 Task Page 的 Initialization Methods 组框中选中 Standard Initialization 单选按钮，在 Compute from 下拉列表中选择 inlet，其他参数保持默认，然后单击 Initialize 按钮。

（10）提交求解。在 Outline View 中双击 Solution→Run Calculation 命令，然后在 Task Page 的 Number of Iterations 文本框中输入 300，其他参数保持默认，单击 Calculate 按钮提交求解。由于残差设置值较小，大约迭代 104 步后结果收敛，图 5.92 所示为其残差变化情况。

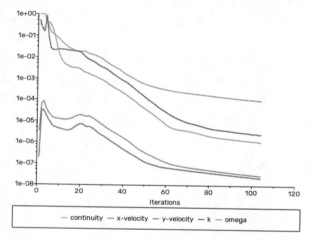

图 5.92　残差变化情况

（11）显示云图。在 Outline View 中双击 Results→Graphics→Contours 命令，打开 Contours 对话框，在 Contours of 栏中分别选择 Velocity 和 Velocity Magnitude、Pressure 和 Static Pressure，然后单击 Save/Display 按钮，即可显示速度标量和静态压力的云图，如图 5.93 和图 5.94 所示。

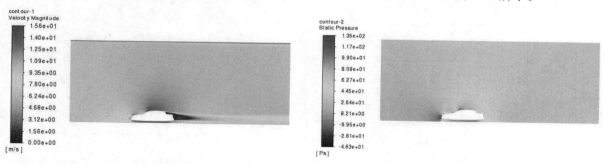

图 5.93　速度标量云图　　　　　　　　　　　图 5.94　静态压力云图

上面的计算结果表明，生成的网格能够满足计算要求。

5.4 三维曲面的结构面网格划分——半球接头实例

除二维平面外，三维曲面也可以划分为结构面网格。本节将对图 5.95 所示的半球曲面与圆柱曲面相连的半球接头进行网格划分，读者可了解三维曲面的结构面网格的划分流程。

图 5.95 半球接头的三维曲面

5.4.1 创建几何模型

（1）设置工作目录。启动 ICEM CFD 2023 R1，选择 File→Change Working Dir 命令，打开 New working directory 对话框，新建一个 HemisphereSurf 文件夹，并将该文件夹作为工作目录。

（2）保存项目。单击工具栏中的 Save Project 按钮 🖫，以 HemisphereSurf.prj 为项目名称创建一个新项目。

（3）创建半球表面。单击功能区内 Geometry 选项卡中的 Create/Modify Surface 按钮 🖼️，打开 Create/Modify Surface 数据输入窗口，单击 Standard Shapes 按钮 🖼️，然后在 Create Std Geometry 组框中单击 Sphere 按钮 ⬤，勾选 Radius 复选框并在其后的文本框中输入 30，在 End angle 文本框中输入 90，其他参数保持默认，如图 5.96 所示。单击 Apply 按钮，创建一个半球表面，结果如图 5.97 所示。

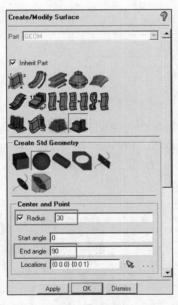

图 5.96 Create/Modify Surface 数据输入窗口（1）

图 5.97 创建的半球表面

（4）创建 Point。单击功能区内 Geometry 选项卡中的 Create Point 按钮 ✍，打开 Create Point 数据输入窗口，单击 Explicit Coordinates 按钮 ⬚，在 Z 文本框中输入 50，其他参数保持默认，如图 5.98 所示。单击 Apply 按钮，创建 Point pnt.00(0,0,50)。按照此方法，创建 Point pnt.01(0,0,20)。

（5）创建圆柱外表面。在图形窗口中显示出 Point，然后单击功能区内 Geometry 选项卡中的

Create/Modify Surface 按钮📦，打开 Create/Modify Surface 数据输入窗口，单击 Standard Shapes 按钮📦，在 Create Std Geometry 组框中单击 Cylinder 按钮📦，在 Radius1 和 Radius2 文本框中均输入 10，如图 5.99 所示。通过 Two axis Points 文本框在图形窗口中选择步骤（4）创建的 Point pnt.00 和 Point pnt.01，单击 Apply 按钮，创建圆柱外表面，结果如图 5.100 所示。

📢 提示：

> 所创建的圆柱外表面由三个 Surface 组成，包括两个底面和一个侧面。两个底面的圆面属于平面，一个圆柱侧面属于曲面。

（6）创建相交线。单击功能区内 Geometry 选项卡中的 Create/Modify Curve 按钮 ⊻，打开 Create/Modify Curve 数据输入窗口，单击 Surface-Surface Intersection 按钮📦，如图 5.101 所示。通过 Set1 Surfaces 文本框选择半球表面，通过 Set2 Surfaces 文本框选择圆柱外表面，单击鼠标中键确认，创建相交线。

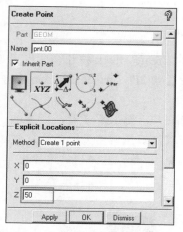

图 5.98　Create Point 数据输入窗口

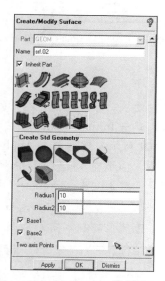

图 5.99　Create/Modify Surface 数据输入窗口（2）

图 5.100　创建的圆柱外表面

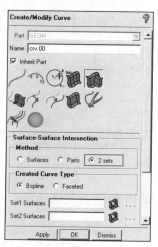

图 5.101　Create/Modify Curve 数据输入窗口

（7）建立拓扑。单击功能区内 Geometry 选项卡中的 Repair Geometry 按钮，打开 Repair Geometry 数据输入窗口，单击 Build Topology 按钮，其他参数保持默认，如图 5.102 所示，然后单击 OK 按钮。

（8）删除多余的 Surface。单击功能区内 Geometry 选项卡中的 Delete Surface 按钮，在图形窗口中选择圆柱的两个底面、半球内的圆柱侧面、圆柱内的半球表面，单击鼠标中键确认，完成 Surface 的删除。再次建立拓扑，完成半球接头三维曲面的创建，结果如图 5.103 所示。

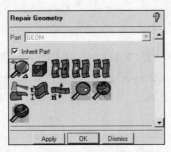

图 5.102　Repair Geometry 数据输入窗口

图 5.103　创建完成的半球接头三维曲面

5.4.2　创建块

（1）创建初始块。单击功能区内 Blocking 选项卡中的 Create Block 按钮，打开 Create Block 数据输入窗口，单击 Initialize Blocks 按钮，将 Type 设置为 2D Surface Blocking，其他参数保持默认，如图 5.104 所示，然后单击 Apply 按钮。

（2）显示块。由于在步骤（1）中没有选择任何 Surface，因此 ICEM 将为所有的三维曲面创建块。在显示树中，取消勾选 Geometry 目录前的复选框，以隐藏几何图元的显示；勾选 Blocking→Blocks 目录前的复选框，以显示块；右击 Blocking→Blocks 目录，在弹出的快捷菜单中选择 Solid 命令，以实体的方式显示块，结果如图 5.105 所示。

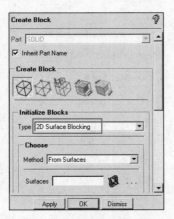

图 5.104　Create Block 数据输入窗口

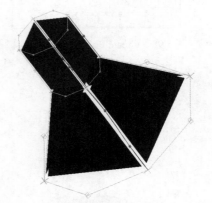

图 5.105　块的显示

5.4.3　设置网格参数并预览网格

（1）设置全局网格尺寸。单击功能区内 Mesh 选项卡中的 Global Mesh Setup 按钮，打开 Global Mesh Setup 数据输入窗口，单击 Global Mesh Size 按钮，在 Max element 文本框中输入 2，即最大单元尺寸为 2，其他参数保持默认，如图 5.106 所示，然后单击 Apply 按钮。

（2）更新网格尺寸。单击功能区内 Blocking 选项卡中的 Pre-Mesh Params 按钮，即可打开 Pre-Mesh Params 数据输入窗口，单击 Update Sizes 按钮，其他参数保持默认，如图 5.107 所示，然后单击 Apply 按钮。

图 5.106　Global Mesh Setup 数据输入窗口

图 5.107　Pre-Mesh Params 数据输入窗口

（3）预览网格。在显示树中勾选 Blocking→Pre-Mesh 目录前的复选框，打开 Mesh 对话框，单击 Yes 按钮，将会在图形窗口中生成预览的网格，如图 5.108 所示。

（4）网格质量检查。单击功能区内 Blocking 选项卡中的 Pre-Mesh Quality（预览网格质量）按钮，打开 Pre-Mesh Quality（预览网格质量）数据输入窗口，如图 5.109 所示，保持默认设置，单击 Apply 按钮，即可通过直方图窗口查看网格质量，如图 5.110 所示。

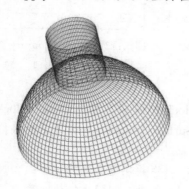

图 5.108　预览网格的显示

图 5.109　Pre-Mesh Quality
数据输入窗口

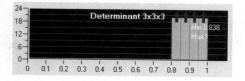

图 5.110　直方图窗口

（5）保存项目。单击工具栏中的 Save Project 按钮，将项目进行保存。

5.5　三维曲面的网格划分——船体实例

扫一扫，看视频

在工程实践中，如果三维曲面比较复杂，那么可能仅有一部分面可以划分为结构网格，而其他面只能划分为非结构网格。这时，可以通过对曲面进行分块，使一部分面划分为结构网格，以最大限度提高网格质量。本节将对一个简单船体模型的三维曲面进行网格划分，使读者进一步了解三维曲面的网格划分流程。简单船体模型的三维曲面如图 5.111 所示。

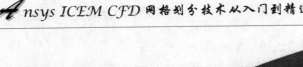

图 5.111　简单船体模型的三维曲面

5.5.1　导入几何模型

（1）设置工作目录。启动 ICEM CFD 2023 R1，选择 File→Change Working Dir 命令，打开 New working directory 对话框，新建一个 BoatSurfMesh 文件夹，并将该文件夹作为工作目录。将电子资源包中提供的 Boat_Final.tin 文件复制到该文件夹中。

（2）保存项目。单击工具栏中的 Save Project 按钮 ，以 BoatSurfMesh.prj 为项目名称创建一个新项目。

（3）打开几何文件。单击工具栏中的 Open Geometry 按钮 ，在打开的"打开"对话框中选择 Boat_Final.tin，然后单击"打开"按钮，打开几何文件。

（4）建立拓扑。单击功能区内 Geometry 选项卡中的 Repair Geometry 按钮 ，打开 Repair Geometry 数据输入窗口，单击 Build Topology 按钮 ，在 Tolerance 文本框中输入 0.1，其他参数保持默认，如图 5.112 所示，然后单击 OK 按钮。

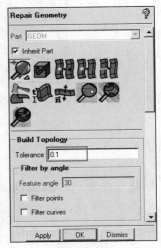

图 5.112　Repair Geometry 数据输入窗口

5.5.2　创建块

（1）创建初始块。单击功能区内 Blocking 选项卡中的 Create Block 按钮 ，打开 Create Block 数据输入窗口，单击 Initialize Blocks 按钮 ，将 Type 设置为 2D Surface Blocking，其他参数保持默认，如图 5.113 所示，然后单击 Apply 按钮。

（2）显示块。在显示树中取消勾选 Geometry 目录前的复选框，以隐藏几何图元的显示；勾选 Blocking→Blocks 目录前的复选框，以显示块；右击 Blocking→Blocks 目录，在弹出的快捷菜单中选择 Solid 命令，以实体的方式显示块，结果如图 5.114 所示。其中需要注意，一些块的编号后面显示（free）标识，表示该块在映射到与其相对应的 Surface 上后只能生成非结构化的面网格（下面称这种块为自由块）。

（3）仅显示结构化的块。在显示树中右击 Blocking→Blocks 目录，在弹出的快捷菜单中选择 Show Free 命令，取消该命令前的对号标识，如图 5.115 所示，隐藏自由块，结果如图 5.116 所示。通过显示结构化的块，可以了解整个模型中有哪些 Surface 可以生成结构化的面网格。

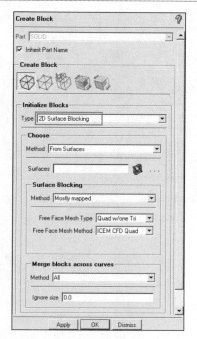

图 5.113　Create Block 数据输入窗口

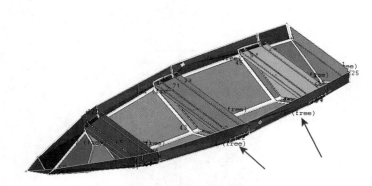

图 5.114　块的显示

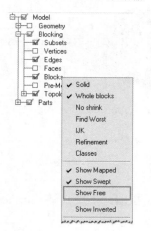

图 5.115　快捷菜单

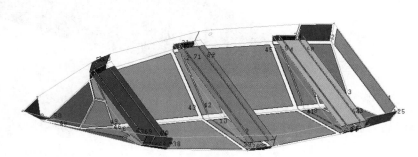

图 5.116　仅显示结构化的块的结果

5.5.3　设置网格参数并预览网格

（1）设置全局网格尺寸。单击功能区内 Mesh 选项卡中的 Global Mesh Setup 按钮，打开 Global Mesh Setup 数据输入窗口，单击 Global Mesh Size 按钮，在 Max element 文本框中输入 2，即最大单元尺寸为 2，其他参数保持默认，如图 5.117 所示，然后单击 Apply 按钮。

（2）更新网格尺寸。单击功能区内 Blocking 选项卡中的 Pre-Mesh Params 按钮，即可打开 Pre-Mesh Params 数据输入窗口，单击 Update Sizes 按钮，其他参数保持默认，如图 5.118 所示，然后单击 Apply 按钮。

（3）预览网格。在显示树中勾选 Blocking→Pre-Mesh 目录前的复选框，打开 Mesh 对话框，单击 Yes 按钮，将会在图形窗口中生成预览的网格，如图 5.119 所示。

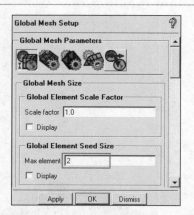

图 5.117　Global Mesh Setup 数据输入窗口

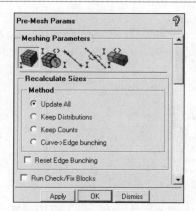

图 5.118　Pre-Mesh Params 数据输入窗口

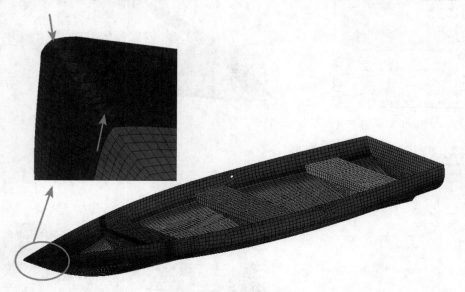

图 5.119　预览网格的显示

查看预览网格，可以发现在船底部前端中线处有一部分网格发生了扭曲，需要对该 Surface 所对应的块进行修改。

5.5.4　编辑块与网格细化

（1）转换块的类型。在显示树中取消勾选 Blocking→Pre-Mesh 目录前的复选框，隐藏预览的网格；勾选 Blocking→Blocks 目录前的复选框；右击 Blocking→Blocks 目录，在弹出的快捷菜单中选择 Show Free 命令，在该命令前显示对号标识，在图形窗口中显示所有块。单击功能区内 Blocking 选项卡中的 Edit Block（编辑块）按钮，打开 Edit Block（编辑块）数据输入窗口，单击 Convert Block Type（转换块的类型）按钮，将 Set Type 设置为 Free，通过 Block(s)文本框在图形窗口中选择船底部前端的块，单击鼠标中键确认，将该块转换为自由块，如图 5.120 所示。

（2）分割块。单击功能区内 Blocking 选项卡中的 Split Block 按钮，打开 Split Block 数据输入窗口，单击 Split Free Face 按钮，通过 Block corners 文本框在图形窗口中选择船底部前端块的两个角点，单击鼠标中键确认，将该块进行分割，如图 5.121 所示。

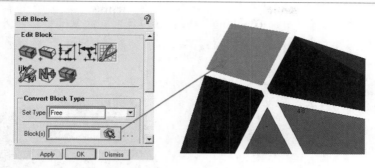

图 5.120　转换块的类型

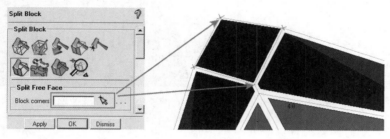

图 5.121　分割块

（3）创建 Edge 与 Curve 的关联。在显示树中勾选 Geometry→Curves 目录前的复选框；右击 Blocking→Blocks 目录，在弹出的快捷菜单中选择 Solid 命令，取消该命令前的对号标识，以线框形式显示块。单击功能区内 Blocking 选项卡中的 Associate 按钮，打开 Blocking Associations 数据输入窗口，单击 Associate Edge to Curve 按钮，如图 5.122 所示，通过 Edge(s)文本框在图形窗口中选择图 5.123 所示的 Edge 1，通过 Curve(s)文本框在图形窗口中选择图 5.123 所示的 Curve 1，单击鼠标中键确认。

（4）更新网格尺寸。单击功能区内 Blocking 选项卡中的 Pre-Mesh Params 按钮，即可打开 Pre-Mesh Params 数据输入窗口，单击 Update Sizes 按钮，其他参数保持默认，如图 5.124 所示，然后单击 Apply 按钮。

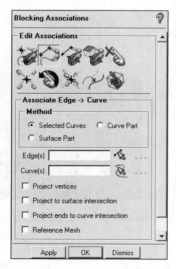

图 5.122　Blocking Associations 数据输入窗口

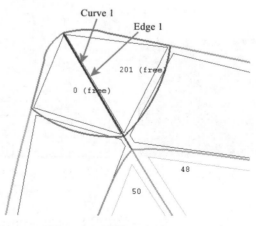

图 5.123　选择 Edge 和 Curve

（5）预览网格。在显示树中勾选 Blocking→Pre-Mesh 目录前的复选框，打开 Mesh 对话框，单击 Yes 按钮，将会在图形窗口中生成预览的网格，其中船底部前端的网格已经发生了变化，如图 5.125 所示。

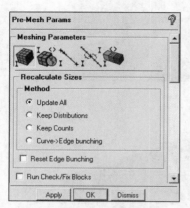

图 5.124　Pre-Mesh Params 数据输入窗口　　　　　图 5.125　船底部前端的预览网格

（6）细化桨架孔处的网格。仔细查看预览网格，可以发现沿桨架孔周长方向只有 4 个单元，如图 5.126 所示，需要对左右两侧的桨架孔处网格进行细化。单击功能区内 Mesh 选项卡中的 Curve Mesh Setup 按钮，打开 Curve Mesh Setup 数据输入窗口，将 Method 设置为 General，通过 Select Curve(s)文本框在图形窗口中选择左右两侧桨架孔的 Curve，在 Number of nodes 文本框中输入 8，其他参数保持默认，如图 5.127 所示，然后单击 Apply 按钮。

（7）更新网格尺寸并预览网格。单击功能区内 Blocking 选项卡中的 Pre-Mesh Params 按钮，即可打开 Pre-Mesh Params 数据输入窗口，单击 Update Sizes 按钮，其他参数保持默认，然后单击 Apply 按钮。打开 Mesh 对话框，单击 Yes 按钮，将会在图形窗口中重新生成预览的网格。细化后的桨架孔处的网格如图 5.128 所示。

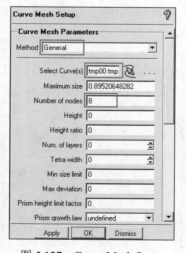

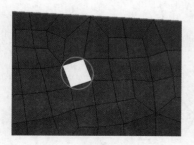

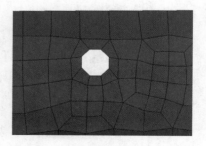

图 5.126　桨架孔处的网格　　　　图 5.127　Curve Mesh Setup　　　图 5.128　细化后的桨架孔的网格
　　　　　　　　　　　　　　　　　　　数据输入窗口

（8）保存项目。单击工具栏中的 Save Project 按钮，将项目进行保存。

第 6 章　结构体网格的划分

内容简介

ICEM 不仅可以将面划分为结构面网格，还可以将三维模型划分为结构化的体网格。结构体网格与结构面网格的划分流程相类似，重点在于通过适当的分块策略来创建合适的块。

本章将介绍 ICEM 中结构体网格的划分方法，并通过具体实例详细讲解使用 ICEM 进行结构体网格划分的基本工作流程。

内容要点

➤ 结构体网格的划分流程
➤ 分块策略
➤ 创建 O 型块
➤ 块的坍塌变形

6.1　结构体网格的划分流程

通过第 5 章的学习，读者已经对 ICEM 划分结构面网格的流程有所了解。结构体网格的划分流程与其相类似，下面简要介绍通过分块划分结构体网格的基本流程。

（1）几何模型的准备。通过 ICEM 直接创建几何模型或者导入几何模型，然后对几何模型进行必要的处理。

（2）对几何模型进行分块。对几何模型进行分块主要通过功能区内 Blocking 选项卡中的各功能按钮来完成，如图 6.1 所示。

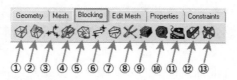

图 6.1　Blocking 选项卡

➤ 构建能够捕捉三维几何模型的块结构。如果采用自顶向下的策略构建块结构，首先通过图 6.1 中的按钮①创建整体块，然后通过按钮②分割块，通过按钮⑬删除无用的块，通过按钮④对块进行编辑；如果采用自底向上的策略构建块结构，首先通过按钮①创建基础块，然后通过按钮⑦对基础块进行镜像、平移、复制等操作。在实际的网格划分过程中，可以使用两种策略的组合来构建能够捕捉三维几何模型的块结构。

> 在块和几何模型之间建立关联。通过按钮⑤建立块和三维几何模型之间的关联。在建立关联的过程中，可能会根据需要通过按钮③合并 Vertex，通过按钮⑥移动 Vertex，通过按钮⑧编辑 Edge。

> 检查块。在完成块的构建和建立块与几何模型的关联之后，通过按钮⑫检查块，并根据提示进行修改。

（3）设置网格参数。在完成全局网格参数，Part、Surface、Curve 网格参数的设置后，还可以通过图 6.1 中的按钮⑨调整 Edge 上的节点分布。

（4）预览网格。在图形窗口中生成预览网格。

（5）预览网格质量。通过图 6.1 中的按钮⑩检查预览网格的质量，并根据需要修改网格，以确保满足指定的网格质量标准。

（6）光顺预览网格。通过图 6.1 中的按钮⑪光顺预览网格，以提高网格质量。

（7）输出网格。为所使用的求解器输出网格文件。

以上仅是划分结构体网格的一般流程，在实际的网格划分过程中不一定严格按照上述步骤进行，而且某些步骤还会交叉进行。

6.2　构建块结构的基础知识

通过学习第 5 章结构面网格的划分，读者能够体会到，在划分结构网格的过程中，构建能够捕捉几何模型的块结构是划分结构网格的中心环节，本节将介绍在 ICEM 中构建块结构的相关基础知识。

6.2.1　两种分块策略

无论三维几何模型的结构有多复杂，将其划分为结构化的六面体网格所需的基本步骤都是相同的。

（1）创建初始块。无论采用自顶向下分块策略，还是采用自底向上分块策略，都需要先创建初始块。

（2）使用分割、合并和形状调整等工具编辑块，以使块的拓扑能够拟合三维几何模型，并使每个块尽可能是六面体形状的块。

（3）微调网格尺寸和块的拓扑，以获得高质量的预览网格。

当用户对预览的网格质量感到满意时，可将预览的网格转换为求解器需要的网格类型并进行网格输出。

在 ICEM 中，有两种用于三维几何模型的分块策略，分别是自顶向下和自底向上。这两种分块策略的主要区别在于块的生成方式不同，其他诸如关联、网格参数设置等均采用相同的操作方式。

1.　自顶向下

自顶向下分块策略首先通过几何模型的三维边界框创建一个初始块，然后对初始块使用分割、删除、合并和移动等工具，直到将块的拓扑调整为能够拟合三维几何模型。

自顶向下分块策略类似于雕刻，分块思路为：先创建一个整体块，然后对其进行分割、删除等操作，生成最终块。图 6.2 所示为自顶向下分块策略构建块结构的示例。

（a）几何模型　　　　（b）创建整体块　　　（c）分割块　　　　（d）删除无用块　　　（e）生成最终块

图 6.2　自顶向下分块策略构建块结构的示例

采用自顶向下分块策略具有以下优点。

➢ 由于所创建的整体块为六面体，因此采用此策略通常更容易获得全六面体的结构网格。在进行块分割时，所分割出的块仍能保持为六面体形状的块，并且可以通过 Index Control 保持块的连通性以快速生成网格。

➢ 此策略更容易从整体上把握几何模型的拓扑结构，但需要提前规划如何构建最终的块以匹配几何模型的拓扑。

➢ 在创建初始块时，无须直接关联到几何模型，这样可以手动控制关联。采用此策略时可以随时生成网格，并且可以将块投影到 Surface 上，从而允许用户在分块过程中进行块的检查和形状修改。

采用自顶向下分块策略时，如果模型的几何形状比较复杂或块的分割次数过多，由于块的数量多，从而 Edge 及 Face 的数量也会过多，导致在进行关联选取时会不方便。

2．自底向上

自底向上分块策略又称为三维多区域分块策略，其首先从三维几何模型的 Surface 结构开始。对于每个 Surface，此策略首先构建一个二维的 Face，然后尝试用三维块来填充这些二维的 Face。

自底向上分块策略类似于搭积木，分块思路为：先创建一个基础块，然后对 Face 进行拉伸以生成新的块，或对原有块进行平移、旋转、镜像、缩放等操作，生成最终块。图 6.3 所示为自底向上分块策略构建块结构的示例。

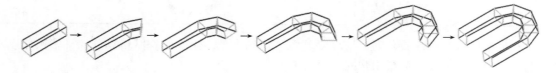

图 6.3　自底向上分块策略构建块结构的示例

采用自底向上分块策略具有以下优点。

➢ 此策略生成网格的成功率非常高，但所生成的网格可能不是全六面体结构网格。在创建块的过程中，如果有可能，此策略优先创建为映射块（Mapped Block），否则将尝试创建为扫掠块（Swept Block），或者创建为自由块（Free Block）（后面将对块的类型进行介绍）。自由块可以用四面体网格、六面体核心（Hex-core）网格或六面体主导（Hex-dominant）网格填充。

➢ 这种自动创建为映射块、扫掠块、非结构化块的方式，为网格划分工作提供了一个良好的起点。接下来，用户可以对块的类型手动进行修改，以获得更多的六面体网格。这种灵活性通常很有用，因为用户并不总是知道需要花费多长时间才能生成六面体网格，所以如果知道总是能够成功生成网格是令人放心的。

> ➢ 该策略能够在块和几何模型之间自动创建关联。随着分块工作的进行，用户可以逐渐释放这些关联的制约，以获得更多的六面体网格。

虽然可以将分块策略分为自顶向下和自底向上，但是在选用分块策略时，并非必须只采用其中的一种，用户可以联合使用这两种分块策略对三维几何模型进行分块。

3. 块的类型

下面对三种块的类型进行介绍。

（1）映射块。映射块要求在平行的 Edge 上具有相同数量的节点。在三维块中，该类型的块可以划分为六面体网格；在二维块中，该类型的块可以划分为四边形网格。

（2）扫掠块。扫掠块具有两个彼此相对的非结构化的 Face，并在两者之间的垂直边上进行 Face 的映射。扫掠块将生成非结构网格。

（3）自由块。自由块可以在相对边界上具有不同数量的节点，从而产生非六面体网格（如果是二维块，则为非四边形网格）。

块类型的示例见表 6.1。

表 6.1　块类型的示例

块的类型	三 维 块		二 维 块	
映射块		*i*、*j*、*k* 均可映射		*i*、*j* 均可映射
扫掠块		*j* 可映射	无	
自由块		所有的 Edge 都无法映射		所有的 Edge 都无法映射

在对几何模型进行分块操作时，应务必注意，块的类型会影响结构网格划分的许多操作以及整个网格的生成方法。例如，如果用户对一个具有映射块的块结构进行分割操作，则分割将通过与另一侧具有映射关系的 Face 进行传播。对于自由块，分割将终止于自由 Face。同样，如果在映射 Face 的 Edge 上设置网格参数，则与其相对 Edge 的网格参数将自动进行调整以具有相同的节点数。但是，如果该 Edge 隶属于自由 Face，则不会调整与其相对 Edge 的节点数。

在一个模型中具有三种类型块的网格划分结果示例如图 6.4 所示。

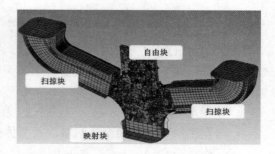

图 6.4　具有三种类型块的网格划分结果示例

6.2.2　自动生成 O 型块

在 ICEM 中，自动生成 O 型块是一种非常强大且快速的工具，通过该工具可以一步创建一系列排列成 O 型或环绕型的块结构。如图 6.5 所示，通过自动生成 O 型块工具，可将二维块分割为 5 个子块（或将三维块分割为 7 个子块）。

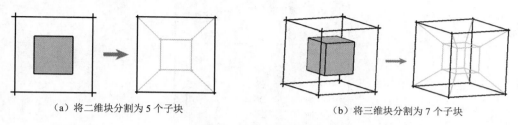

（a）将二维块分割为 5 个子块　　　　　　（b）将三维块分割为 7 个子块

图 6.5　自动生成 O 型块

当三维几何模型为圆柱或比较复杂的几何体时，为保证分割块位于 Curve 或 Surface 上时减少歪斜，提高壁面附近聚集节点的效率，可以采用自动生成 O 型块工具。以一个简单的圆面为例，当未使用自动生成 O 型块工具时，其所生成的网格有一部分歪斜比较严重，如图 6.6（a）所示；当使用自动生成 O 型块工具后，所生成的网格不仅歪斜度得以降低，而且还可以非常方便地使节点向壁面进行聚集，生成边界层网格，如图 6.6（b）所示。

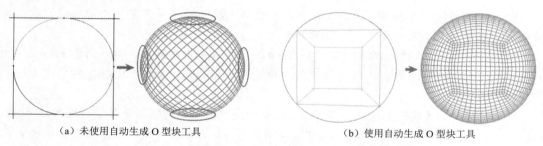

（a）未使用自动生成 O 型块工具　　　　　　（b）使用自动生成 O 型块工具

图 6.6　是否使用自动生成 O 型块工具所生成网格的对比

O 型块有三种基本类型，它们采用相同的操作方法，只是分割块的方式有所不同，其都被称为 O 型块，如图 6.7 所示。

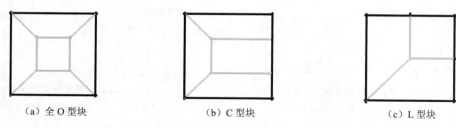

（a）全 O 型块　　　　　　（b）C 型块　　　　　　（c）L 型块

图 6.7　三种不同的 O 型块

➢ 全 O 型块：完整的 O 型块。
➢ C 型块：可以视为全 O 型块的 1/2。
➢ L 型块：可以视为全 O 型块的 1/4。

下面对 ICEM 的自动生成 O 型块工具进行介绍。

单击功能区内 Blocking 选项卡中的 Split Block 按钮，打开 Split Block 数据输入窗口，单击 Ogrid Block 按钮，如图 6.8 所示，即可生成 O 型块。下面对该数据输入窗口中的各功能选项作简要介绍。

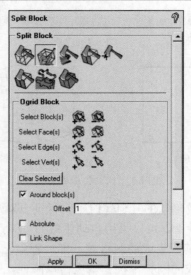

图 6.8　Split Block 数据输入窗口

（1）Select Block(s)（选择块）：通过后面的"选择"按钮（按钮左下角带加号）或"取消选择"按钮（按钮左下角带减号）可以选择或取消选择块。

（2）Select Face(s)（选择 Face）：在选择 Face 的同时，会自动增加选择了所选 Face 两侧的块，如图 6.9（a）所示。此时，所生成的 O 型块将"穿过"所选 Face，如图 6.9（b）所示（此图中创建的块为 C 型块）。

（3）Select Edge(s)（选择 Edge）：在选择 Edge 的同时，会自动增加选择了环绕所选 Edge 的块（二维块），或者 Face 和块（三维块）。对于二维块而言，在选择 Edge 的同时，自动增加选择了环绕所选 Edge 的块，所生成的 O 型块将"穿过"所选 Edge，如图 6.10（此图中创建的块为 C 型块）和图 6.11（此图中创建的块为 L 型块）所示。生成 L 型块的方法可以用来对三角形划分块，如图 6.12 所示。

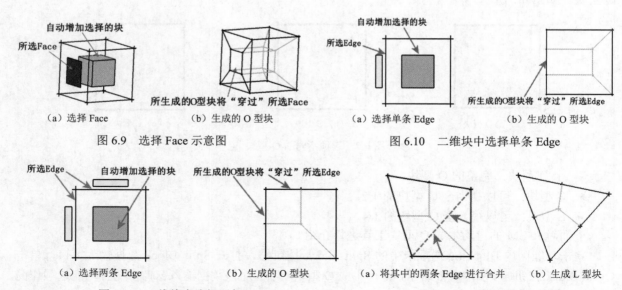

（a）选择 Face　　　（b）生成的 O 型块
图 6.9　选择 Face 示意图

（a）选择单条 Edge　　　（b）生成的 O 型块
图 6.10　二维块中选择单条 Edge

（a）选择两条 Edge　　　（b）生成的 O 型块
图 6.11　二维块中选择两条 Edge

（a）将其中的两条 Edge 进行合并　　　（b）生成 L 型块
图 6.12　三角形生成 L 型块

对于三维块而言，在选择 Edge 的同时，会自动增加选择了环绕所选 Edge 的 Face 和块，所生成 O 型块将"穿过"自动增加选择的 Face，如图 6.13 所示（此图中生成的 O 型块，在一个方向看是 C 型块，在另一个方向看是 L 型块）。

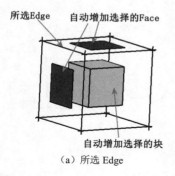
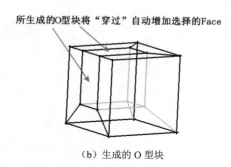

（a）所选 Edge　　　　　　　　　　　　　（b）生成的 O 型块

图 6.13　三维块中选择 Edge

（4）Select Vert(s)（选择 Vertex）：在选择 Vertex 的同时，会自动增加选择了环绕所选 Vertex 的 Edge 和块（二维块），或者 Face 和块（三维块）。

📢 **注意：**

> 　　无论是手动选择还是自动选择，在选择块的基础上，如果添加选择了所有环绕块的 Face（或 Edge），由于所生成的 O 型块将"穿过"所有的 Face（或 Edge），因此无法成功生成 O 型块。

（5）Clear Selected（清除选择）：单击该按钮，将清除先前的所选图元。

（6）Around block(s)（环绕块）：勾选该复选框时，将创建环绕所选块的 O 型块，如图 6.14 所示。该功能在创建固体绕流的边界层网格时非常有用。

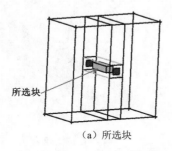
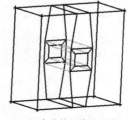

（a）所选块　　　　　　　　　　　　　（b）生成的环绕 O 型块

图 6.14　勾选 Around block(s)复选框示例

（7）Offset（偏移）：该文本框用于设置所创建 O 型块层的高度。

（8）Absolute（绝对）：当勾选该复选框时，在 Offset 文本框中输入的值是 O 型块径向 Edge 的实际长度；当取消勾选该复选框时，在 Offset 文本框中输入的值类似于"相对距离"，Offset 的值为 1 表示所创建的 O 型块扭曲最小，如图 6.15 所示。Offset 值越大，所创建的 O 型块中内部块越小，周围块越大；Offset 值越小，内部块越大，周围块越小。

（9）Link Shape（连接形状）：勾选该复选框时，在创建 O 型块时，内部块的所有 Edge 和 Face 都会受到离它们最近的相应几何图元形状的影响。这有助于内部块 Edge/Face 的更精确偏移，并有助于在周围块中保持更均匀的网格高度。但是，内部块的 Edge 可能无法快速进行平滑，从而影响内部块中的网格。也可以这样理解，如果勾选该复选框，则周围块的网格质量将提高，而内部块中的网格质量可能变差，并且整体网格质量可能受损。图 6.16 所示为一个简单的圆柱体创建 O 型块时是否勾选 Link Shape 复选框的示例，可以明显看到图 6.16（a）内部块中所标记的 4 个位置的网格质量很差。

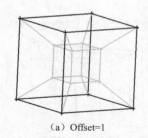
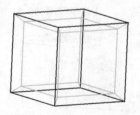

（a）Offset=1   （b）Offset=0.3

图 6.15　取消勾选 Absolute 复选框时 Offset 值变化的效果示例

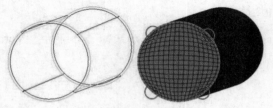

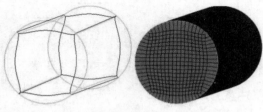

（a）勾选 Link Shape 复选框　　　　　　　（b）取消勾选 Link Shape 复选框

图 6.16　是否勾选 Link Shape 复选框的区别示例

6.3　结构体网格的划分——管接头实例

扫一扫，看视频

假设图 6.17 所示的一个管接头，水从两个进水口以相同的速度流入后混合，从两个出水口流出。两个进水口处的水流速度为 1m/s，出水口处为自由出流。根据该几何模型的对称性，只需建立 1/4 的几何模型，然后通过划分为结构体网格进行求解。

图 6.17　管接头

6.3.1　几何模型的准备

（1）设置工作目录。选择 File→Change Working Dir 命令，打开 New working directory 对话框，新建一个 3DPipeJunct 文件夹，并将该文件夹作为工作目录。将电子资源包中提供的 Pipe_Junct_3D.tin 文件复制到该工作目录中。

（2）保存项目。单击工具栏中的 Save Project 按钮，以 PipeJunct_3D.prj 为项目名称创建一个新项目。

（3）导入几何模型。单击工具栏中的 Open Geometry 按钮，选择 Pipe_Junct_3D.tin 文件并打开，在显示树中勾选 Geometry→Surfaces 目录前的复选框，将在图形窗口中显示所导入的几何模型，如图 6.18 所示。

（4）创建 Part。为了便于导入到 CFD 软件中进行边界条件的定义，在 ICEM 中应创建 Part。在显示树中右击 Parts 目录，在弹出的快捷菜单中选择 Create Part 命令，打开 Create Part 数据输入窗口，在 Part 文本框中输入 CYL1，如图 6.19 所示。单击 Entities 文本框后的 Select Entities 按钮 ，在图形窗口中选择图 6.18 所示标识为 CYL1 的半个大圆柱侧面的 Surface，单击鼠标中键或单击 Apply 按钮，创建一个名称为 CYL1 的新 Part。按照此方法，依照图 6.18 所示的标识，通过半个小圆柱的 Surface 创建 Part CYL2，通过大圆柱底面的 Surface 创建 Part IN（入口边界条件），通过小圆柱底面的 Surface 创建 Part OUT（出口边界条件），通过对称平面创建 Part SYM（对称边界条件）。

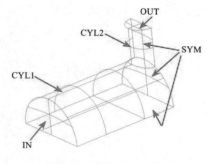

图 6.18　导入的几何模型

图 6.19　Create Part 数据输入窗口

　　按照相同的方法，再创建一个包含所有 Curve 的 Part CURVES 和一个包含所有 Point 的 Part POINTS。

📢 提示：

　　在单击 Entities 文本框后的 Select Entities 按钮 后，将弹出图 6.20 所示的 Select geometry 工具条，取消选中 Toggle selection of points（切换 Point 的选择）按钮 、Toggle selection of curves（切换 Curve 的选择）按钮 和 Toggle selection of bodies（切换体的选择）按钮 ，仅选中 Toggle selection of surfaces（切换 Surface 的选择）按钮 ，可避免选中 Point、Curve 或体，以便于选中需要的 Surface。当然，读者也可以在显示树中取消勾选 Geometry 目录下 Points 和 Curves 前的复选框，在图形窗口中隐藏 Points 和 Curves 的显示。

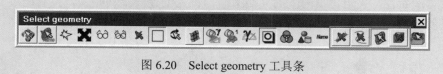

图 6.20　Select geometry 工具条

　　（5）创建材料点。单击功能区内 Geometry 选项卡中的 Create Body（创建体）按钮 ，打开 Create Body（创建体）数据输入窗口，在 Part 文本框中输入 FLUID，单击 Material Point（材料点）按钮 ，如图 6.21 所示，通过 2 screen locations 文本框在图形窗口中选择图 6.22 所示的两个 Point，单击鼠标中键确认，可在管接头内部创建一个材料点，结果如图 6.23 所示。读者可以通过旋转几何模型查看所创建的材料点是否在管接头的内部。同时，在显示树中的 Parts 目录下将新建一个名称为 FLUID 的 Part，如图 6.24 所示。

　　（6）保存几何模型。单击工具栏中的 Open Geometry 下拉按钮 ，在弹出的下拉菜单中单击 Save Geometry as 按钮 ，将当前的几何模型保存为 Pipe_3D_geo.tin。

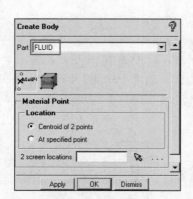

图 6.21　Create Body 数据输入窗口

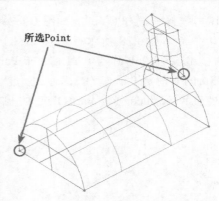

图 6.22　所选 Point

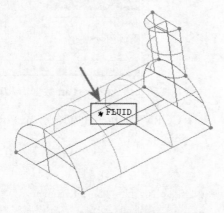

图 6.23　所创建的材料点

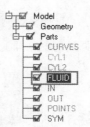

图 6.24　显示树

6.3.2　创建块

对于本实例而言，采用自顶向下的分块策略，首先创建一个初始块，接着通过分割块和删除无用的块，以创建贴合管接头几何模型的块，如图 6.25 所示。

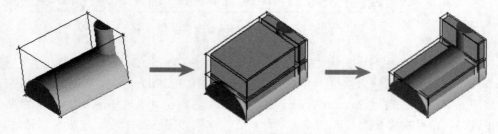

图 6.25　管接头的分块步骤

ICEM 中的分块功能提供了基于投影的网格生成环境，不同材料之间的所有块的 Face 都投影到最近的几何模型的 Surface。相同材料块的 Face 也可以与几何模型的特定 Surface 相关联，以允许定义内部壁面。通常不需要执行任何单独的块的 Face 与底层几何图元的关联，这可以减少网格划分所需的时间。在本实例中，读者可以体会到 ICEM 分块功能的上述优点。

1. 创建一个初始块

单击功能区内 Blocking 选项卡中的 Create Block 按钮，打开 Create Block 数据输入窗口，单击 Initialize Blocks 按钮，在 Part 文本框中输入 FLUID，将 Type 设置为 3D Bounding Box，如图 6.26 所示，单击 Apply 按钮，将创建一个环绕所有几何图元的三维块（初始块），如图 6.27 所示。

图 6.26　Create Block 数据输入窗口

图 6.27　所创建的初始块

2. 对初始块进行分割

下面通过分割块将初始块分成 4 个子块。

（1）创建垂直分割。为了方便对块进行分割，选择 View→Left 命令，将视角调整为左视图。单击功能区内 Blocking 选项卡中的 Split Block 按钮，打开 Split Block 数据输入窗口，单击 Split Block 按钮，将 Split Method 设置为 Screen select，如图 6.28 所示。单击 Edge 文本框后的 Select edge(s) 按钮，在图形窗口中单击选择任意一条水平的 Edge，则新建一个垂直的 Face，通过左键拖动可以将新建的 Face 移动到小圆柱体的前端附近位置，单击鼠标中键确认，完成垂直分割块操作，结果如图 6.29 所示。

（2）创建水平分割。在 Split Block 数据输入窗口中单击 Edge 文本框后的 Select edge(s) 按钮，在图形窗口中单击选择任意一条垂直的 Edge，则新建一个水平的 Face，通过左键拖动可以将新建的 Face 移动到大圆柱体的顶部附近位置，单击鼠标中键确认，完成水平分割块的操作，结果如图 6.29 所示。

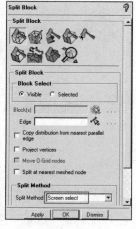

图 6.28　Split Block 数据输入窗口

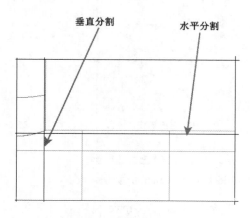

图 6.29　分割块操作结果

3. 删除无用的块

单击功能区内 Blocking 选项卡中的 Delete Block 按钮，打开 Delete Block 数据输入窗口，如图 6.30 所示。单击 Blocks 文本框后的 Select block(s)（选择块）按钮，在图形窗口中选择图 6.31 所示的需要删除的块，单击鼠标中键确认，删除块后的结果如图 6.32 所示。

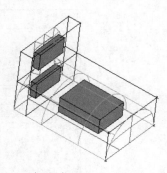

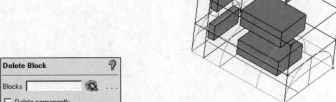

图 6.30　Delete Block 数据输入窗口　　　图 6.31　需要删除的块　　　图 6.32　删除块后的结果

6.3.3　创建块与几何模型之间的关联

1. 创建 Edge 与 Curve 的关联

为了便于后续操作，在显示树中 Geometry 目录下仅勾选 Curves 前的复选框，在 Blocking 目录下仅勾选 Edges 前的复选框，在图形窗口中仅显示 Curve 和 Edge。

单击功能区内 Blocking 选项卡中的 Associate 按钮，打开 Blocking Associations 数据输入窗口，单击 Associate Edge to Curve 按钮，如图 6.33 所示，通过 Edge(s)文本框在图形窗口中选择图 6.34 所示的标识为 A 的三条 Edge，通过 Curve(s)文本框选择标识为 A′的小半圆 Curve，创建 Edge A 与 Curve A′之间的关联。按照此方法，创建 Edge B 与 Curve B′、Edge C 与 Curve C′、Edge D 与 Curve D′、Edge E 与 Curve E′之间的关联。

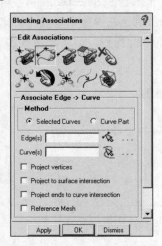

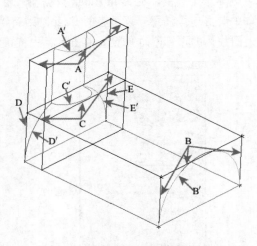

图 6.33　Blocking Associations 数据输入窗口　　　图 6.34　创建 Edge 与 Curve 的关联

在完成所有 Edge 与 Curve 关联的创建之后，在显示树中右击 Blocking→Edges 目录，在弹出的快捷菜单中选择 Show Association 命令，显示关联的结果如图 6.35 所示。

在确认 Edge 与 Curve 的关联无误后，再次在显示树中右击 Blocking→Edges 目录，在弹出的快捷菜单中选择 Show Association 命令，关闭关联的显示。

2. 移动 Vertex

（1）自动移动所有的 Vertex。在 Blocking Associations 数据输入窗口中单击 Snap Project Vertices（捕捉投影 Vertex）按钮，如图 6.36 所示，单击 Apply 按钮。

（2）手动调整 Vertex。单击功能区内 Blocking 选项卡中的 Move Vertex 按钮，打开 Move Vertices 数据输入窗口，单击 Move Vertex 按钮，如图 6.37 所示。单击 Vertex 文本框后的 Select Vert(s)（选择 Vertex）按钮，在图形窗口

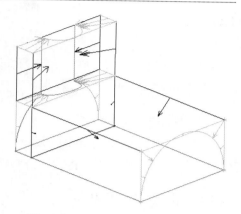

图 6.35　显示 Edge 与 Curve 的关联

中单击选择图 6.38（a）所示的 6 个 Vertex 中的任一 Vertex，通过左键拖动使其沿所在的 Curve 进行移动，使半圆弧线上的两个 Vertex 在半圆弧线上均布。调整 6 个 Vertex 后的结果如图 6.38（b）所示。

图 6.36　Blocking Associations 数据输入窗口

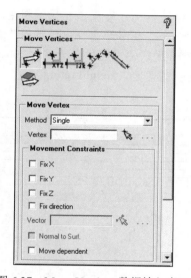

图 6.37　Move Vertices 数据输入窗口

（a）移动前

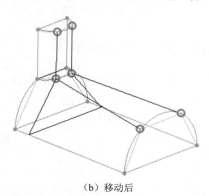

（b）移动后

图 6.38　移动部分 Vertex 的结果

🔊 **注意：**

> 为了优化网格的质量，应将 Vertex 在 Curve 上均布排列，这样可以使与该 Curve 关联的所有 Edge 的长度之间偏差最小。要在这种半圆弧线的情况下实现最均匀的分布，需要将该 Curve 上的 Vertex 放置在间隔约 60°的位置（180°÷3＝60°）。

3．保存当前的块文件

单击工具栏中的 Open Blocking 下拉按钮🔲，在弹出的下拉菜单中单击 Save Blocking as 按钮🔲，将当前的块文件保存为 Pipe_3D_geo.blk。

6.3.4　设置网格参数

对于本实例的几何模型而言，通过 Part 设置网格参数比通过 Surface 或 Curve 设置网格参数更加方便。

（1）设置 Part 网格参数。单击功能区内 Mesh 选项卡中的 Part Mesh Setup 按钮🔲，打开 Part Mesh Setup 对话框，按图 6.39 所示设置网格参数，单击 Apply 按钮确认，再单击 Dismiss 按钮退出。

（2）查看网格尺寸设置。在显示树中右击 Geometry→Surfaces 目录，在弹出的快捷菜单中选择 Hexa Sizes 命令，在图形窗口中显示网格尺寸的大小，如图 6.40 所示。其中，在 Surface 上显示的"四边形"的长度表示网格的最大尺寸（Maximum size），厚度表示网格的高度（Height），而其上面的数字表示高度比（Height ratio）。

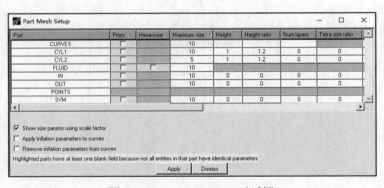

图 6.39　Part Mesh Setup 对话框

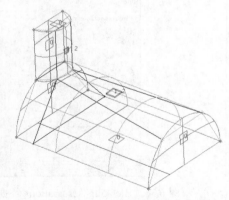

图 6.40　显示网格尺寸的大小

6.3.5　预览网格并检查网格质量

（1）预览网格。单击功能区内 Blocking 选项卡中的 Pre-Mesh Params 按钮🔲，打开 Pre-Mesh Params 数据输入窗口，单击 Update Sizes 按钮🔲，选中 Update All 单选按钮，勾选 Run Check/Fix Blocks 复选框，如图 6.41 所示，然后单击 Apply 按钮。在显示树中勾选 Blocking→Pre-Mesh 目录前的复选框，打开 Mesh 对话框，单击 Yes 按钮，将会在图形窗口中生成预览网格，如图 6.42 所示。

🔊 **注意：**

> 由于预览网格中的网格数量取决于在 6.3.3 小节中将 Vertex 移动到几何模型中的所在位置，因此读者操作时所生成的预览网格可能会与图 6.42 略有不同。

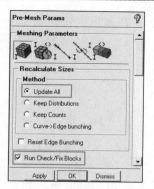

图 6.41 Pre-Mesh Params 数据输入窗口

图 6.42 生成预览网格

（2）检查网格质量。六面体网格的主要质量标准是 Angle（角度）、Determinant（行列式）和 Warpage（翘曲）。本实例中使用角度来检查网格质量。单击功能区内 Blocking 选项卡中的 Pre-Mesh Quality 按钮 ，打开 Pre-Mesh Quality 数据输入窗口，将 Criterion 设置为 Angle，如图 6.43 所示，单击 Apply 按钮，即可通过直方图窗口查看网格质量，如图 6.44 所示。

图 6.43 Pre-Mesh Quality 数据输入窗口

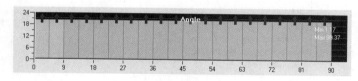

图 6.44 直方图窗口

（3）在显示树中取消勾选 Blocking→Pre-Mesh 目录前的复选框，即取消预览网格的显示。在直方图中选择最左侧的两个柱形（两个包含质量最差单元的柱形），所选柱形将以粉红色突出显示（图 6.44）。在直方图窗口中右击，在弹出的快捷菜单中通过选择 Show（显示单元）和 Solid（以实体形式显示）命令，以使其前面显示对号标识，如图 6.45 所示。此时，图形窗口中将显示通过直方图所选择的质量最差单元，如图 6.46 所示。

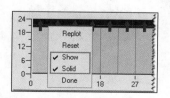

图 6.45 快捷菜单

图 6.46 质量最差单元的显示

在图形窗口中完成所选单元的查看后，在直方图窗口中右击，在弹出的快捷菜单中选择 Done 命令，关闭直方图窗口和所选单元的显示。

6.3.6 创建 O 型块并细化网格

本小节将创建一个内部 O 型块，以改善网格质量。

1. 创建 O 型块

为了便于后续操作，在图形窗口中显示出 Surface。

单击功能区内 Blocking 选项卡中的 Split Block 按钮，打开 Split Block 数据输入窗口，单击 Ogrid Block 按钮，如图 6.47 所示。单击 Select Block(s)后的 Select block(s)按钮，弹出图 6.48 所示的 Select Blocking-block 工具条，单击 Select all appropriate visible objects 按钮或直接按 V 键，选中所有可见块；单击 Split Block 数据输入窗口中 Select Face(s)后的 Select face(s)按钮，在图形窗口中选择与 Part INL、SYM 和 OUT 相关联的共计 6 个 Face，单击鼠标中键确认，如图 6.49 所示。完成块和 Face 的正确选择后，单击 Split Block 数据输入窗口中的 Apply 按钮，创建的 O 型块如图 6.50 所示。

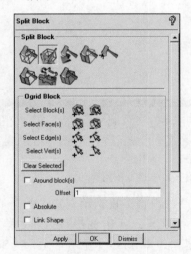

图 6.47 Split Block 数据输入窗口

图 6.48 Select Blocking-block 工具条

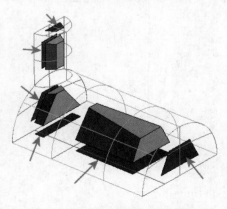

图 6.49 为创建 O 型块所选的块和 Face

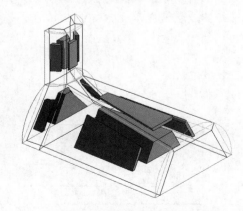

图 6.50 创建的 O 型块

2. 修改 O 型块

有时所创建的 O 型块可能不符合用户的要求，这时可以对创建的 O 型块进行修改，下面介绍具体的操作步骤。

单击功能区内 Blocking 选项卡中的 Edit Block 按钮，打开 Edit Block 数据输入窗口，单击 Modify Ogrid 按钮，将 Method 设置为 Rescale Ogrid，在 Block Select 组框中选中 All Visible 单选按钮，如图 6.51 所示，通过 Edge 文本框在图形窗口中选择图 6.52 所示 O 型块中一条径向的 Edge，在 Offset 文本框中输入 0.5，单击 Apply 按钮，使 O 型块的所有径向 Edge 都以 0.5 的比例进行缩放，结果如图 6.53 所示。

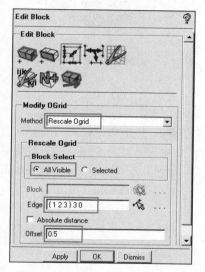

图 6.51　Edit Block 数据输入窗口

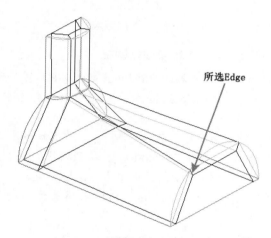

图 6.52　选择修改 O 型块的 Edge

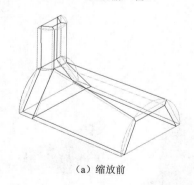

(a) 缩放前　　　　　　　　　　　　　(b) 缩放后

图 6.53　O 型块的比例缩放

3. 再次预览网格

单击功能区内 Blocking 选项卡中的 Pre-Mesh Params 按钮，打开 Pre-Mesh Params 数据输入窗口，单击 Update Sizes 按钮，选中 Update All 单选按钮，勾选 Run Check/Fix Blocks 复选框，如图 6.54 所示，然后单击 Apply 按钮。在显示树中勾选 Blocking→Pre-Mesh 目录前的复选框，打开 Mesh（网格划分）对话框，单击 Yes（是）按钮，将会在图形窗口中生成预览网格，如图 6.55 所示。

从图 6.55 中可以看出，原来角度网格质量最差部分的网格质量得到了改善。

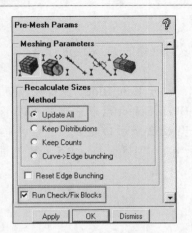

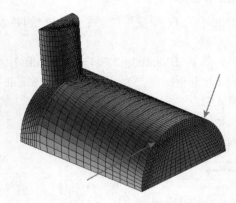

图 6.54 Pre-Mesh Params 数据输入窗口　　　　　图 6.55　生成预览网格

4. 调整 Edge 参数以细化网格

在显示树中取消勾选 Blocking→Pre-Mesh 目录前的复选框，隐藏预览网格的显示。

单击功能区内 Blocking 选项卡中的 Pre-Mesh Params 按钮，打开 Pre-Mesh Params 数据输入窗口，单击 Edge Params 按钮，通过 Edge 文本框在图形窗口中选择图 6.52 所示 O 型块中一条径向的 Edge，在 Nodes 文本框中输入 7，在 Spacing 1 文本框中输入 0.2，勾选 Copy Parameters 复选框，将 Copy 组框中的 Method 设置为 To All Parallel Edges，勾选 Copy absolute 复选框，其他参数保持默认，如图 6.56 所示，然后单击 Apply 按钮。

在显示树中勾选 Blocking→Pre-Mesh 目录前的复选框，在图形窗口中再次生成预览网格，结果如图 6.57 所示。

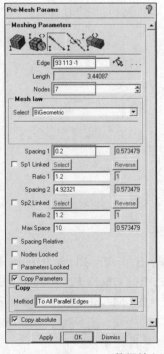

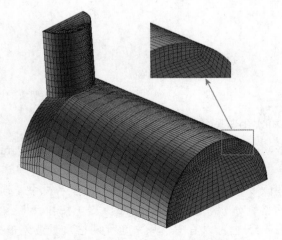

图 6.56 Pre-Mesh Params 数据输入窗口　　　　图 6.57　生成最终的预览网格

6.3.7 检查网格质量并导出网格

（1）检查网格质量。单击功能区内 Blocking 选项卡中的 Pre-Mesh Quality 按钮 ，打开 Pre-Mesh Quality 数据输入窗口，将 Criterion 设置为 Angle，如图 6.58 所示，单击 Apply 按钮，即可通过直方图窗口查看网格质量，如图 6.59 所示。

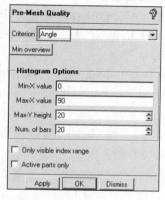

图 6.58　Pre-Mesh Quality 数据输入窗口

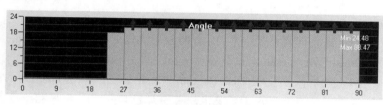

图 6.59　直方图窗口（1）

在 Pre-Mesh Quality 数据输入窗口中将 Criterion 设置为 Determinant 2×2×2，然后单击 Apply 按钮，直方图窗口如图 6.60 所示。

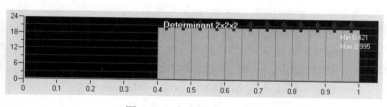

图 6.60　直方图窗口（2）

通过图 6.59 和图 6.60 可知，所有网格的 Angle 值大于 22.5°，所有网格的 Determinant 2×2×2 值大于 0.4，可以认为网格质量满足要求。

（2）生成网格。前面在图形窗口中所见的网格只是网格的预览，其实并没有真正生成网格，下面将生成网格。在显示树中右击 Blocking→Pre-Mesh 目录，在弹出的快捷菜单中选择 Convert to Unstruct Mesh 命令，生成网格。当信息窗口中提示 Converting to unstruct mesh...done 时，表明网格转换已经完成。

（3）保存块文件。单击工具栏中的 Open Blocking 下拉按钮 ，在弹出的下拉菜单中单击 Save Blocking as 按钮 ，将当前的块文件保存为 3DPipe_geo_final.blk。

（4）为求解器生成输入文件。单击功能区内 Output Mesh 选项卡中的 Write Input 按钮 ，打开 Save 对话框，单击 Yes 按钮，保存当前项目。此时将打开"打开"对话框，保持默认设置，单击"打开"按钮。此时将打开图 6.61 所示的 Ansys Fluent

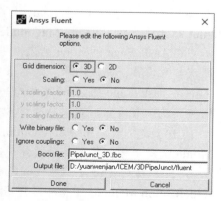

图 6.61　Ansys Fluent 对话框

对话框，在 Grid dimension 栏中选中 3D 单选按钮，即输出三维网格。读者也可以在 Output file 文本框中修改输出的路径和文件名，本实例中不对路径和文件名进行修改。单击 Done 按钮，此时可在 Output file 文本框所示的路径下找到输入文件 fluent.msh。

6.3.8　计算及后处理

本小节将通过 Fluent 进行数值计算来验证所生成的网格是否满足计算要求。

（1）读入网格文件。启动 Fluent，在 Fluent Launcher 2023 R1 对话框中将 Dimension 设置为 3D，即选择三维求解器。设置工作目录后单击 Start 按钮，进入 Fluent 2023 R1 用户界面。选择 File→Read→Mesh 命令，读入 6.3.7 小节中 ICEM 生成的网格文件 fluent.msh。

（2）检查网格。在界面左侧 Outline View 中双击 Setup→General 命令，在 Task Page 的 Mesh 组框中单击 Check 按钮，以检查网格。注意，界面右下角 Console 中显示的检查结果 minimum volume 应大于 0。

（3）定义网格单位。在 Task Page 的 Mesh 组框中单击 Scale 按钮，在打开的 Scale Mesh 对话框中将 Mesh Was Created In 设置为 mm，单击 Scale 按钮确认，再单击 Close 按钮退出。

（4）显示网格。在 Task Page 的 Mesh 组框中单击 Display 按钮，打开 Mesh Display 对话框，保持默认设置，单击 Display 按钮，在图形窗口中显示出网格。

（5）选择求解器。在 Task Page 的 Solver 组框中，将 Type 设置为 Pressure-Based，Velocity Formulation 设置为 Absolute，Time 设置为 Steady，即选择三维基于压力的稳态求解器。

（6）选择湍流模型。在 Outline View 中双击 Setup→Models→Viscous 命令，打开 Viscous Model 对话框，在 Model 组框中选中 k-epsilon（2 eqn）单选按钮，单击 OK 按钮。

（7）定义材料。在 Outline View 中双击 Setup→Materials→Fluid→air 命令，打开 Create/Edit Materials 对话框，单击 Fluent Database 按钮，打开 Fluent Database Materials 对话框，在 Fluent Fluid Materials 下拉列表框中选择 water-liquid 选项（选择水流体），单击 Copy 按钮，即可把水的物理性质从数据库中调出。单击 Close 按钮，返回 Create/Edit Materials 对话框，再单击 Close 按钮，完成对材料的定义。

（8）定义流体域的材料。在 Outline View 中双击 Setup→Cell Zone Conditions→Fluid→fluid 命令，打开 Fluid 对话框，将 Material Name 设置为 water-liquid，单击 Apply 按钮，将区域中的流体定义为水，单击 Close 按钮退出。

（9）定义边界条件。在 Outline View 中双击 Setup→Boundary Conditions 命令，在 Task Page 的 Zone 列表框中选择 in，将 Type 设置为 velocity-inlet，如图 6.62 所示。单击 Edit 按钮，打开 Velocity Inlet 对话框，在 Velocity Magnitude [m/s]文本框中输入 1，完成进水口边界条件的定义。

在 Task Page 的 Zone 列表框中选择 out，将 Type 设置为 outflow，弹出 Outflow 对话框，保持默认参数设置，完成出水口边界条件的定义。

在 Task Page 的 Zone 列表框中选择 sym，将 Type 设置为 symmetry，打开 Symmetry 对话框，保持默认参数设置，完成对称边界条件的定义。

（10）定义收敛条件。在 Outline View 中双击 Solution→Monitors→Residual 命令，打开 Residual Monitors 对话框，将各变量收敛残差设置为 1e–3，单击 OK 按钮。

（11）初始化流场。在 Outline View 中双击 Solution→Initialization 命令，在 Task Page 的 Initialization Methods 组框中选中 Standard Initialization 单选按钮，在 Compute from 下拉列表中选择 in，其他参数保持默认，单击 Initialize 按钮。

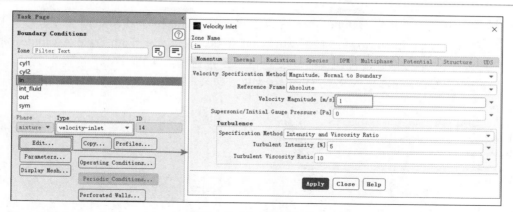

图 6.62　定义边界条件

（12）提交求解。在 **Outline View** 中双击 **Solution**→**Run Calculation** 命令，在 **Task Page** 的 **Number of Iterations** 文本框中输入 300，其他参数保持默认，单击 **Calculate** 按钮提交求解。大约迭代 136 步后结果收敛，图 6.63 所示为其残差变化情况。

（13）定义显示切面。单击功能区内 **Results** 选项卡 **Surface** 组中的 **Create** 按钮，在下拉菜单中选择 **Iso-Surface** 命令，打开 **Iso-Surface** 对话框，在 **New Surface Name** 文本框中输入 x0，在 **Surface of Constant** 栏中分别选择 **Mesh** 和 **X-Coordinate**，在 **Iso-Values** 文本框中输入 0，单击 **Create** 按钮，创建切面 x0。

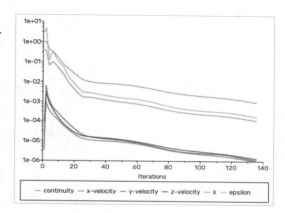

图 6.63　残差变化情况

（14）显示云图。在 **Outline View** 中双击 **Results**→**Graphics**→**Contours** 命令，打开 **Contours** 对话框，在 **Contours of** 栏中分别选择 **Velocity** 和 **Velocity Magnitude**、**Pressure** 和 **Static Pressure**，在 **Surfaces** 列表中选中 x0，单击 **Save/Display** 按钮，即可显示速度标量和静态压力云图，如图 6.64 和图 6.65 所示。

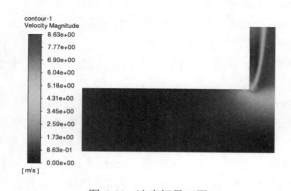

图 6.64　速度标量云图

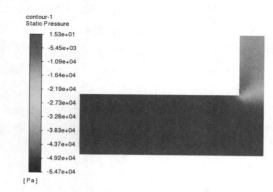

图 6.65　静态压力云图

（15）显示速度矢量图。在 **Outline View** 中双击 **Results**→**Graphics**→**Vectors** 命令，打开 **Vectors** 对话框，将 **Style** 设置为 **arrow**，在 **Color by** 栏中分别选择 **Velocity** 和 **Velocity Magnitude**，在 **Surfaces** 列表中选中 x0，单击 **Save/Display** 按钮，即可显示速度矢量图，如图 6.66 所示。

（16）显示三维迹线图。在 Outline View 中双击 Results→Graphics→Pathlines 命令，打开 Pathlines 对话框，将 Style 设置为 line-arrows；单击 Attributes 按钮，在打开的 Path Style Attributes 对话框中将 Scale 设置为 0.2，单击 OK 按钮确认并返回 Pathlines 对话框；将 Path Skip 设置为 10；在 Release From Surface 列表中选择 in；单击 Save/Display 按钮，即可显示三维迹线图，如图 6.67 所示。

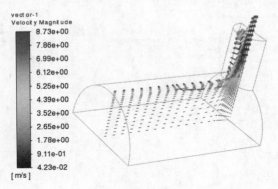

图 6.66　速度矢量图

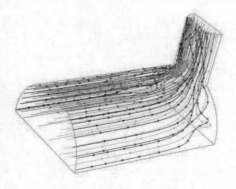

图 6.67　三维迹线图

上面的计算结果表明，生成的网格能够满足计算要求。

6.4　结构体网格的划分——含方孔球体实例

扫一扫，看视频

本节将对一个包含立方体孔洞的球体进行结构体网格的划分，使读者进一步了解 O 型块在结构体网格划分中的重要作用。根据此几何模型的对称性，只需创建 1/2 几何模型，如图 6.68 所示。

6.4.1　几何模型的准备

图 6.68　含方孔球体（1/2 几何模型）

（1）设置工作目录。选择 File→Change Working Dir 命令，打开 New working directory 对话框，新建一个 3DSphereCube 文件夹，并将该文件夹作为工作目录。将电子资源包中提供的 Sphere_Cube_3D.tin 文件复制到该工作目录中。

（2）保存项目。单击工具栏中的 Save Project 按钮 📳，以 SphereCube_3D.prj 为项目名称创建一个新项目。

（3）导入几何模型。单击工具栏中的 Open Geometry 按钮 📳，选择 Sphere_Cube_3D.tin 文件并打开，在显示树中勾选 Geometry→Surfaces 目录前的复选框，将在图形窗口中显示所导入的几何模型，如图 6.69 所示。

（4）创建 Part。在显示树中右击 Parts 目录，在弹出的快捷菜单中选择 Create Part 命令，打开 Create Part 数据输入窗口，在 Part 文本框中输入 SYMM，如图 6.70 所示。单击 Entities 文本框后的 Select Entities 按钮 🗽，在图形窗口中选择图 6.69 所示标识为 SYMM 的对称面（共由 4 个 Surface 组成），单击鼠标中键确认，创建一个名称为 SYMM 的新 Part。按照此方法，依照图 6.69 所示的标识，通过半球的 Surface 创建 Part SPHERE（1 个 Surface），通过球体内立方体孔洞的 Surface 创建 Part CUBE（5 个 Surface）。

（5）删除 Curve。单击功能区内 Geometry 选项卡中的 Delete Curve 按钮 ✖，打开 Delete Curve 数据输入窗口，取消勾选 Delete Permanently 复选框，如图 6.71 所示，通过 Curve 文本框选择所有的 Curve，单击 Apply 按钮，即可删除所有的 Curve。

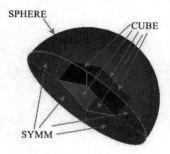

图 6.69　导入的几何模型

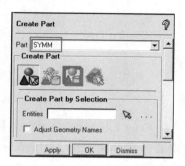

图 6.70　Create Part 数据输入窗口

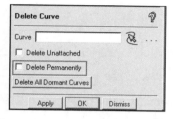

图 6.71　Delete Curve 数据输入窗口

（6）删除 Point。单击功能区内 Geometry 选项卡中的 Delete Point 按钮 ✖，打开 Delete Point 数据输入窗口，取消勾选 Delete Permanently 复选框，如图 6.72 所示，通过 Point 文本框选择所有的 Point，单击 Apply 按钮，即可删除所有的 Point。

（7）建立拓扑。单击功能区内 Geometry 选项卡中的 Repair Geometry 按钮 ⬛，打开 Repair Geometry 数据输入窗口，勾选 Inherit Part 复选框，单击 Build Topology 按钮 ⬛，然后勾选 Filter points 和 Filter curves 复选框，其他参数保持默认，如图 6.73 所示，单击 OK 按钮。

（8）创建材料点。为了创建材料点，首先在显示树中勾选 Geometry→Points 目录前的复选框，在图形窗口中显示 Point，然后单击功能区内 Geometry 选项卡中的 Create Body 按钮 ⬛，打开 Create Body 数据输入窗口，在 Part 文本框中输入 FLUID，单击 Material Point 按钮 ⬛，如图 6.74 所示。通过 2 screen locations 文本框在图形窗口中选择图 6.75 所示的两个 Point，单击鼠标中键确认，可在几何模型内部创建一个材料点，结果如图 6.76 所示。

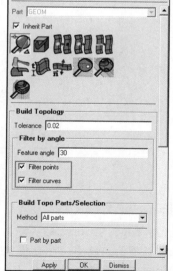
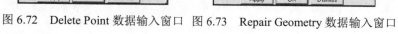
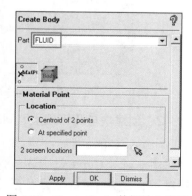

图 6.72　Delete Point 数据输入窗口　图 6.73　Repair Geometry 数据输入窗口　图 6.74　Create Body 数据输入窗口

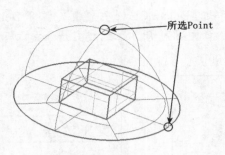

图 6.75　所选 Point

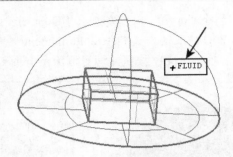

图 6.76　创建的材料点

（9）保存几何模型。单击工具栏中的 Open Geometry 下拉按钮，在弹出的下拉菜单中单击 Save Geometry as 按钮，将当前的几何模型保存为 Sphere_3D_geo.tin。

6.4.2　创建块

对于本实例而言，采用自顶向下的分块策略，首先创建一个初始块，接着创建块与几何模型之间的关联，然后在立方体孔洞周围创建 O 型块，再将 O 型块的内部块与立方体孔洞的几何模型相关联，最后删除内部块。

1. 创建一个初始块

单击功能区内 Blocking 选项卡中的 Create Block 按钮，打开 Create Block 数据输入窗口，单击 Initialize Blocks 按钮，在 Part 文本框中输入 FLUID，保持 Type 栏为 3D Bounding Box，如图 6.77 所示，单击 Apply 按钮，将创建一个环绕所有几何图元的三维块（初始块），如图 6.78 所示。

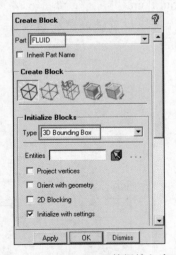

图 6.77　Create Block 数据输入窗口

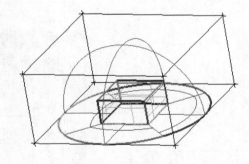

图 6.78　创建的初始块

2. 创建块与几何模型之间的关联

（1）对 Curve 进行分组。尽管在创建 Edge 与 Curve 的关联时可以自动对 Curve 进行分组，但有时手动提前对 Curve 进行分组也是很有必要的。其中，手动提前对 Curve 进行分组的一个优点是能够对所有相切的 Curve 进行分组，这样就可以在两条相邻 Curve 的相交处进行平滑的过渡。下面对半球底部的相切曲线进行分组。

单击功能区内 Blocking 选项卡中的 Associate 按钮，打开 Blocking Associations 数据输入窗口，单击 Group/Ungroup curves 按钮，在 Action 组框中选中 Group Curves 单选按钮，在 Group 组框中选中 All tangential 单选按钮，如图 6.79 所示，单击 Apply 按钮，ICEM 将对组成半球底部圆周的所有曲线进行分组（所有相切的 Curve 将连接成一条复合的 Curve），结果如图 6.80 所示。

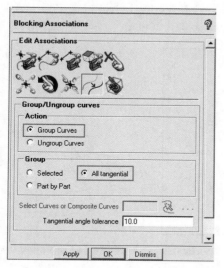

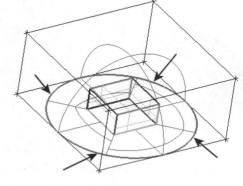

图 6.79　Blocking Associations 数据输入窗口（1）　　　　图 6.80　Curve 分组操作结果

（2）创建 Edge 与 Curve 的关联。在 Blocking Associations 数据输入窗口中单击 Associate Edge to Curve 按钮，通过 Edge(s)文本框在图形窗口中选择块底部的 4 条 Edge，通过 Curve(s)文本框在图形窗口中选择步骤（1）中进行分组后的一条 Curve，如图 6.81 所示，单击鼠标中键确认。

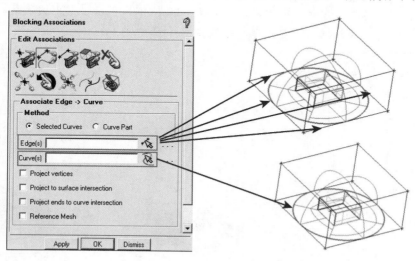

图 6.81　创建 Edge 与 Curve 的关联

（3）查看创建的关联是否正确。在显示树中勾选 Blocking→Vertices 目录前的复选框，右击该目录，在弹出的快捷菜单中选择 Numbers 命令，以编号形式显示 Vertex。在显示树中右击 Geometry→Surfaces 目录，在弹出的快捷菜单中选择 Solid 命令，以实体形式显示 Surface。

在显示树中右击 Blocking→Edges 目录，在弹出的快捷菜单中选择 Show Association 命令，显示的关联结果如图 6.82 所示。为了进行下一步操作，在确认所创建的关联无误后，再次在显示树中右击 Blocking→Edges 目录，在弹出的快捷菜单中选择 Show Association 命令，取消关联的显示。在显示树中取消勾选 Geometry→Surfaces 目录前的复选框，隐藏 Surface 的显示。

（4）自动移动 Vertex。单击功能区内 Blocking 选项卡中的 Associate 按钮，打开 Blocking Associations 数据输入窗口，单击 Snap Project Vertices 按钮，在 Vertex Select 组框中选中 All Visible 单选按钮，如图 6.83 所示，单击 Apply 按钮，将 Vertex 移动到几何模型上，结果如图 6.84 所示。

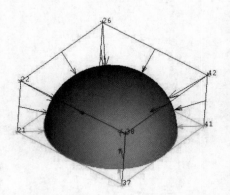 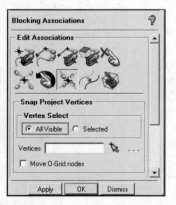 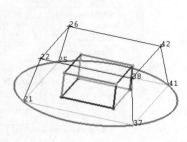

图 6.82　显示 Edge 与 Curve 的关联结果　　图 6.83　Blocking Associations 数据输入窗口（2）　　图 6.84　移动 Vertex 后的结果

3．创建 O 型块

（1）创建半个 O 型块。单击功能区内 Blocking 选项卡中的 Split Block 按钮，打开 Split Block 数据输入窗口，单击 Ogrid Block 按钮，如图 6.85 所示。单击 Select face(s)按钮，在图形窗口中选择块底部的 Face（ICEM 会自动选择块），如图 6.86 所示，单击鼠标中键确认，再单击 Apply 按钮，ICEM 将创建半个 O 型块（C 型块），结果如图 6.87 所示。

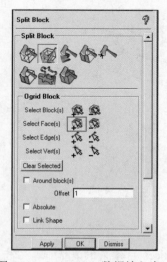 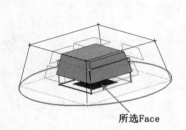 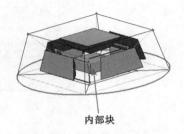

图 6.85　Split Block 数据输入窗口　　图 6.86　所选 Face　　图 6.87　创建半个 O 型块

（2）创建 Vertex 与 Point 的关联。为了将 O 型块中的内部块与立方体孔洞的几何模型相关联，首先需要创建 Vertex 与 Point 的关联。通过显示树在图形窗口中显示出 Point 和 Vertex，单击功能区内 Blocking 选项卡中的 Associate 按钮，打开 Blocking Associations 数据输入窗口，单击 Associate Vertex 按钮，在 Entity 组框中选中 Point 单选按钮，如图 6.88 所示。通过 Vertex 文本框在图形窗口中选中内部块的任一 Vertex，通过 Point 文本框在图形窗口中选择立方体孔洞上最靠近该 Vertex 的一个 Point。此时，所选 Vertex 将立即捕捉到所选 Point，并且该 Point 将变为红色。通过此方式将内部块的其他 7 个 Vertex 与立方体孔洞上的 Point 进行关联，结果如图 6.89 所示。

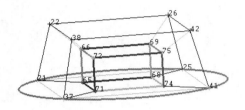

图 6.88 Blocking Associations 数据输入窗口（3）　　　图 6.89 创建 Vertex 与 Point 关联后的结果

（3）创建 Edge 与 Curve 的关联。在 Blocking Associations 数据输入窗口单击 Associate Edge to Curve 按钮，如图 6.90 所示。通过 Edge(s)文本框在图形窗口中选中内部块的任一 Edge，单击鼠标中键确认；通过 Curve(s)文本框在图形窗口中选择立方体孔洞上与该 Edge 重合的 Curve。通过此方式将内部块的其他 11 条 Edge 与立方体孔洞上的 Curve 进行关联。

注意：

此处如果不创建 Edge 与 Curve 之间的关联，则尖锐的特征节点将只是进行简单的面投影。这将导致 ICEM 的网格光滑器出现问题，还可能导致在某些求解器中出现边界条件的问题。

（4）删除无用的内部块。单击功能区内 Blocking 选项卡中的 Delete Block 按钮，打开 Delete Block 数据输入窗口，取消勾选 Delete permanently 复选框，如图 6.91 所示。通过 Blocks 文本框在图形窗口中选择内部块，单击鼠标中键确认，再单击 Apply 按钮，删除内部块。

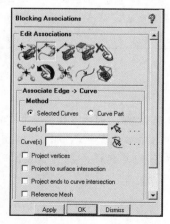

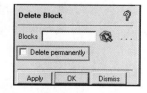

图 6.90 Blocking Associations 数据输入窗口（4）　　图 6.91 Delete Block 数据输入窗口

🔊 **提示：**

在单击图 6.91 所示 Blocks 文本框后的 Select block(s)按钮⬛️后，将弹出 Select Blocking-block 工具条，单击 Toggle select diagonal corner vertices（选择对角线 Vertex）按钮⬚️，选择图 6.92 所示的两个 Vertex，即可选中内部块。这种选择方法在存在许多块并且单独选择很困难的情况下非常有用。

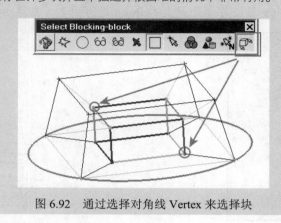

图 6.92　通过选择对角线 Vertex 来选择块

6.4.3　生成预览网格

1. 设置 Part 网格参数

为了便于后续操作，通过显示树在图形窗口中取消 Edge 和 Vertex 的显示，并以线框的形式显示面。

单击功能区内 Mesh 选项卡中的 Part Mesh Setup 按钮⬛️，打开 Part Mesh Setup 对话框，按图 6.93 所示设置网格参数，单击 Apply 按钮确认，再单击 Dismiss 按钮退出。

Part △	Prism	Hexa-core	Maximum size	Height	Height ratio	Num layers	Tetra size ratio	Tetra width
CUBE	☐		0.5	0.01	1.2	0	0	0
FLUID	☐	☐						
SPHERE	☐		1	0.02	1.2	0	0	0
SYMM	☐		1	0	0	0	0	0

☑ Show size params using scale factor
☐ Apply inflation parameters to curves
☐ Remove inflation parameters from curves
Highlighted parts have at least one blank field because not all entities in that part have identical parameters

Apply　　Dismiss

图 6.93　Part Mesh Setup 对话框

2. 预览网格

单击功能区内 Blocking 选项卡中的 Pre-Mesh Params 按钮⬛️，打开 Pre-Mesh Params 数据输入窗口，单击 Update Sizes 按钮⬛️，在 Method 组框中选中 Update All 单选按钮，如图 6.94 所示，单击 Apply 按钮。在显示树中勾选 Blocking→Pre-Mesh 目录前的复选框，打开 Mesh 对话框，然后单击 Yes 按钮，将会在图形窗口中生成预览网格，如图 6.95 所示。

3. 通过扫描平面查看体网格

通过扫描平面可以更好地查看体网格，下面介绍其操作方法。

（1）通过显示树在图形窗口中显示 Curve、Edge 和 Vertex，并隐藏预览网格的显示。在显示树中右击 Blocking→Pre-Mesh 目录，在弹出的快捷菜单中选择 Scan planes 命令。此时在 ICEM 用户界面的右下角将显示 Scan Plane Control（扫描平面控制）窗口，如图 6.96 所示。

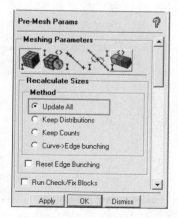

图 6.94　Pre-Mesh Params
数据输入窗口

图 6.95　生成预览网格

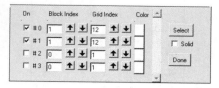

图 6.96　Scan Plane Control 窗口

扫描平面可以是一个平面或一个曲面。图 6.96 中，#0、#1 和 #2 分别代表 I、J 和 K 的方向（一般情况下，I、J、K 分别与全局坐标系的 X、Y、Z 坐标轴对齐），#3 代表 O 型块的径向 Edge 方向。例如，勾选 #0 前的复选框时，将显示 I 索引的所有节点。单击 Block Index（块索引）或 Grid Index（网格索引）列的向上箭头 ↑/向下箭头 ↓，可以移动扫描平面。单击 Block Index 列的箭头一次增减一个块，而单击 Grid Index 列的箭头一次增减一个节点。

（2）在 Scan Plane Control 窗口中勾选 #0 前的复选框，然后连续单击 #0 行 Grid Index 列的向上箭头 ↑，直到 Grid Index 列的数字显示为 12，显示第一个扫描平面，结果如图 6.97（a）所示。

（3）在 Scan Plane Control 窗口中单击 Select 按钮，然后在图形窗口中选择与第一个扫描平面平行的任意一条 Edge（沿全局坐标系 Y 轴方向的 Edge），此时将会显示第二个扫描平面，结果如图 6.97（b）所示。

通过此方式，可以创建其他扫描平面，对体网格的细节部分进行查看。通过扫描平面查看完体网格后，单击 Scan Plane Control 窗口中的 Done 按钮，关闭 Scan Plane Control 窗口。

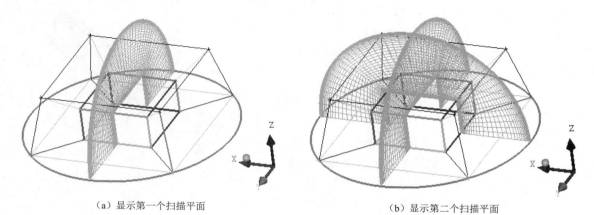

（a）显示第一个扫描平面　　　　　　　　　（b）显示第二个扫描平面

图 6.97　扫描平面显示结果

6.4.4　检查网格质量并保存网格

（1）检查网格质量。单击功能区内 Blocking 选项卡中的 Pre-Mesh Quality 按钮，打开 Pre-Mesh Quality 数据输入窗口，将 Criterion 设置为 Determinant 2×2×2，如图 6.98 所示，单击 Apply 按钮，即可通过直方图窗口查看网格质量，如图 6.99 所示。由图 6.99 可见所有网格的 Determinant 2×2×2 值大于 0.7，可以认为网格质量满足要求。

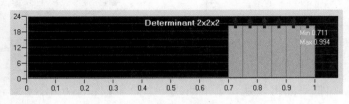

图 6.98　Pre-Mesh Quality 数据输入窗口　　　　　　图 6.99　直方图窗口

（2）保存网格文件。前面在图形窗口中所见的网格只是网格的预览，其实并没有真正生成网格，下面将生成网格。在显示树中右击 Blocking→Pre-Mesh 目录，在弹出的快捷菜单中选择 Convert to Unstruct Mesh 命令，保存网格文件。

（3）保存块文件。单击工具栏中的 Open Blocking 下拉按钮，在弹出的下拉菜单中单击 Save Blocking as 按钮，将当前的块文件保存为 Sphere_3D_final.blk。

（4）保存项目。单击工具栏中的 Save Project 按钮，将项目进行保存。

扫一扫，看视频

6.5　结构体网格的划分——带叶片管道实例

假设图 6.100 所示的一个内部带叶片管道，水在进水口以 1m/s 的速度流入，从出水口流出，出水口处为自由出流。本实例将该管道划分为结构体网格并进行求解。

6.5.1　几何模型的准备

（1）设置工作目录。选择 File→Change Working Dir 命令，打开 New working directory 对话框，新建一个 3DPipeBlade 文件夹，并将该文件夹作为工作目录。将电子资源包中提供的 Pipe_Blade_3D.tin 文件复制到该工作目录中。

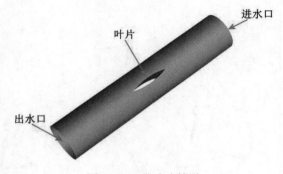

图 6.100　带叶片管道

（2）保存项目。单击工具栏中的 Save Project 按钮，以 PipeBlade_3D.prj 为项目名称创建一个新项目。

（3）导入几何模型。单击工具栏中的 Open Geometry 按钮，选择 Pipe_Blade_3D.tin 文件并打开。在显示树中勾选 Geometry→Points 目录前的复选框；右击 Geometry→Points 目录，在弹出的快捷菜单中选择 Show Point Names 命令，显示 Point 的名称。

（4）为叶片的前缘和后缘创建 Curve。单击功能区内 Geometry 选项卡中的 Create/Modify Curve 按钮，打开 Create/Modify Curve 数据输入窗口，勾选 Inherit Part 复选框，单击 From Points 按钮，如图 6.101 所示。通过 Points 文本框在图形窗口中依次选择图 6.102 所示位于叶片前缘的名称为 GEOM/9 和 GEOM/11 的两个 Point，单击鼠标中键确认，创建叶片前缘的 Curve；使用同样的方法，通过名称为 GEOM/8 和 GEOM/10 的两个 Point 创建叶片后缘的 Curve。通过显示树隐藏 Point 的显示，在图形窗口中以线框形式显示 Surface，结果如图 6.103 所示。

（5）创建 Part。在显示树中右击 Parts 目录，在弹出的快捷菜单中选择 Create Part 命令，打开 Create Part 数据输入窗口，在 Part 文本框中输入 OUTLET，如图 6.104 所示。单击 Entities 文本框后的 Select Entities 按钮，在图形窗口中选择图 6.103 所示标识为 OUTLET 的圆面 Surface，单击鼠标中键，创建一个名称为 OUTLET 的新 Part（出口边界条件）。按照此方法，依照图 6.103 所示的标识，通过另一侧的圆面 Surface 创建 Part INLET（入口边界条件），通过圆柱面的 Surface 创建 Part CYL，通过管道内部叶片的两个 Surface 创建 Part BLADE。

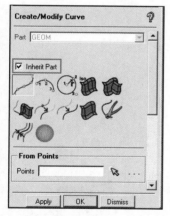

图 6.101　Create/Modify Curve 数据输入窗口

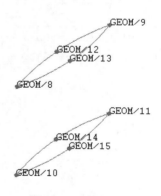

图 6.102　所选 Point

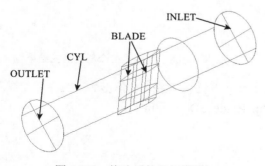

图 6.103　修改后的几何模型

图 6.104　Create Part 数据输入窗口

（6）创建第一个材料点。下面分别在管道内部和叶片内部创建 FLUID 和 SOLID 材料点，以将流体区域与固体区域进行分离。单击功能区内 Geometry 选项卡中的 Create Body 按钮 🗐，打开 Create Body 数据输入窗口，在 Part 文本框中输入 FLUID，单击 Material Point 按钮 🔩，如图 6.105 所示。通过 2 screen locations 文本框在图形窗口中选择图 6.106 所示的两个 Point，单击鼠标中键确认，可在管道内部创建一个材料点，结果如图 6.107 所示。

📢 **注意：**

> 读者也可以通过选择其他的 Point 来创建名称为 FLUID 的材料点。但需要注意的是，所创建的 FLUID 材料点需要位于管道内部，不能位于叶片内部。

（7）创建第二个材料点。在 Create Body 数据输入窗口的 Part 文本框中输入 SOLID，通过 2 screen locations 文本框在图形窗口中选择图 6.107 所示的两个 Point，单击鼠标中键确认，可在叶片内部创建另一个材料点 SOLID，结果如图 6.108 所示。

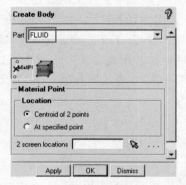

图 6.105　Create Body 数据输入窗口

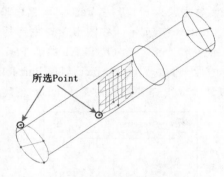

图 6.106　所选 Point

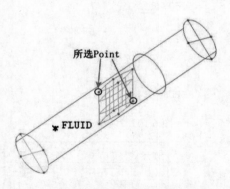

图 6.107　创建第一个材料点的结果

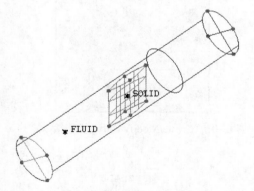

图 6.108　创建第二个材料点的结果

（8）保存几何模型。单击工具栏中的 Open Geometry 下拉按钮 🖳，在弹出的下拉菜单中单击 Save Geometry as 按钮 🖫，将当前的几何模型保存为 PipeBlade_3D_geo.tin。

6.5.2　创建块

本实例采用自顶向下的分块策略，首先创建一个初始块，接着创建块与管道几何模型之间的关联，然后创建围绕叶片的块，再将块与叶片几何模型进行关联，最后创建 O 型块。

1. 创建一个初始块

单击功能区内 Blocking 选项卡中的 Create Block 按钮⊗，打开 Create Block 数据输入窗口，单击 Initialize Blocks 按钮⊗，在 Part 文本框中输入 FLUID，将 Type 设置为 3D Bounding Box，如图 6.109 所示，单击 Apply 按钮，将创建一个环绕所有几何图元的三维块（初始块），如图 6.110 所示。

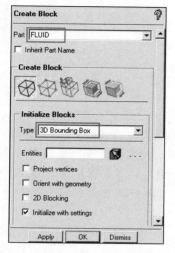

图 6.109　Create Block 数据输入窗口

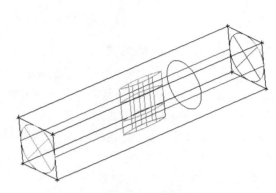

图 6.110　创建的初始块

2. 创建 Vertex 与 Point 的关联

通过显示树在图形窗口中显示出 Point 和 Vertex，然后单击功能区内 Blocking 选项卡中的 Associate 按钮⊗，打开 Blocking Associations 数据输入窗口，单击 Associate Vertex 按钮⊗，在 Entity 组框中选中 Point 单选按钮，如图 6.111 所示。通过 Vertex 文本框在图形窗口中选择管道出水口附近的任一 Vertex，通过 Point 文本框在图形窗口中选择管道出水口上靠近该 Vertex 的一个 Point，创建 Vertex 与 Point 之间的关联，如图 6.112 所示。根据此方法，创建出水口和入水口附近其他 Vertex 与 Point 之间的关联，完成创建 Vertex 与 Point 关联的结果如图 6.113 所示。

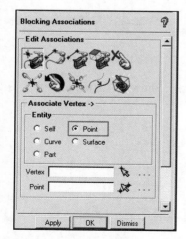

图 6.111　Blocking Associations
数据输入窗口（1）

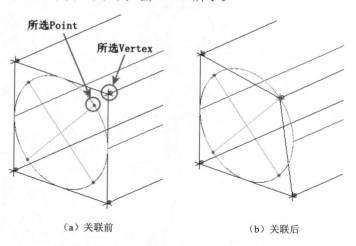

（a）关联前　　　　　（b）关联后

图 6.112　创建第一个 Vertex 与 Point 的关联

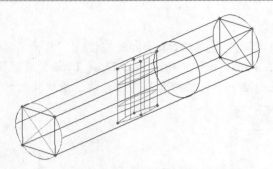

图 6.113　创建 Vertex 与 Point 关联的结果

3. 创建 Edge 与 Curve 的关联

单击功能区内 Blocking 选项卡中的 Associate 按钮，打开 Blocking Associations 数据输入窗口，单击 Associate Edge to Curve 按钮，如图 6.114 所示。通过 Edge(s)文本框在图形窗口中选择位于管道出水口附近的 4 条 Edge，单击鼠标中键确认；通过 Curve(s)文本框在图形窗口中选择管道出水口上的 4 条 Curve，单击鼠标中键确认，如图 6.115 所示。通过同样的方法，将管道入水口处的 4 条 Edge 与相对应的 4 条 Curve 相关联。

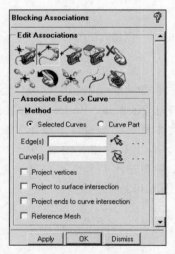

图 6.114　Blocking Associations 数据输入窗口（2）

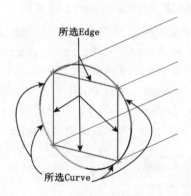

图 6.115　所选 Edge 和 Curve

在显示树中右击 Blocking→Edges 目录，在弹出的快捷菜单中选择 Show Association 命令，可以查看所创建的 Edge 与 Curve 的关联是否正确，如图 6.116 所示。

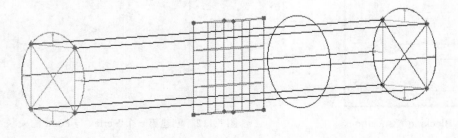

图 6.116　查看所创建的 Edge 与 Curve 之间的关联

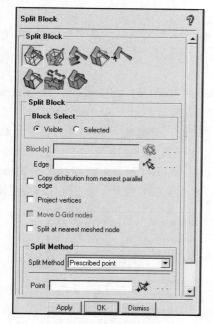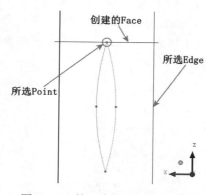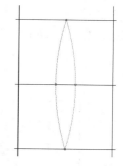

4. 块的分割和坍塌变形

为了进一步创建贴合叶片的块拓扑，下面对块进行分割并对块进行坍塌变形处理。

（1）创建垂直于 Z 轴的块分割。为了方便对块进行分割，通过显示树在图形窗口中隐藏 Vertex 和 Surface 的显示并确保显示 Point，然后通过 View→Top 命令将视角调整为上视图。单击功能区内 Blocking 选项卡中的 Split Block 按钮，打开 Split Block 数据输入窗口，单击 Split Block 按钮，将 Split Method 设置为 Prescribed point，如图 6.117 所示。单击 Edge 文本框后的 Select edge(s)按钮，在图形窗口中单击选择任意平行于 Z 轴的 Edge；单击 Point 文本框后的 Select point(s)按钮，在图形窗口中单击选择叶片后缘的 Point，则新建一个垂直于 Z 轴的 Face，完成第一个垂直于 Z 轴的块分割，结果如图 6.118 所示。使用相同的方法，通过叶片前缘的一个 Point 和叶片中部的一个 Point 创建另外两个垂直于 Z 轴的块分割，最终结果如图 6.119 所示。

图 6.117　Split Block 数据输入窗口　　图 6.118　第一个分割块操作结果　　图 6.119　分割块结果

（2）创建垂直于 X 轴的块分割。在 Split Block 数据输入窗口中单击 Edge 文本框后的 Select edge(s)按钮，在图形窗口中单击选择任意平行于 X 轴的 Edge；单击 Point 文本框后的 Select point(s)按钮，在图形窗口中单击选择叶片中部左侧的 Point，则新建一个垂直于 X 轴的 Face，完成第一个垂直于 X 轴的块分割。使用相同的方法，通过叶片中部右侧的 Point 创建另一个垂直于 X 轴的块分割，最终结果如图 6.120 所示。

（3）修改 Part SOLID。在进行块的坍塌变形之前，需要将与内部叶片相对应的两个块添加到 Part SOLID 中。在显示树中右击 Parts→SOLID 目录，在弹出的快捷菜单中选择 Add to Part 命令，打开 Add to Part 数据输入窗口，单击 Blocking Material, Add Blocks to Part 按钮，通过 Blocks 文本框在图形窗口中选择与叶片相对应的两个块，单击鼠标中键确认，将所选的块添加到 Part SOLID 中，如图 6.121 所示。

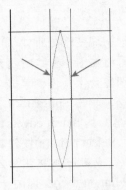

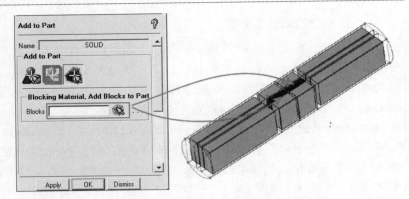

图 6.120　创建垂直于 X 轴块
　　　　　分割的结果

图 6.121　修改 Part SOLID

（4）使用索引控制隔离可见块。在显示树中右击 Blocking 目录，在弹出的快捷菜单中选择 Index Control 命令，在 ICEM 用户界面的右下角显示 Index Control 窗口，通过 I 行中的上下箭头按钮，将 I 设置为 I：2～3，如图 6.122 所示。

（5）块的坍塌变形。单击功能区内 Blocking 选项卡中的 Merge Vertices 按钮 ，打开 Merge Vertices 数据输入窗口，单击 Collapse Blocks 按钮 ，如图 6.123 所示。通过 Collapse edge 文本框在图形窗口中选择图 6.124 所示的 Edge（所选 Edge 是要坍塌的 Edge，读者也可以选择与图中所选 Edge 平行的任意一条 Edge），然后通过 Blocks 文本框在图形窗口中选择图 6.124 所示在叶片前面和后面的共计两个块，单击鼠标中键确认，完成块的坍塌变形操作。在 Index Control 窗口中单击 Reset 按钮，再单击 Done 按钮，将 Index Control 窗口关闭，在图形窗口中显示所有的块，如图 6.125 所示。

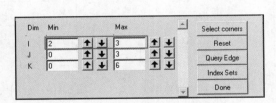

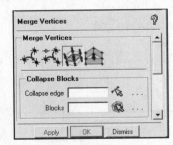

图 6.122　Index Control 窗口

图 6.123　Merge Vertices 数据输入窗口

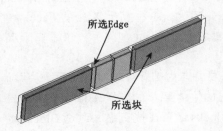

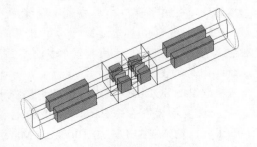

图 6.124　所选 Edge 和块

图 6.125　块坍塌变形后的结果

5．创建叶片几何模型与对应块之间的关联

（1）创建 Edge 与 Curve 的关联。单击功能区内 Blocking 选项卡中的 Associate 按钮 ，打开

Blocking Associations 数据输入窗口，单击 Associate Edge to Curve 按钮，取消勾选 Project vertices 复选框，如图 6.126 所示。通过 Edge(s)文本框在图形窗口中选择位于叶片顶部附近的两条相连 Edge，单击鼠标中键确认；通过 Curve(s)文本框在图形窗口中选择叶片顶部靠近所选 Edge 的一条 Curve，单击鼠标中键确认。所选 Edge 变为绿色，表示成功创建关联。通过此方法，为叶片顶部、底部、前缘、后缘附近的 Edge 与 Curve 创建关联；在显示树中右击 Blocking→Edges 目录，在弹出的快捷菜单中选择 Show Association 命令，在图形窗口中显示 Edge 与 Curve 之间的关联，如图 6.127 所示。

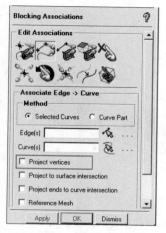

图 6.126　Blocking Associations 数据输入窗口（3）

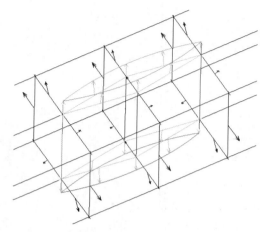

图 6.127　创建的 Edge 与 Curve 之间的关联

（2）自动移动 Vertex。单击功能区内 Blocking 选项卡中的 Associate 按钮，打开 Blocking Associations 数据输入窗口，单击 Snap Project Vertices 按钮，在 Vertex Select 组框中选中 All Visible 单选按钮，如图 6.128 所示，单击 Apply 按钮，将所有的 Vertex 移动到几何模型上，结果如图 6.129 所示。

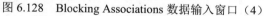

图 6.128　Blocking Associations 数据输入窗口（4）

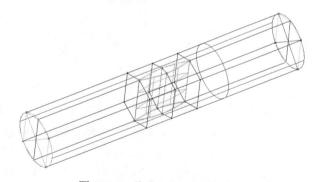

图 6.129　移动 Vertex 后的结果

提示：

当创建 Vertex 与几何图元的关联后，Vertex 仅可在所关联的几何图元上进行移动。Vertex 的颜色可标识其所关联的几何图元和自由度。与 Point 相关联的 Vertex 为红色，无法进行移动；与 Curve 相关联的 Vertex 为绿色，可以在相关联的 Vertex 上进行移动。默认情况下，不与 Point 或 Curve 关联但位于 Surface 上的所有 Vertex 均为白色（如果是浅色背景，则为黑色），并且可以在该 Surface 上进行移动。此外，内部的 Surface 为蓝色，Vertex 可沿其关联的蓝色块的 Edge 进行移动。

6．创建 O 型块

单击功能区内 Blocking 选项卡中的 Split Block 按钮 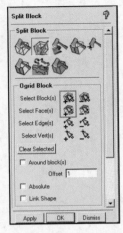，打开 Split Block 数据输入窗口，单击 Ogrid Block 按钮 ，如图 6.130 所示。单击 Select block(s)按钮 ，在图形窗口中选择所有的块；单击 Select face(s)按钮 ，在图形窗口中选择入水口处的两个 Face 和出水口处的两个 Face，如图 6.131 所示。单击鼠标中键确认，再单击 Apply 按钮，ICEM 将创建 O 型块，结果如图 6.132 所示。

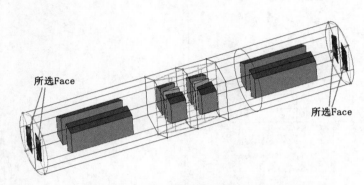

图 6.130　Split Block 数据输入窗口　　　　图 6.131　为创建 O 型块所选的块和 Face

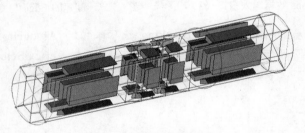

图 6.132　创建 O 型块的结果

6.5.3　预览、细化并导出网格

1．设置 Surface 网格参数

单击功能区内 Mesh 选项卡中的 Surface Mesh Setup 按钮 ，打开 Surface Mesh Setup 数据输入窗口，如图 6.133 所示。通过 Surface(s)文本框在图形窗口中选择所有的 Surface，在 Maximum size 文本框中输入 0.3，在 Height 文本框中输入 0.03，在 Height ratio 文本框中输入 1.25，然后单击 Apply 按钮。

2．预览网格

（1）单击功能区内 Blocking 选项卡中的 Pre-Mesh Params 按钮 ，打开 Pre-Mesh Params 数据输入窗口，单击 Update Sizes 按钮 ，在 Method 组框中选中 Update All 单选按钮，如图 6.134 所示，然后单击 Apply 按钮。

（2）在显示树中勾选 Blocking→Pre-Mesh 目录前的复选框，打开 Mesh 对话框，单击 Yes 按钮，将会在图形窗口中生成预览网格。在显示树中右击 Blocking→Pre-Mesh，在弹出的快捷菜单中选择 Solid & Wire 命令，以实体加线框的形式显示预览网格，如图 6.135 所示。

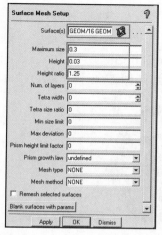

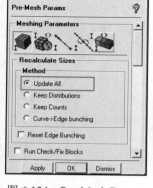

图 6.133　Surface Mesh Setup
数据输入窗口

图 6.134　Pre-Mesh Params
数据输入窗口

图 6.135　生成预览网格

3. 通过 Edge 参数细化网格

在显示树中取消勾选 Blocking→Pre-Mesh 目录前的复选框，隐藏预览网格的显示。

单击功能区内 Blocking 选项卡中的 Pre-Mesh Params 按钮，打开 Pre-Mesh Params 数据输入窗口，单击 Edge Params 按钮，如图 6.136 所示。通过 Edge 文本框在图形窗口中选择 O 型块中的任意一条径向的 Edge，如图 6.137 所示。在 Pre-Mesh Params 数据输入窗口的 Nodes 文本框中输入 13，在 Spacing 1 文本框中输入 0.015，在 Spacing 2 文本框中输入 0，勾选 Copy Parameters 复选框，将 Method 设置为 To All Parallel Edges，其他参数保持默认，然后单击 Apply 按钮。

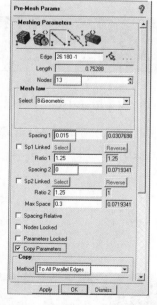

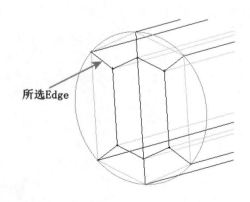

图 6.136　Pre-Mesh Params 数据输入窗口

图 6.137　所选 O 型块的径向 Edge

读者可以在显示树中右击 Blocking→Edges 目录，在弹出的快捷菜单中选择 Bunching 命令，可以在图形窗口中查看径向 Edge 上的节点分布情况，本书中不再赘述。

4．重新预览网格

在显示树中勾选 Blocking→Pre-Mesh 目录前的复选框，打开 Mesh 对话框，单击 Yes 按钮，将会在图形窗口中重新生成预览网格。管道出口处的网格细化前后的对比如图 6.138 所示。

在显示树中取消勾选 Parts→SOLID 目录前的复选框，隐藏叶片内部的网格。

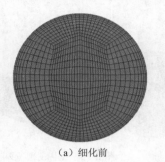 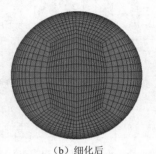

（a）细化前　　　　　　　　　　　　　　　（b）细化后

图 6.138　管道出口处的网格细化前后的对比

5．检查网格质量

（1）单击功能区内 Blocking 选项卡中的 Pre-Mesh Quality 按钮，打开 Pre-Mesh Quality 数据输入窗口，将 Criterion 设置为 Determinant 2×2×2，勾选 Active parts only 复选框，如图 6.139 所示，单击 Apply 按钮，即可通过直方图窗口查看网格质量，如图 6.140 所示。

 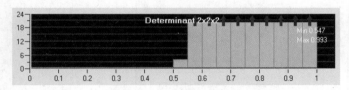

图 6.139　Pre-Mesh Quality 数据输入窗口（1）　　　　图 6.140　直方图窗口（1）

（2）单击功能区内 Blocking 选项卡中的 Pre-Mesh Quality 按钮，打开 Pre-Mesh Quality 数据输入窗口，将 Criterion 设置为 Angle，在 Num. of bars 文本框中输入 18，如图 6.141 所示，单击 Apply 按钮，即可通过直方图窗口查看网格质量，如图 6.142 所示。

 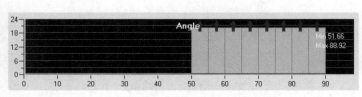

图 6.141　Pre-Mesh Quality 数据输入窗口（2）　　　　图 6.142　直方图窗口（2）

6．光顺网格

单击功能区内 Blocking 选项卡中的 Pre-Mesh Smooth 按钮 🖼，打开 Pre-Mesh Smooth 数据输入窗口，将 Method 设置为 Quality，在 Smoothing iterations 文本框中输入 3，在 Up to quality 文本框中输入 0.5，将 Criterion 设置为 Angle，勾选 Active parts only 复选框，如图 6.143 所示，单击 Apply 按钮，ICEM 即对网格进行光顺。通过角度质量标准重新查看网格质量，其网格质量直方图如图 6.144 所示（网格的最小角度从 51.66°提升到 53.55°）。

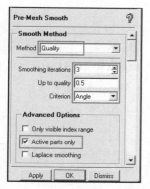

图 6.143　Pre-Mesh Smooth 数据输入窗口

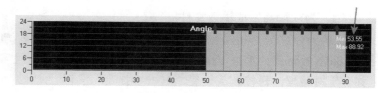

图 6.144　直方图窗口（3）

7．通过剖面预览网格

在显示树中取消勾选 Blocking→Pre-Mesh 目录前的复选框，隐藏预览网格的显示。在显示树中右击 Blocking→Pre-Mesh 目录，在弹出的快捷菜单中选择 Cut Plane 命令，打开 Cut Plane Pre-Mesh 数据输入窗口，如图 6.145 所示，在 Method 下拉列表中选择 Middle Z Plane 选项，以 Z 轴剖面的形式预览网格，如图 6.146 所示。

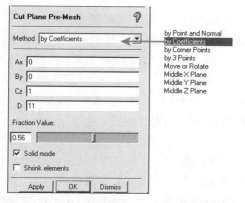

图 6.145　Cut Plane Pre-Mesh 数据输入窗口

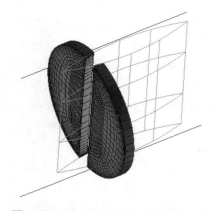

图 6.146　以 Z 轴剖面的形式预览网格

在图形窗口中滑动鼠标滚轮，可以在 Z 轴方向来回移动剖面，以检查预览网格。

在 Cut Plane Pre-Mesh 数据输入窗口中的 Method 下拉列表中选择 Middle Y Plane 选项，可以 Y 轴剖面的形式预览网格，如图 6.147 所示。

完成以剖面形式预览网格后，单击 Cut Plane Pre-Mesh 数据输入窗口中的 Dismiss 按钮，并再次在显示树中勾选 Blocking→Pre-Mesh 目录前的复选框，显示预览网格。

8．保存当前的块文件

单击工具栏中的 Open Blocking 下拉按钮，在弹出的下拉菜单中单击 Save Blocking as 按钮，将当前的块文件保存为 PipeBlade_3D_geo.blk。

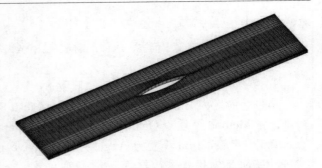

图 6.147　以 Y 轴剖面的形式预览网格

9．生成网格

前面在图形窗口中所见的网格只是网格的预览，其实并没有真正生成网格，下面将生成网格。在显示树中右击 Blocking→Pre-Mesh 目录，在弹出的快捷菜单中选择 Convert to Unstruct Mesh 命令，生成网格。

10．为求解器生成输入文件

单击功能区内 Output Mesh 选项卡中的 Write Input 按钮，打开 Save 对话框，单击 Yes 按钮，保存当前项目。此时将打开"打开"对话框，保持默认设置，单击"打开"按钮。此时将打开图 6.148 所示的 Ansys Fluent 对话框，在 Grid dimension 栏中选中 3D 单选按钮，即输出三维网格。读者也可以在 Output file 文本框中修改输出的路径和文件名，本实例中不对路径和文件名进行修改。单击 Done 按钮，此时可在 Output file 文本框所示的路径下找到输入文件 fluent.msh。

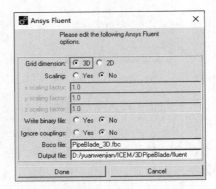

图 6.148　Ansys Fluent 对话框

6.5.4　计算及后处理

本小节将通过 Fluent 进行数值计算，以验证所生成的网格是否满足计算要求。

（1）读入网格文件。启动 Fluent，在 Fluent Launcher 2023 R1 对话框中将 Dimension 设置为 3D，即选择三维求解器；设置工作目录后单击 Start 按钮，进入 Fluent 2023 R1 用户界面。选择 File→Read →Mesh 命令，读入 6.5.3 小节中 ICEM 生成的网格文件 fluent.msh。

（2）检查网格。在界面左侧 Outline View 中双击 Setup→General 命令，然后在 Task Page 的 Mesh 组框中单击 Check 按钮，以检查网格。注意，界面右下角 Console 中显示的检查结果 minimum volume 应大于 0。

（3）定义网格单位。在 Task Page 的 Mesh 组框中单击 Scale 按钮，在打开的 Scale Mesh 对话框中将 Mesh Was Created In 设置为 mm，单击 Scale 按钮确认，再单击 Close 按钮退出。

（4）显示网格。在 Task Page 的 Mesh 组框中单击 Display 按钮，打开 Mesh Display 对话框，保持默认设置，单击 Display 按钮，在图形窗口中显示网格。

（5）选择求解器。在 Task Page 的 Solver 组框中，将 Type 设置为 Pressure-Based，Velocity Formulation 设置为 Absolute，Time 设置为 Steady，即选择三维基于压力的稳态求解器。

（6）选择湍流模型。在 Outline View 中双击 Setup→Models→Viscous 命令，打开 Viscous Model 对话框，在 Model 组框中选中 k-epsilon（2 eqn）单选按钮，单击 OK 按钮。

（7）定义材料。在 Outline View 中双击 Setup→Materials→Fluid→air 命令，打开 Create/Edit Materials 对话框，单击 Fluent Database 按钮，打开 Fluent Database Materials 对话框，在 Fluent Fluid Materials 下拉列表框中选择 water-liquid 选项（选择水流体），单击 Copy 按钮，即可把水的物理性质从数据库中调出。单击 Close 按钮，返回 Create/Edit Materials 对话框，再单击 Close 按钮，完成对材料的定义。

（8）定义流体域的材料。在 Outline View 中双击 Setup→Cell Zone Conditions→Fluid→fluid 命令，打开 Fluid 对话框，将 Material Name 设置为 water-liquid，单击 Apply 按钮，将区域中的流体定义为水，单击 Close 按钮退出。

（9）定义边界条件。在 Outline View 中双击 Setup→Boundary Conditions 命令，然后在 Task Page 的 Zone 列表框中选择 inlet，程序自动将 Type 设置为 velocity-inlet，如图 6.149 所示。单击 Edit 按钮，打开 Velocity Inlet 对话框，在 Velocity Magnitude [m/s]文本框中输入 1，完成进水口边界条件的定义。

在 Task Page 的 Zone 列表框中选择 outlet，将 Type 设置为 outflow，打开 Outflow 对话框，保持默认参数设置，完成出水口边界条件的定义。

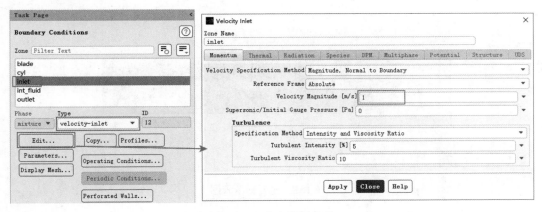

图 6.149　定义边界条件

（10）定义收敛条件。在 Outline View 中双击 Solution→Monitors→Residual 命令，打开 Residual Monitors 对话框，将各变量收敛残差设置为 1e–5，单击 OK 按钮。

（11）初始化流场。在 Outline View 中双击 Solution→Initialization 命令，然后在 Task Page 的 Initialization Methods 组框中选中 Standard Initialization 单选按钮，在 Compute from 下拉列表中选择 inlet，其他参数保持默认，单击 Initialize 按钮。

（12）提交求解。在 Outline View 中双击 Solution→Run Calculation 命令，然后在 Task Page 的 Number of Iterations 文本框中输入 300，其他参数保持默认，单击 Calculate 按钮提交求解。由于残差设置值较小，大约迭代 195 步后结果收敛，图 6.150 所示为其残差变化情况。

（13）定义显示切面。单击功能区内 Results 选项卡 Surface 组中的 Create 下拉按钮，在弹出的下拉菜单中选择 Iso-Surface 命令，打开 Iso-Surface 对话框，在 New Surface Name 文本框中输入 y0，在 Surface of Constant 栏中分别选择 Mesh 和 Y-Coordinate，在 Iso-Values 文本框中输入 0，单击 Create 按钮，创建切面 y0。

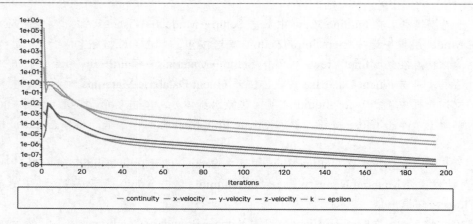

图 6.150　残差变化情况

（14）显示云图。在 Outline View 中双击 Results→Graphics→Contours 命令，打开 Contours 对话框，在 Contours of 栏中分别选择 Velocity 和 Velocity Magnitude、Pressure 和 Static Pressure，在 Surfaces 列表中选择 y0，单击 Save/Display 按钮，即可显示速度标量和静态压力云图，如图 6.151 和图 6.152 所示。

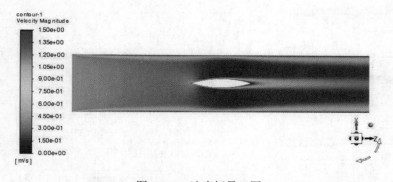

图 6.151　速度标量云图

图 6.152　静态压力云图

（15）显示速度矢量图。在 Outline View 中双击 Results→Graphics→Vectors 命令，打开 Vectors 对话框，将 Style 设置为 arrow，在 Color by 栏中分别选择 Velocity 和 Velocity Magnitude，在 Surfaces 列表中选择 y0，单击 Save/Display 按钮，即可显示速度矢量图，如图 6.153 所示。

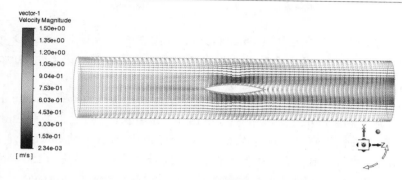

图 6.153　速度矢量图

（16）显示三维迹线图。在 Outline View 中双击 Results→Graphics→Pathlines 命令，打开 Pathlines 对话框，将 Style 设置为 line-arrows；单击 Attributes 按钮，在打开的 Path Style Attributes 对话框中将 Scale 设置为 0.2，单击 OK 按钮确认并返回 Pathlines 对话框；将 Path Skip 设置为 20；在 Release From Surface 列表中选择 inlet；单击 Save/Display 按钮，即可显示三维迹线图，如图 6.154 所示。

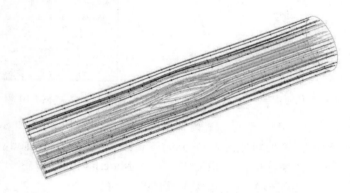

图 6.154　三维迹线图

上面的计算结果表明，生成的网格能够满足计算要求。

6.6　结构体网格的划分——肘状弯管实例

扫一扫，看视频

假设图 6.155 所示的一个内部带圆筒的肘状弯管，水在进水口以 1m/s 的速度流入，从出水口流出，出水口处为自由出流。本实例将该弯管划分为结构体网格并进行求解。

6.6.1　几何模型的准备

（1）设置工作目录。选择 File→Change Working Dir 命令，打开 New working directory 对话框，新建一个 3DElbow 文件夹，并将该文件夹作为工作目录。将电子资源包中提供的 Elbow_3D_geo.tin 文件复制到该工作目录中。

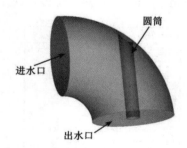

图 6.155　肘状弯管

（2）保存项目。单击工具栏中的 Save Project 按钮 🖫，以 Elbow_3D.prj 为项目名称创建一个新项目。

（3）导入几何模型。单击工具栏中的 Open Geometry 按钮🔳，选择 Elbow_3D_geo.tin 文件并打开。在显示树中勾选 Geometry→Surfaces 目录前的复选框，在图形窗口中显示 Surface，如图 6.156 所示。

（4）创建 Part。在显示树中右击 Parts 目录，在弹出的快捷菜单中选择 Create Part 命令，打开 Create Part 数据输入窗口，在 Part 文本框中输入 INLET，如图 6.157 所示，单击 Entities 文本框后的 Select Entities 按钮🖱，在图形窗口中选择图 6.156 所示标识为 INLET 的 Surface，单击鼠标中键，创建一个名称为 INLET 的新 Part（入口边界条件）。按照此方法，依照图 6.156 所示的标识，通过另一侧的 Surface 创建 Part OUTLET（出口边界条件），通过弯管外部的 Surface 创建 Part ELBOW，通过内部圆筒的 Surface 创建 Part CYL。

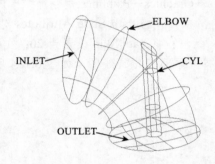

图 6.156　导入的几何模型

图 6.157　Create Part 数据输入窗口

（5）创建第一个材料点。下面分别在管道内部和叶片内部创建 FLUID 和 SOLID 材料点，以将流体区域与固体区域进行分离。单击功能区内 Geometry 选项卡中的 Create Body 按钮🔳，打开 Create Body 数据输入窗口，在 Part 文本框中输入 FLUID，单击 Material Point 按钮🔳，如图 6.158 所示。通过 2 screen locations 文本框在图形窗口中选择图 6.159 所示的两个位置，单击鼠标中键确认，可在弯管内部（但不是圆筒内部）创建一个材料点，结果如图 6.159 所示。

（6）创建第二个材料点。在 Create Body 数据输入窗口的 Part 文本框中输入 SOLID，通过 2 screen locations 文本框在图形窗口中选择图 6.160 所示的两个位置，单击鼠标中键确认，可在圆筒内部创建另一个材料点 SOLID，结果如图 6.160 所示。

（7）保存几何模型。单击工具栏中的 Open Geometry 下拉按钮🔳，在弹出的下拉菜单中单击 Save Geometry as 按钮🔳，将当前的几何模型保存为 Elbow_3D_new.tin。

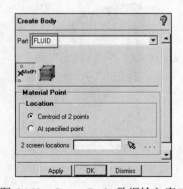

图 6.158　Create Body 数据输入窗口

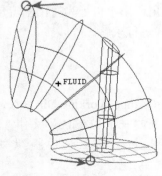

图 6.159　创建的第一个材料点

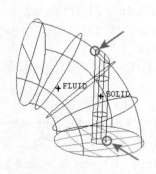

图 6.160　创建的第二个材料点

6.6.2　创建块

本实例采用自顶向下的分块策略，在本小节中首先创建一个初始块；接着对初始块进行分割，创建块与几何模型之间的关联；然后创建围绕内部圆筒的 O 型块；再将 O 型块与内部圆筒几何模型进行关联。

1．创建一个初始块

单击功能区内 Blocking 选项卡中的 Create Block 按钮，打开 Create Block 数据输入窗口，单击 Initialize Blocks 按钮，在 Part 文本框中输入 FLUID，将 Type 设置为 3D Bounding Box，取消勾选 Orient with geometry 复选框，如图 6.161 所示，单击 Apply 按钮，将创建一个环绕所有几何图元的三维块（初始块），如图 6.162 所示。

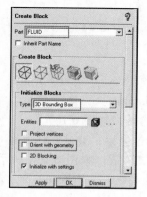

图 6.161　Create Block 数据输入窗口

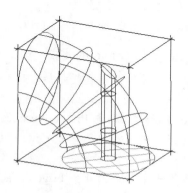

图 6.162　创建的初始块

2．对初始块进行分割

为了方便对块进行分割，可通过 View→Front 命令，将视角调整为前视图。单击功能区内 Blocking 选项卡中的 Split Block 按钮，打开 Split Block 数据输入窗口，单击 Split Block 按钮，将 Split Method 设置为 Screen select，如图 6.163 所示。通过 Edge 文本框在图形窗口中创建一个水平分割和一个垂直分割，结果如图 6.164 所示。

图 6.163　Split Block 数据输入窗口（1）

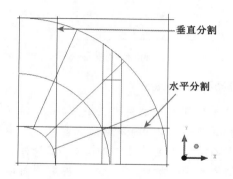

图 6.164　分割块操作结果

3．删除无用的块

单击功能区内 Blocking 选项卡中的 Delete Block 按钮，打开 Delete Block 数据输入窗口，如图 6.165 所示。单击 Blocks 文本框后的 Select block(s)（选择块）按钮，在图形窗口中选择图 6.166 所示的需要删除的块，单击鼠标中键确认。

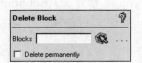

图 6.165　Delete Black 数据输入窗口

图 6.166　需要删除的块

4．创建 Edge 与 Curve 的关联

为了便于后续操作，通过显示树在图形窗口中显示 Edge 和 Curve，隐藏 Surface。单击功能区内 Blocking 选项卡中的 Associate 按钮，打开 Blocking Associations 数据输入窗口，单击 Associate Edge to Curve 按钮，勾选 Project vertices（映射 Vertex）复选框，如图 6.167 所示。通过 Edge(s) 文本框在图形窗口中选择位于弯管入水口附近的 4 条 Edge，单击鼠标中键确认；通过 Curve(s) 文本框在图形窗口中选择弯管入水口上的 4 条 Curve，单击鼠标中键确认，如图 6.168 所示。通过同样的方法，将弯管出水口处的 4 条 Edge 与相对应的 4 条 Curve 相关联，如图 6.168 所示。

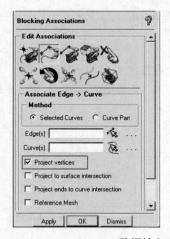

图 6.167　Blocking Associations 数据输入窗口（1）

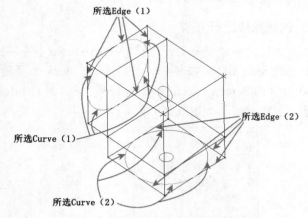

图 6.168　所选 Edge 和 Curve

5．自动移动 Vertex

通过显示树在图形窗口中显示 Vertex，单击功能区内 Blocking 选项卡中的 Associate 按钮，打开 Blocking Associations 数据输入窗口，单击 Snap Project Vertices 按钮，在 Vertex Select 组框中选中 All Visible 单选按钮，如图 6.169 所示，单击 Apply 按钮。将所有的 Vertex 移动到几何模型上，结果如图 6.170 所示。可以发现内部圆筒顶部的 Curve 与一条 Edge 的距离太近，下一步将手动移动该 Edge 的两个 Vertex，使该 Edge 稍微远离圆筒顶部的 Curve。

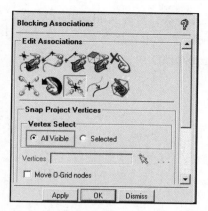

图 6.169 Blocking Associations 数据输入窗口（2）

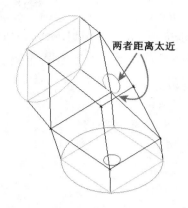

图 6.170 自动移动 Vertex 后的结果

6. 手动移动 Vertex

为了方便手动移动 Vertex，通过 View→Bottom 命令，将视角调整为底视图。单击功能区内 Blocking 选项卡中的 Move Vertex 按钮，打开 Move Vertices 数据输入窗口，单击 Move Vertex 按钮，如图 6.171 所示，通过 Vertex 文本框在图形窗口中选择并移动图 6.172 所示的两个 Vertex，移动后的结果如图 6.173 所示。

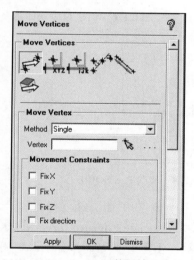

图 6.171 Move Vertices 数据输入窗口（1）

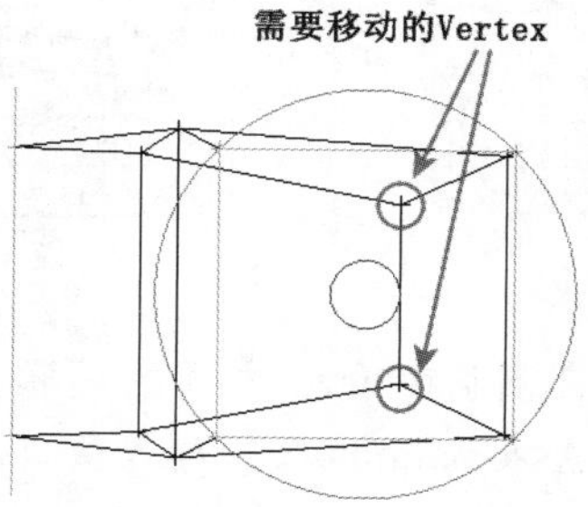

图 6.172 需要移动的 Vertex

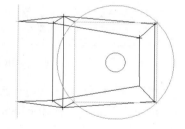

图 6.173 移动 Vertex 后的结果

7. 创建第一个 O 型块

（1）创建 O 型块。单击功能区内 Blocking 选项卡中的 Split Block 按钮，打开 Split Block 数据输入窗口，单击 Ogrid Block 按钮，如图 6.174 所示。单击 Select block(s)按钮，在图形窗口中选择图 6.175 所示的两个块；单击 Select face(s)按钮，在图形窗口中选择图 6.175 所示的两个 Face。单击鼠标中键确认，再单击 Apply 按钮，ICEM 将创建 O 型块，结果如图 6.176 所示。

（2）使用索引控制隔离可见块。为了方便后续操作，需要对可见块进行隔离。在显示树中右击 Blocking 目录，在弹出的快捷菜单中选择 Index Control 命令，在 ICEM 用户界面的右下角显示 Index Control 窗口，通过 O3 行中的上下箭头按钮，将 Min 设置为 1，如图 6.177 所示。

（3）修改 Part SOLID。下面将与内部圆筒相对应的两个块添加到 Part SOLID 中。在显示树中右击 Parts→SOLID 目录，在弹出的快捷菜单中选择 Add to Part 命令，打开 Add to Part 数据输入窗口，单击 Blocking Material, Add Blocks to Part 按钮，通过 Blocks 文本框在图形窗口中选择与内部圆筒相对应的两个块，单击鼠标中键确认，将所选块添加到 Part SOLID 中，如图 6.178 所示。

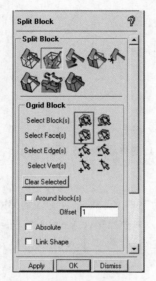

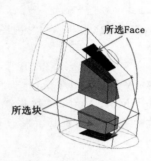

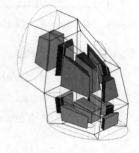

图 6.174　Split Block 数据输入窗口（2）　　图 6.175　所选块和 Face　　图 6.176　创建 O 型块的结果

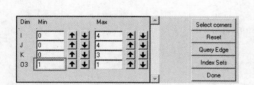

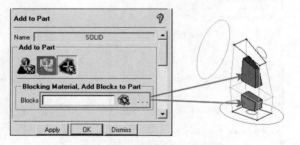

图 6.177　Index Control 窗口　　　　　　图 6.178　修改 Part SOLID

（4）创建 O 型块 Edge 与内部圆筒 Curve 之间的关联。单击功能区内 Blocking 选项卡中的 Associate 按钮，打开 Blocking Associations 数据输入窗口，单击 Associate Edge to Curve 按钮，勾选 Project vertices 复选框，如图 6.179 所示。通过 Edge(s)文本框在图形窗口中选择位于内部圆筒顶部附近的 4 条 Edge，单击鼠标中键确认；通过 Curve(s)文本框在图形窗口中选择内部圆筒顶部上的两条 Curve，单击鼠标中键确认，如图 6.180 所示。通过同样的方法，将内部圆筒底部附近的 4 条 Edge 与相对应的一条 Curve 相关联。

8. 调整 O 型块 Edge 的长度以改善网格质量

（1）自动移动 Vertex。在显示树中取消勾选 Parts→ELBOW 目录前的复选框，在图形窗口中隐藏 Part ELBOW 的显示。单击功能区内 Blocking 选项卡中的 Associate 按钮，打开 Blocking Associations 数据输入窗口，单击 Snap Project Vertices 按钮，在 Vertex Select 组框中选中 All Visible 单选按钮，如图 6.181 所示，单击 Apply 按钮，将所有可见的 Vertex 移动到内部圆筒上，结果如图 6.182 所示。

图 6.179　Blocking Associations 数据输入窗口（3）

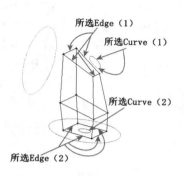

图 6.180　所选 Edge 和 Curve

图 6.181　Blocking Associations 数据输入窗口（4）

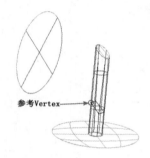

图 6.182　自动移动 Vertex 的结果

（2）手动移动 Vertex。单击功能区内 Blocking 选项卡中的 Move Vertex 按钮，打开 Move Vertices 数据输入窗口，单击 Set Location 按钮，将 Method 设置为 Set Position，在 Reference From 组框中选中 Vertex 单选按钮，如图 6.183 所示。通过 Ref. Vertex 文本框在图形窗口中选择图 6.182 所示位于圆筒中部稍高处的一个 Vertex，将 Coordinate system 设置为 Cartesian（坐标系统为笛卡儿），勾选 Modify Y 复选框（修改 Y 轴的坐标），通过 Vertices to Set 文本框在图形窗口中选择圆筒中部的其他三个 Vertex，单击 Apply 按钮，结果如图 6.184 所示。

图 6.183　Move Vertices 数据输入窗口（2）

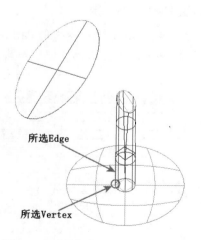

图 6.184　手动移动 Vertex 后的结果

（3）对齐 Vertex。在 Move Vertices 数据输入窗口中单击 Align Vertices 按钮，如图 6.185 所示，通过 Along edge direction 文本框和 Reference vertex 文本框在图形窗口中选择图 6.184 所示的 Edge 和 Vertex，在 Move in plane 组框中选中 XZ 单选按钮，单击 Apply 按钮，结果如图 6.186 所示。

（4）再次自动移动 Vertex。在图 6.186 中可以发现有部分 Vertex 偏离了几何模型，因此需要再次自动移动 Vertex。单击功能区内 Blocking 选项卡中的 Associate 按钮，打开 Blocking Associations 数据输入窗口，单击 Snap Project Vertices 按钮，在 Vertex Select 组框中选中 All Visible 单选按钮，单击 Apply 按钮，结果如图 6.187 所示。最后，在显示树中勾选 Parts→ELBOW 目录前的复选框，并在 ICEM 用户界面右下角的 Index Control 窗口中单击 Reset 按钮，再单击 Done 按钮，关闭 Index Control 窗口。

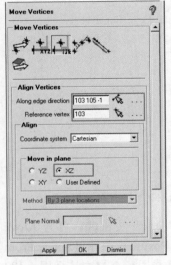

图 6.185　Move Vertices 数据输入窗口（3）

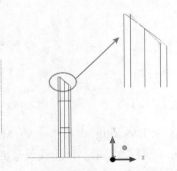

图 6.186　对齐 Vertex 后的结果

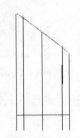

图 6.187　自动移动 Vertex 后的结果

6.6.3　预览网格并检查网格质量

1. 设置 Part 网格参数

单击功能区内 Mesh 选项卡中的 Part Mesh Setup 按钮，打开 Part Mesh Setup 对话框，按图 6.188 所示设置网格参数，单击 Apply 按钮确认，再单击 Dismiss 按钮退出。

Part	Prism	Hexa-core	Maximum size	Height	Height ratio	Num layers	Tetra size ratio	Tetra width
CYL	☐		5	1	1.2	0	0	0
ELBOW	☐		5	1	1.2	0	0	0
FLUID	☐	☐	5					
GEOM			5					0
INLET	☐		5	1	1.2	0	0	0
OUTLET	☐		5	1	1.2	0	0	0
SOLID	☐	☐	5					

☑ Show size params using scale factor
☐ Apply inflation parameters to curves
☐ Remove inflation parameters from curves
Highlighted parts have at least one blank field because not all entities in that part have identical parameters

Apply　Dismiss

图 6.188　Part Mesh Setup 对话框

2. 预览网格

单击功能区内 Blocking 选项卡中的 Pre-Mesh Params 按钮 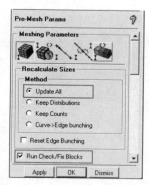，打开 Pre-Mesh Params 数据输入窗口，单击 Update Sizes 按钮，在 Method 组框中选中 Update All 单选按钮，勾选 Run Check/Fix Blocks 复选框，如图 6.189 所示，单击 Apply 按钮。在显示树中勾选 Blocking→Pre-Mesh 目录前的复选框，打开 Mesh 对话框，单击 Yes 按钮，将会在图形窗口中生成预览网格。在显示树中右击 Blocking→Pre-Mesh，在弹出的快捷菜单中选择 Solid & Wire 命令，以实体加线框的形式显示预览网格，如图 6.190 所示。

图 6.189　Pre-Mesh Params 数据输入窗口

图 6.190　生成的预览网格

3. 检查网格质量

在显示树中取消勾选 Parts→SOLID 目录前的复选框，单击功能区内 Blocking 选项卡中的 Pre-Mesh Quality 按钮，打开 Pre-Mesh Quality 数据输入窗口，将 Criterion 设置为 Determinant 2×2×2，勾选 Active parts only 复选框，如图 6.191 所示，单击 Apply 按钮，即可通过直方图窗口查看网格质量，如图 6.192 所示。

图 6.191　Pre-Mesh Quality
数据输入窗口

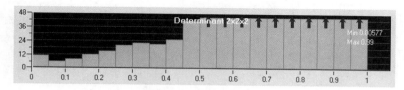

图 6.192　直方图窗口

4. 查看质量低的网格

隐藏预览网格的显示，在直方图窗口中选择 Determinant 2×2×2 小于 0.6 的柱形，即可在图形窗口中显示质量低的网格的分布情况，如图 6.193 所示。完成网格查看后，在显示树中勾选 Parts→SOLID 目录前的复选框，并在直方图窗口中右击，在弹出的快捷菜单中选择 Done 命令，关闭直方图窗口。

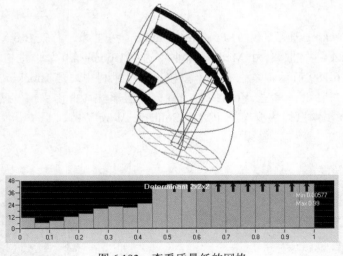

图 6.193 查看质量低的网格

6.6.4 创建第二个 O 型块并细化和导出网格

本小节首先创建第二个 O 型块，然后对所创建的 O 型块进行局部调整，最后通过 Edge 参数对网格进行细化。

1. 创建第二个 O 型块

单击功能区内 Blocking 选项卡中的 Split Block 按钮，打开 Split Block 数据输入窗口，单击 Ogrid Block 按钮，如图 6.194 所示。通过 Select Block(s)选择所有块；通过 Select Face(s)选择入水口（一个 Face）和出水口（5 个 Face），如图 6.195 所示，共计 6 个 Face，单击鼠标中键确认；单击 Apply 按钮，结果如图 6.196 所示。

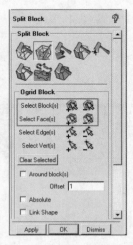  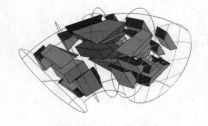

图 6.194 Split Block 数据输入窗口　　图 6.195 所选的块和 Face　　图 6.196 创建的 O 型块

2. 调整 Edge 的长度

单击功能区内 Blocking 选项卡中的 Move Vertex 按钮，打开 Move Vertices 数据输入窗口，单击 Set Edge Length 按钮，如图 6.197 所示。通过 Edge(s)文本框选择图 6.198 所示的两条 Edge，

在 Length 文本框中输入 5，单击 Apply 按钮，将所选 Edge 的长度调整为 5 个单位。通过相同的方法，将图 6.199 所示的两条 Edge 的长度调整为 5 个单位。

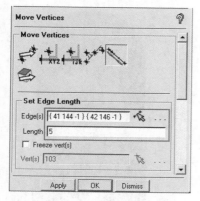

图 6.197 Move Vertices 数据输入窗口

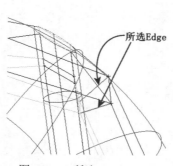

图 6.198 所选 Edge（1）

图 6.199 所选 Edge（2）

3. 再次预览网格

单击功能区内 Blocking 选项卡中的 Pre-Mesh Params 按钮，打开 Pre-Mesh Params 数据输入窗口，单击 Update Sizes 按钮，选中 Update All 单选按钮，如图 6.200 所示，单击 Apply 按钮。在显示树中取消勾选 Parts→SOLID 目录前的复选框，然后勾选 Blocking→Pre-Mesh 目录前的复选框，打开 Mesh 对话框，单击 Yes 按钮，将会在图形窗口中生成预览网格，如图 6.201 所示。

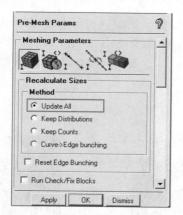

图 6.200 Pre-Mesh Params 数据输入窗口

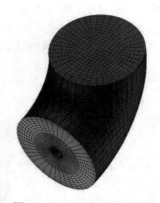

图 6.201 生成的预览网格

4. 调整 Edge 参数以细化网格

在显示树中取消勾选 Blocking→Pre-Mesh 目录前的复选框，隐藏预览网格的显示。

单击功能区内 Blocking 选项卡中的 Pre-Mesh Params 按钮，打开 Pre-Mesh Params 数据输入窗口，单击 Edge Params 按钮，如图 6.202 所示，通过 Edge 文本框在图形窗口中选择图 6.203 所示第二个 O 型块中一条径向的 Edge，在 Nodes 文本框中输入 16，在 Spacing 1 文本框中输入 0.05，在 Spacing 2 文本框中输入 0.25，勾选 Copy Parameters 复选框，将 Copy 组框中的 Method 设置为 To All Parallel Edges，其他参数保持默认，单击 Apply 按钮。

在显示树中勾选 Blocking→Pre-Mesh 目录前的复选框，在图形窗口中再次生成预览网格，结果如图 6.204 所示。

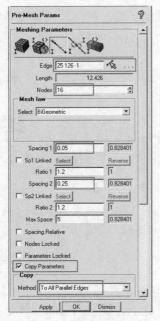

图 6.202　Pre-Mesh Params 数据
输入窗口（1）

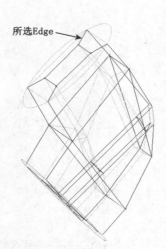

图 6.203　所选 Edge（1）

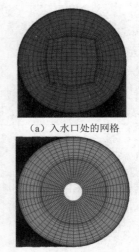

（a）入水口处的网格

（b）出水口处的网格

图 6.204　生成的预览网格（1）

5．匹配 Edge 以使网格平滑过渡

　　单击功能区内 Blocking 选项卡中的 Pre-Mesh Params 按钮，打开 Pre-Mesh Params 数据输入窗口，单击 Match Edges 按钮，如图 6.205 所示。通过 Reference Edge 文本框和 Target Edge(s)文本框分别选择图 6.206 所示的参考 Edge 和目标 Edge，单击 Apply 按钮，重新生成预览网格，结果如图 6.207 所示。

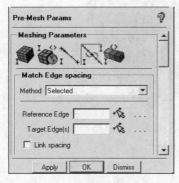

图 6.205　Pre-Mesh Params 数据
输入窗口（2）

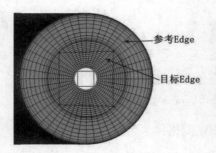

图 6.206　所选 Edge（2）

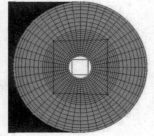

图 6.207　重新生成的预览网格

6．将 Edge 网格参数复制给与其平行的其他 Edge

　　单击功能区内 Blocking 选项卡中的 Pre-Mesh Params 按钮，打开 Pre-Mesh Params 数据输入窗口，单击 Edge Params 按钮，通过 Edge 文本框在图形窗口中选择图 6.206 所示的参考 Edge，勾选 Copy Parameters 复选框，将 Copy 组框中的 Method 栏设置为 To All Parallel Edges，单击 Apply 按钮，将参考 Edge 的网格参数复制给与其平行的其他 Edge。通过同样的方法，将图 6.206 所示目

标 Edge 的网格参数复制给与其平行的其他 Edge，并重新生成预览网格。

7. 检查网格质量

单击功能区内 Blocking 选项卡中的 Pre-Mesh Quality 按钮，打开 Pre-Mesh Quality 数据输入窗口，将 Criterion 设置为 Determinant 2×2×2，勾选 Active parts only 复选框，如图 6.208 所示，单击 Apply 按钮，即可通过直方图窗口查看网格质量，如图 6.209 所示。在直方图窗口中选择 Determinant 2×2×2 的数值小于 0.7 的柱形，可以查看所选网格的分布情况。

图 6.208　Pre-Mesh Quality 数据输入窗口

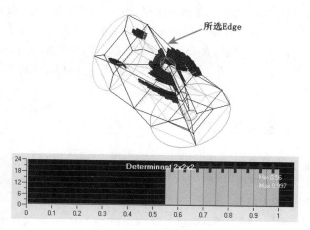

图 6.209　直方图窗口

8. 增加 Edge 的节点数以提升网格质量

单击功能区内 Blocking 选项卡中的 Pre-Mesh Params 按钮，打开 Pre-Mesh Params 数据输入窗口，单击 Edge Params 按钮，通过 Edge 文本框在图形窗口中选择图 6.209 所示的 Edge，在 Nodes 文本框中输入 20，勾选 Copy Parameters 复选框，将 Copy 组框中的 Method 设置为 To All Parallel Edges，单击 Apply 按钮。

9. 再次检查网格质量

重新生成预览网格，再通过 Determinant 2×2×2 标准来检查网格质量，其直方图窗口如图 6.210 所示。

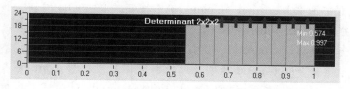

图 6.210　生成的预览网格（2）

10. 保存当前的块文件

单击工具栏中的 Open Blocking 下拉按钮，在弹出的下拉菜单中单击 Save Blocking as 按钮，将当前的块文件保存为 Elbow_3D_geo.blk。

11. 生成网格

前面在图形窗口中所见的网格只是网格的预览，其实并没有真正生成网格，下面将生成网格。

在显示树中右击 Blocking→Pre-Mesh 目录，在弹出的快捷菜单中选择 Convert to Unstruct Mesh 命令，生成网格。

12．为求解器生成输入文件

单击功能区内 Output Mesh 选项卡中的 Write Input 按钮 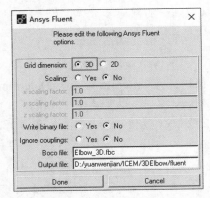，打开 Save 对话框，单击 Yes 按钮，将当前项目进行保存。此时将打开"打开"对话框，保持默认设置，单击"打开"按钮。此时将打开图 6.211 所示的 Ansys Fluent 对话框，在 Grid dimension 栏中选中 3D 单选按钮，即输出三维网格。读者也可以在 Output file 文本框中修改输出的路径和文件名，本实例中不对路径和文件名进行修改。单击 Done 按钮，此时可在 Output file 文本框所示的路径下找到输入文件 fluent.msh。

图 6.211　Ansys Fluent 对话框

6.6.5　计算及后处理

本小节将通过 Fluent 进行数值计算，以验证所生成的网格是否满足计算要求。

（1）读入网格文件。启动 Fluent，在 Fluent Launcher 2023 R1 对话框中将 Dimension 设置为 3D，即选择三维求解器；设置工作目录后单击 Start 按钮，进入 Fluent 2023 R1 用户界面。选择 File→Read→Mesh 命令，读入 6.6.4 小节中 ICEM 生成的网格文件 fluent.msh。

（2）检查网格。在界面左侧 Outline View 中双击 Setup→General 命令，然后在 Task Page 的 Mesh 组框中单击 Check 按钮，以检查网格。注意，界面右下角 Console 中显示的检查结果 minimum volume 应大于 0。

（3）定义网格单位。在 Task Page 的 Mesh 组框中单击 Scale 按钮，在打开的 Scale Mesh 对话框中将 Mesh Was Created In 设置为 mm，单击 Scale 按钮确认，再单击 Close 按钮退出。

（4）显示网格。在 Task Page 的 Mesh 组框中单击 Display 按钮，打开 Mesh Display 对话框，保持默认设置，单击 Display 按钮，在图形窗口中显示网格。

（5）选择求解器。在 Task Page 的 Solver 组框中，将 Type 设置为 Pressure-Based，Velocity Formulation 设置为 Absolute，Time 设置为 Steady，即选择三维基于压力的稳态求解器。

（6）选择湍流模型。在 Outline View 中双击 Setup→Models→Viscous 命令，打开 Viscous Model 对话框，在 Model 组框中选中 k-epsilon（2 eqn）单选按钮，单击 OK 按钮。

（7）定义材料。在 Outline View 中双击 Setup→Materials→Fluid→air 命令，打开 Create/Edit Materials 对话框，单击 Fluent Database 按钮，打开 Fluent Database Materials 对话框，在 Fluent Fluid Materials 下拉列表框中选择 water-liquid 选项（选择水流体），单击 Copy 按钮，即可把水的物理性质从数据库中调出。单击 Close 按钮，返回 Create/Edit Materials 对话框，再单击 Close 按钮，完成对材料的定义。

（8）定义流体域的材料。在 Outline View 中双击 Setup→Cell Zone Conditions→Fluid→fluid 命令，打开 Fluid 对话框，将 Material Name 设置为 water-liquid，单击 Apply 按钮，将区域中的流体定义为水，单击 Close 按钮退出。

（9）定义边界条件。在 Outline View 中双击 Setup→Boundary Conditions 命令，然后在 Task Page 的 Zone 列表框中选择 inlet，程序自动将 Type 设置为 velocity-inlet，如图 6.212 所示。单击 Edit 按钮，打开 Velocity Inlet 对话框，在 Velocity Magnitude [m/s] 文本框中输入 1，完成进水口边界条件的

定义。

　　在 Task Page 的 Zone 列表框中选择 outlet，将 Type 设置为 outflow，打开 Outflow 对话框，保持默认参数设置，完成出水口边界条件的定义。

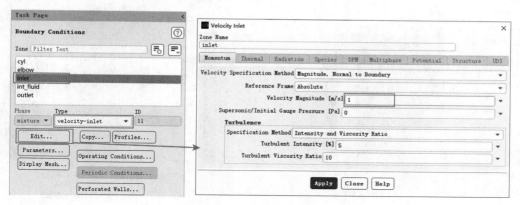

图 6.212　定义边界条件

　　（10）定义收敛条件。在 Outline View 中双击 Solution→Monitors→Residual 命令，打开 Residual Monitors 对话框，将各变量收敛残差设置为 1e–5，单击 OK 按钮。

　　（11）初始化流场。在 Outline View 中双击 Solution→Initialization 命令，然后在 Task Page 的 Initialization Methods 组框中选中 Standard Initialization 单选按钮，在 Compute from 下拉列表中选择 inlet，其他参数保持默认，单击 Initialize 按钮。

　　（12）提交求解。在 Outline View 中双击 Solution→Run Calculation 命令，然后在 Task Page 的 Number of Iterations 文本框中输入 300，其他参数保持默认，单击 Calculate 按钮提交求解。由于残差设置值较小，大约迭代 163 步后结果收敛，图 6.213 所示为其残差变化情况。

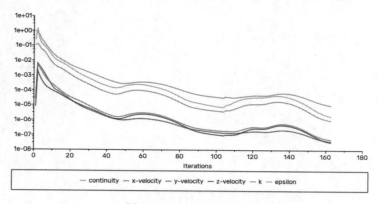

图 6.213　残差变化情况

　　（13）定义显示切面。单击功能区内 Results 选项卡 Surface 组中的 Create 下拉按钮，在弹出的下拉菜单中选择 Iso-Surface 命令，打开 Iso-Surface 对话框，在 New Surface Name 文本框中输入 z0，在 Surface of Constant 栏中分别选择 Mesh 和 Z-Coordinate，在 Iso-Values 文本框中输入 0，单击 Create 按钮，创建切面 z0。

　　（14）显示云图。在 Outline View 中双击 Results→Graphics→Contours 命令，打开 Contours 对话框，在 Contours of 栏中分别选择 Velocity 和 Velocity Magnitude、Pressure 和 Static Pressure，在 Surfaces

列表中选择 z0，单击 Save/Display 按钮，即可显示速度标量和静态压力云图，如图 6.214 和图 6.215 所示。

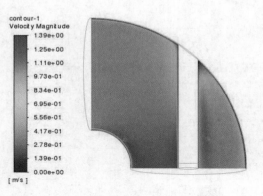

图 6.214　速度标量云图　　　　　　　　图 6.215　静态压力云图

（15）显示速度矢量图。在 Outline View 中双击 Results→Graphics→Vectors 命令，打开 Vectors 对话框，将 Style 设置为 arrow，在 Color by 栏中分别选择 Velocity 和 Velocity Magnitude，在 Surfaces 列表中选择 z0，单击 Save/Display 按钮，即可显示速度矢量图，如图 6.216 所示。

（16）显示三维迹线图。在 Outline View 中双击 Results→Graphics→Pathlines 命令，打开 Pathlines 对话框，将 Style 设置为 line-arrows；单击 Attributes 按钮，在打开的 Path Style Attributes 对话框中将 Scale 设置为 0.2，单击 OK 按钮确认，返回 Pathlines 对话框；将 Path Skip 设置为 10；在 Release From Surface 列表中选择 inlet；单击 Save/Display 按钮，即可显示三维迹线图，如图 6.217 所示。

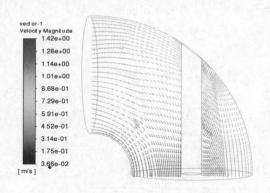

图 6.216　速度矢量图　　　　　　　　图 6.217　三维迹线图

上面的计算结果表明，生成的网格能够满足计算要求。

第 7 章　非结构体网格的划分

内容简介

对于形状复杂的三维模型，有的无法划分为结构化的体网格，有的需要耗费较长的时间才能够将其划分为结构化的体网格。因此，对于形状复杂的三维模型，将其划分为四面体、棱柱体或混合了六面体、四面体、金字塔和/或棱柱体网格的杂交网格（统称为非结构体网格），将大大减少划分网格所需的时间。

本章将介绍 ICEM 中非结构体网格的类型、划分方法和划分流程，并通过具体实例详细讲解使用 ICEM 进行非结构体网格划分的基本操作步骤。

内容要点

➤ 非结构体网格的类型和划分方法
➤ 非结构体网格的划分流程
➤ 自顶向下网格划分方法
➤ 自底向上网格划分方法
➤ 棱柱体网格参数设置

7.1　非结构体网格的基础知识

在将三维模型划分为非结构体网格时，只需在 ICEM 中设置网格类型、网格划分方法等网格参数，程序就会自动将模型划分为体网格。因此，一般还将非结构体网格称为自动体网格。下面介绍有关非结构体网格的基础知识。

7.1.1　非结构体网格的类型

单击功能区内 Mesh 选项卡中的 Global Mesh Setup 按钮，在打开的 Global Mesh Setup 数据输入窗口中单击 Volume Meshing Parameters（体网格参数）按钮，通过 Mesh Type 下拉列表即可选择体网格的类型，如图 7.1 所示。

非结构体网格有以下三种类型。

（1）Tetra/Mixed（四面体/混合）。这是一种应用最普遍的非结构网格类型，默认情况下生成四面体网格，如图 7.2（a）所示；通过设定可以创建棱柱体边界层网格，如图 7.2（b）

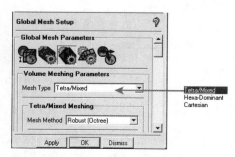

图 7.1　Global Mesh Setup 数据输入窗口

所示；或者生成既包含边界层又包含六面体网格的网格，如图7.2（c）所示。

（a）纯四面体网格　　　　（b）棱柱体/四面体网格　　　（c）四面体/棱柱体/六面体主导网格

图 7.2　四面体/混合网格类型示例

（2）Hexa-Dominant（六面体主导的网格）。这是一种以六面体网格为主的非结构网格类型，这种网格在接近表面的六面体网格质量较好，有时内部网格质量稍差，如图7.3所示。

（3）Cartesian（笛卡儿网格）。这是一种自动生成的纯六面体非结构网格类型，如图7.4所示。

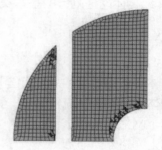

图 7.3　六面体主导的网格　　　　　图 7.4　笛卡儿网格

7.1.2　非结构体网格的划分方法

在 Global Mesh Setup 数据输入窗口中的 Mesh Type 下拉列表中选择不同的网格类型后，可以通过 Mesh Method 下拉列表选择网格划分方法，如图7.5所示。

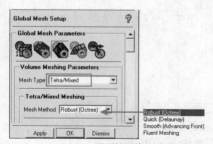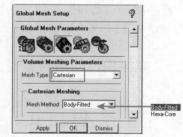

（a）四面体网格　　　　　（b）六面体主导的网格　　　　（c）笛卡儿网格

图 7.5　Global Mesh Setup 数据输入窗口

下面对这些网格划分方法作简要介绍。

1．四面体/混合网格的划分方法

四面体/混合网格类型有以下 4 种网格划分方法，分别是 Robust(Octree)、Quick(Delaunay)、

Smooth(Advancing Front)和 Fluent Meshing。

（1）Robust(Octree)。该方法使用八叉树方法生成四面体网格，这是一种自顶向下的网格划分方法，即先生成体网格，再生成面网格。由于使用该方法不需要提前生成面网格，因此无须花费大量时间进行几何的简化和修补，也无须花时间进行面网格的细化。该方法将以更统一的方式设置各种网格参数。例如，可以统一设置 Curve 上的网格尺寸，但不能设置某个 Curve 上的节点分布。当选择该网格划分方法时，可以设置下列网格参数，如图 7.6 所示。

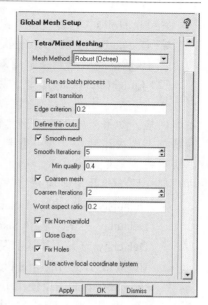

图 7.6　Robust(Octree)网格划分方法的参数设置

- ➤ **Run as batch process**（作为批处理运行）：允许用户以批处理模式运行网格划分操作。

- ➤ **Fast transition**（快速过渡）：勾选该复选框时，将允许从粗网格到细网格进行快速过渡，这可以减少总体网格数量。

- ➤ **Edge criterion**（Edge 准则）：该参数用于确定四面体网格被切割到何种程度，以捕捉几何模型的细节。该参数是四面体网格 Edge 的因子，数值范围为 0～1。如果四面体网格的 Edge 与实体相互作用，作用后生成的网格小于指定值，那么这些网格会被切割掉。设置不同 Edge 准则的示例如图 7.7 所示。

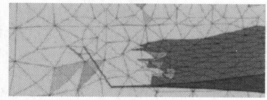
（a）Edge criterion=0.2

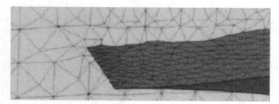
（b）Edge criterion=0.01

图 7.7　设置不同 Edge 准则的示例

- ➤ **Define thin cuts**（定义薄切割）：一个处理细缝、尖角的工具。其允许用户对不同 Part 彼此接近的 Surface 或 Curve 之间的间隙进行处理，可防止生成跨越多个 Part 的面单元。

- ➤ **Smooth mesh**（光顺网格）：勾选该复选框后，网格生成后自动进行光顺。

- ➤ **Smooth Iterations**（光顺迭代）：光顺的迭代次数。

- ➤ **Min quality**（最小质量）：网格质量小于该参数值的网格将被光顺。

- ➤ **Coarsen mesh**（粗化网格）：勾选该复选框后，ICEM 将在保证能够捕捉几何特征的情况下自动对网格进行粗化。大多数情况下，不建议启用该功能，建议在完成网格划分后使用 Edit Mesh 选项卡中的工具对网格进行粗化。

- ➤ **Coarsen Iterations**（粗化迭代）：粗化的迭代次数。

- ➤ **Worst aspect ratio**（最差纵横比）：低于此参数值的任何网格将不再被粗化。

- ➤ **Fix Non-manifold**（修复非流形）：勾选该复选框后，ICEM 将尝试修复非流形单元（非流形单元是指在三维几何模型中，某些单元之间可能存在连接关系上的问题，导致它们无法满足流形的要求）。

- ➤ **Close Gaps**（闭合间隙）：用于闭合不同材料面网格之间的间隙。

➤ Fix Holes（修复孔洞）：用于闭合三维几何模型中的孔洞。

➤ Use active local coordinate system（使用激活的局部坐标系）：允许使用激活的局部坐标系而不是全局坐标系来定向网格。

（2）Quick(Delaunay)。该方法使用 Delaunay 方法生成四面体网格，这是一种自底向上的网格划分方法，即先生成面网格，然后在此基础上生成体网格。该方法可以在现有闭合面网格的基础上生成体网格。如果尚未创建面网格，该方法将自动通过所设置的网格参数创建面网格，然后在面网格的基础上生成体网格。其中需要注意，该方法需要通过闭合的面网格来生成体网格，否则 Delaunay 方法生成体网格时将失败。当选择该网格划分方法时，可以设置下列网格参数，如图 7.8 所示。其中，部分网格参数与前面介绍的 Robust(Octree)方法的网格参数相同，其含义此处不再赘述。

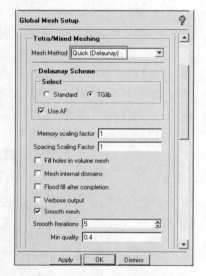

图 7.8　Quick(Delaunay)网格划分方法的参数设置

➤ Delaunay Scheme（Delaunay 方案）：用于选择要使用的 Delaunay 方案。选中 Standard 单选按钮时，表示将使用标准 Delaunay 方案，并基于偏斜度进行细化；选中 TGLib 单选按钮时，表示使用最新的 Fluent 网格 Delaunay 体网格生成算法，该算法在表面附近使用更平缓的过渡，并向内部使用更快的过渡。如果勾选 Use AF 复选框，将使用最新的 Fluent 网格 Advancing Front Delaunay 算法，该算法具有更平滑的过渡。

➤ Memory scaling factor（内存比例因子）：ICEM 根据面网格（或体网格）计算初始内存需求，初始内存需求乘以此系数为实际所分配的内存。

➤ Spacing Scaling Factor（间距比例因子）：四面体网格从面网格增长的速率。该参数直接影响所生成的四面体网格数量。

➤ Fill holes in volume mesh（填充体网格中的孔洞）：该选项用于具有内部孔洞的现有四面体网格(孔洞重新进行网格划分）。勾选该复选框时，将只在内部孔洞生成网格，而其他已生成的四面体网格无须重新生成。

➤ Mesh internal domains（网格化内部域）：勾选该复选框时，将尝试在内部体积区域生成体网格。

➤ Flood fill after completion（完成后填充）：该复选框仅适用于具有多个材料点的模型。勾选该复选框时，将根据材料点的包含关系将体网格分配给不同的体 Part。

➤ Verbose output（详细信息输出）：勾选该复选框时，将输出更详细的信息，以帮助调试任何潜在的网格划分问题。

（3）Smooth(Advancing Front)。该方法使用 Advancing Front 方法生成四面体网格，这也是一种自底向上的网格划分方法。这种网格划分方法会使单元大小的变化更加平缓，初始的面网格应该具有相当高的网格质量，相邻面网格尺寸的突然变化可能导致体网格的质量问题甚至故障。其中需要注意，初始的面网格应该形成一个封闭的体积，且面网格必须是三角形或四边形。当选择该网格划分方法时，可以设置下列网格参数，如图 7.9 所示。前面已介绍的网格参数，其含义此处不再赘述。

➤ Expansion Factor（膨胀系数）：从面网格生成四面体网格尺寸的比率。该值直接影响生成四面体网格的数量。

➤ Do Proximity Checking（接近度检查）：勾选该复选框时，将检查节点之间的接近度，以防止节点聚集或拉伸，以便正确填充小间隙。启用此功能将导致更长的网格划分时间。

（4）Fluent Meshing。该方法在批处理模式下使用 Ansys Fluent 在面网格的基础上逐个 Part 创建四面体网格。该方法在创建四面体网格的同时，还可以选择创建棱柱体边界层网格或六面体主导网格。当选择该网格划分方法时，可以设置图 7.10 所示的网格参数，其网格参数的含义前面均已介绍，此处不再赘述。

图 7.9　Smooth(Advancing Front)网格
划分方法的参数设置

图 7.10　Fluent Meshing 网格划分
方法的参数设置

2．六面体主导的网格的划分方法

该方法生成以六面体网格为主的体网格，这是一种自底向上的网格划分方法。对于简单几何，生成的网格单元可能全部是六面体网格；对于复杂的模型，在面附近生成六面体网格，内部由四面体网格和金字塔（pyramid）网格单元填充。该方法以四边形为主的面网格为基础，并使用 Advancing Front 方法向几何模型内部填充体网格。然后，运行诊断程序，如果这些内部网格的质量较差，则使用 Delaunay 方法再次对内部进行网格划分。当勾选 Remesh Center 复选框时，将删除中心区域的四面体网格，并使用 Delaunay 方法重新生成网格，这将在中心区域产生更高质量的网格。

3．笛卡儿网格的划分方法

（1）Body-Fitted。该方法将基于笛卡儿网格创建统一大小的非结构化六边形网格，并将其拟合到几何模型。其适用于 CAD 和 STL 类型的几何模型。只要网格尺寸大于几何模型中的间隙尺寸，形状复杂或表面有瑕疵的几何模型也可以正确生成网格。当选择该网格划分方法时，可以设置下列网格参数，如图 7.11 所示。前面已介绍的网格参数，其含义此处不再赘述。

➢ Projection Factor（投影因子）：该参数控制笛卡儿网格与几何模型的紧密程度，其数值范围为 0~1，其中 0 表示网格完全不受几何模型的影响，1 表示网格严格受到几何模型的控制。如图 7.12（a）所示，如果 Projection Factor 设置为 0，则生成的网格将是具有通过阶梯式过渡的高质量六面体网格。如图 7.12（b）所示，如果 Projection Factor 设置为 1，则每个节点都将位于几何模型的 Surface 上，然而可能存在两个 Face 在一个平面内的六面体网格。如图 7.12（c）所示，如果 Projection Factor 设置为 0.9，将导致网格稍微偏离几何模型的 Surface，因此单元质量不会太差。由于在捕获几何模型和获得合理质量的网格之间的这种折衷，因此网格是波浪形的。

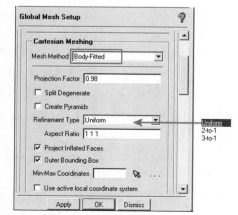

图 7.11　Body-Fitted 网格划分
方法的参数设置

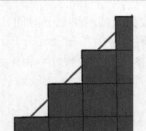 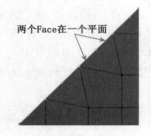 

（a）Projection Factor=0　　　（b）Projection Factor=1　　　（c）Projection Factor=0.9

图 7.12　设置不同投影因子的示例

➢ Split Degenerate（分割退化网格）：勾选该复选框时，将分割边界层网格中具有三角形 Face 的六面体网格，并对相邻网格也同时进行分割，以产生更高质量的网格。此复选框不会引入金字塔或四面体网格。分割退化网格示例如图 7.13 所示。

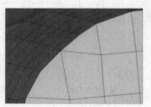 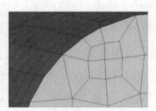

（a）不勾选 Split Degenerate 复选框　　　（b）勾选 Split Degenerate 复选框

图 7.13　分割退化网格示例

➢ Create Pyramids（创建金字塔网格）：勾选该复选框时，将使用 Delaunay 方法重新对质量较差的六面体网格（Determinant 质量小于 0.05）进行网格划分。这可以有效地使用更高质量的四面体和金字塔网格替换质量最差的六面体网格。

➢ Refinement Type（细化类型）：用于选择网格细化类型。当设置为 Uniform 时，将创建统一大小的六面体网格；当设置为 2-to-1 时，将创建网格尺寸比例在 1～2 之间的六面体网格，这将在网格中引入 Hanging Node（悬挂节点，指位于边界线上的节点，这些节点通常没有直接连接到外部边界，而是仅与内部节点相连）；当设置为 3-to-1 时，将创建网格尺寸比例在 1～3 之间的六面体网格。

➢ Aspect Ratio（纵横比）：用于控制其他均匀笛卡儿网格的纵横比。

➢ Project Inflated Faces（投影膨胀面）：勾选该复选框时，将允许膨胀面完全投影到几何模型的 Surface，而不是使用 Projection Factor 来限制投影。

➢ Outer Bounding Box（外部边界框）：勾选该复选框时，可激活 Min-Max Coordinates 文本框，用来指定外部流体网格区域的坐标。

（2）Hexa-Core。该方法将使用自底向上的网格划分方法生成以六面体为核心的体网格。该方法将保留三角形的面网格或棱柱体网格，删除现有的四面体网格，并使用笛卡儿网格重新划分模型内部。所删除的四面体网格将使用 Delaunay 方法映射到三角形的面网格或棱柱体网格的面。当选择该网格划分方法时，可以设置图 7.14 所示的网格参数，其网格参数的含义前面均已介绍，此处不再赘述。

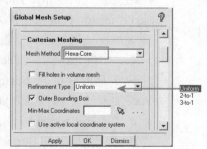

图 7.14　Hexa-Core 网格划分
方法的参数设置

7.1.3 非结构体网格的划分流程

一般情况下,ICEM 非结构体网格划分的基本流程如图7.15所示,下面对涉及的各个按钮进行简要介绍。

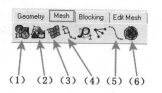

（1）![]Global Mesh Setup（全局网格设置）：对整个模型进行全局网格参数设置,包括设置全局网格尺寸、网格类型、网格划分方法等。在非结构体网格划分过程中,为了更好地模拟边界层效应,有时需要在 Global Mesh Setup 数据输入窗口中单击 Prism Meshing Parameters 按钮![],进行棱柱体网格参数设置,如图 7.16 所示。下面对 Global Mesh Setup 数据输入窗口中的部分常用选项作简单介绍。

图 7.15 非结构体网格划分的基本流程

> Growth law（生长规则）：用于指定棱柱体网格的生长规律。

> Initial height（初始高度）：用于指定第一层棱柱体网格的高度。0 表示由程序自动计算。

> Height ratio（高度比）：表示以 Surface 上第一层网格高度为基准,上一层网格高度与下一层网格高度的比值。

> Number of layers（层数）：棱柱体网格的层数。

> Total height（总高度）：所有棱柱体网格的总厚度。

> Compute params（计算参数）：当指定 Initial height、Height ratio、Number of layers 和 Total height 4 个参数中的 3 个时,单击该按钮,将计算剩下的一个参数。

> Fix marching direction（固定行进方向）：勾选该复选框时,生成的棱柱体网格将与 Surface 保证垂直。但是,棱柱体网格的质量仍然受 Min prism quality 参数控制。

> Min prism quality（最低允许棱柱体网格质量）：当棱柱体网格质量低于该参数时,将重新方向光顺或者用金字塔网格替换一些棱柱体网格。

> Fillet ratio（圆角比率）：当棱柱体网格质量低于该参数时,将定向重新光顺棱柱体网格,或者用金字塔网格来替换一些棱柱体网格。其中,0 表示无圆角,1 表示圆角曲率等于棱柱层厚度。需要注意,对于角度小于 60° 的拐角,可能没有空间生成按比率圆角。圆角比率示例如图 7.17 所示。

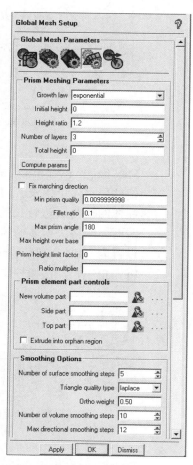

图 7.16 Global Mesh Setup
数据输入窗口

> Max prism angle（最大允许棱柱角度）：该参数用于控制弯曲附近或到邻近 Surface 棱柱层网格的生成,在棱柱体网格停止的位置用金字塔网格进行连接,参数范围为 140°～180°。如图 7.18（a）所示,两个相邻 Surface 的角度为 158°,由于所设 Max prism angle 为 140°,小于两个壁面之间的角度,因此在棱柱体网格停止的位置生成了金字塔网格;如图 7.18（b）所示,由于所设 Max prism angle 大于两个壁面之间的角度,因此棱柱体网格可以生成到相邻的 Surface 位置。

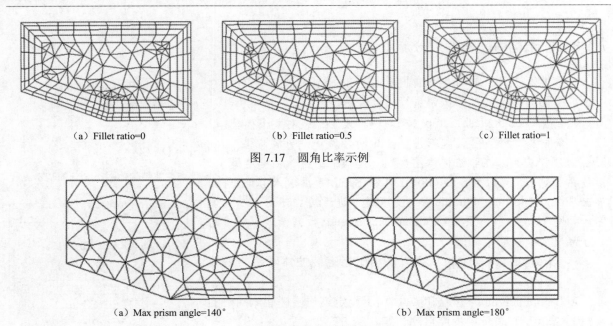

（a）Fillet ratio=0　　　　　　（b）Fillet ratio=0.5　　　　　　（c）Fillet ratio=1

图 7.17　圆角比率示例

（a）Max prism angle=140°　　　　　　　（b）Max prism angle=180°

图 7.18　最大允许棱柱角度示例

➤ Max height over base（最大棱柱体网格纵横比）：在棱柱体网格的纵横比超过指定值的区域，棱柱层将停止生长。如图 7.19（a）所示，当未设置 Max height over base 时，底边较短的棱柱体网格与底边较长的棱柱体网格具有相同的高度，最高一层的棱柱体网格具有比其相邻四面体网格大得多的体积，这并非理想网格；如图 7.19（b）所示，当将 Max height over base 设置为 1 时，则棱柱体网格的高度不能超过其底边的平均长度，超过该数值的棱柱体网格将停止生长，在棱柱层边界网格融接为金字塔网格。

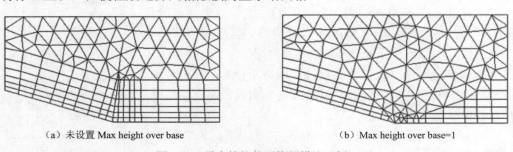

（a）未设置 Max height over base　　　　　　（b）Max height over base=1

图 7.19　最大棱柱体网格纵横比示例

➤ Prism height limit factor（棱柱高度限制系数）：可通过限制棱柱体网格的增长比率将棱柱体网格的纵横比限制为指定值，但可以保持棱柱体网格的层数不变。棱柱高度限制系数示例如图 7.20 所示。

➤ Ratio multiplier（比率乘数）：该参数只在将 Growth law 设置为 exponential 时有效，在每一层的棱柱体网格计算中，用该值乘以 Height ratio。

➤ New volume part（新的体 Part）：在没有现有四面体网格的情况下生成棱柱体网格时，需要使用 Prism element part controls（棱柱体网格 Part 控制）组框中的网格参数。该文本框用于指定新的 Part 存放棱柱体网格或者从已有的面网格或体网格的 Part 中选择。

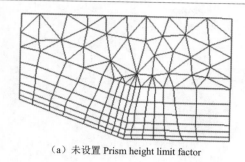 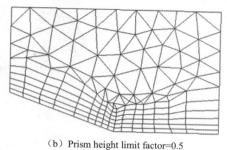

（a）未设置 Prism height limit factor　　　　（b）Prism height limit factor=0.5

图 7.20　棱柱高度限制系数示例

➤ Side part（侧面 Part）：用于指定新的 Part 存放棱柱体网格侧面边界上的四边形面网格。

➤ Top part（顶部 Part）：用于指定新的 Part 存放最后一层棱柱体网格顶部的三角形面网格。

➤ Extrude into orphan region（拉伸到孤立区域）：当勾选该复选框时，将向已有体网格的外部生成棱柱体网格，而不是向内生成棱柱体网格。

➤ Number of surface smoothing steps（面网格的光顺步数）：在生成棱柱体网格之前光顺已有面网格的迭代次数。最终棱柱体网格的质量主要取决于三角形面网格的质量，推荐初始面网格的最小网格质量为 0.3。

➤ Triangle quality type（三角形质量类型）：选择网格质量标准，通过光顺来改进三角形的面网格，推荐使用 laplace 光顺。

➤ Ortho weight（正交权因子）：用于确定方向光顺步数（directional smoothing steps）的优先级。该参数的取值范围为 0～1，0 表示优先提高三角形面网格的质量，1 表示优先提高棱柱体网格的正交性。该参数仅在 Triangle quality type 设置为 laplace 时才有效。

➤ Number of volume smoothing steps（体网格的光顺步数）：在生成棱柱体网格之前光顺已有四面体网格的迭代次数。

➤ Max directional smoothing steps（最大方向光顺步数）：创建下一个棱柱体网格层之前对面网格法向向量的光顺迭代次数。其默认值可适用于大多数问题。

➤ First layer smoothing steps（第一层的光顺步数）：用于设置第一层棱柱体网格的光顺迭代次数。

（2）Part Mesh Setup（Part 网格设置）：对各 Part 进行不同的网格参数设置。

（3）Surface Mesh Setup（Surface 网格设置）：对 Surface 进行网格参数设置。

（4）Curve Mesh Setup（Curve 网格设置）：对 Curve 进行网格参数设置。

（5）Mesh Curve（生成线网格）：通常情况下此步骤可以省略。

（6）Compute Mesh（计算网格）：生成非结构体网格，必要时可以通过 Edit Mesh 选项卡中的工具对网格进行编辑，以提升网格质量。

7.2　非结构体网格的划分——活塞阀组件实例

扫一扫，看视频

本节将对一个活塞阀组件进行网格划分，使读者对三维非结构体网格的划分流程有一个初步的了解。活塞阀组件的结构如图 7.21 所示。

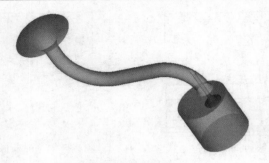

图 7.21　活塞阀组件的结构

7.2.1　几何模型的准备

（1）设置工作目录。选择 File→Change Working Dir 命令，打开 New working directory 对话框，新建一个 PistonValve 文件夹，并将该文件夹作为工作目录。将电子资源包中提供的 Piston_Valve.tin 文件复制到该工作目录中。

（2）保存项目。单击工具栏中的 Save Project 按钮 ⊞，以 PistonValve.prj 为项目名称创建一个新项目。

（3）导入几何模型。单击工具栏中的 Open Geometry 按钮 ◩，选择 Piston_Valve.tin 文件并打开，将在图形窗口中显示所导入的几何模型。

（4）建立拓扑。单击功能区内 Geometry 选项卡中的 Repair Geometry 按钮 ◪，打开 Repair Geometry 数据输入窗口，勾选 Inherit Part 复选框，单击 Build Topology 按钮 ◪，在 Tolerance 文本框中输入 0.3，勾选 Filter points 和 Filter curves 复选框，其他参数保持默认，如图 7.22 所示，单击 OK 按钮。建立拓扑后的结果如图 7.23 所示。

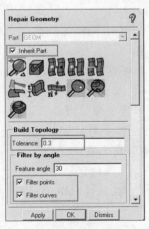

图 7.22　Repair Geometry 数据输入窗口

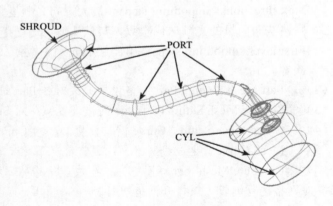

图 7.23　建立拓扑后的结果

（5）创建 Part。为了便于创建 Part，在显示树中取消勾选 Geometry→Curves 目录前的复选框，隐藏 Curve 的显示。通过显示树可见，几何模型中仅有一个名称为 GEOM 的 Part。在显示树中右击 Parts 目录，在弹出的快捷菜单中选择 Create Part 命令，打开 Create Part 数据输入窗口，在 Part 文本框中输入 SHROUD，如图 7.24 所示。单击 Entities 文本框后的 Select Entities 按钮 ◈，在图形窗口中选择图 7.23 所示标识为 SHROUD 的顶部 Surface，单击鼠标中键或单击 Apply 按钮，创建一个名称为 SHROUD 的新 Part。按照此方法，依照图 7.23 所示的标识，分别创建名称为 PORT 和 CYL 的两个 Part。在显示树中取消勾选 Parts→SHROUD、Parts→PORT 和 Parts→CYL 目录前的复选框，隐藏新建的三个 Part，结果如图 7.25 所示。

图 7.24　Create Part 数据输入窗口

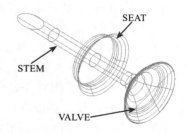

图 7.25　隐藏新建三个 Part 的结果

按照前面创建 Part 的方法，依照图 7.25 所示的标识，分别创建名称为 SEAT（两个 Surface）、STEM（一个 Surface）和 VALVE（5 个 Surface）的三个 Part。其中需要注意，几何模型中的 Curve 和 Point 仍属于 Part GEOM。最后，将新建的 Part 全部显示出来，并显示 Curve。

（6）创建材料点。单击功能区内 Geometry 选项卡中的 Create Body 按钮，打开 Create Body 数据输入窗口，在 Part 文本框中输入 LIVE，单击 Material Point 按钮，如图 7.26 所示。通过 2 screen locations 文本框在图形窗口中选择 PORT 上的两个位置，使其中点位于 PORT 内，单击鼠标中键确认，即可在 PORT 内部创建一个材料点，结果如图 7.27 所示。

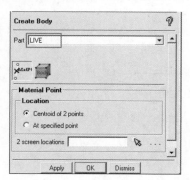

图 7.26　Create Body 数据输入窗口

图 7.27　创建的材料点

（7）保存几何模型。单击工具栏中的 Open Geometry 下拉按钮，在弹出的下拉菜单中单击 Save Geometry as 按钮，将当前的几何模型保存为 Piston_Valve_geo.tin。

7.2.2　设置网格参数

对于本实例而言，需要设置全局网格参数、体网格参数和 Surface 网格参数。

1．设置全局网格参数

单击功能区内 Mesh 选项卡中的 Global Mesh Setup 按钮，打开 Global Mesh Setup 数据输入窗口，单击 Global Mesh Size 按钮，在 Scale factor 文本框中输入 0.6，在 Max element 文本框中输入 128，勾选 Curvature/Proximity Based Refinement 组框中的 Enable 复选框，在 Min size limit 文本框中输入 1，其他参数保持默认，如图 7.28 所示，单击 Apply 按钮。

2. 设置体网格参数

在 Global Mesh Setup 数据输入窗口中单击 Volume Meshing Parameters 按钮 ，将 Mesh Type 设置为 Tetra/Mixed，将 Mesh Method 设置为 Robust (Octree)，其他参数保持默认，如图 7.29 所示。单击 Define thin cuts 按钮，打开 Thin cuts（薄切割）对话框，如图 7.30 所示，单击 Select 按钮，打开 Select part 对话框，依次单击选择第一个 Part PORT 和第二个 Part STEM，Select part 对话框自动关闭，返回 Thin cuts 对话框，单击 Add 按钮，PORT 和 STEM 将出现在列表框中。单击 Done 按钮，关闭 Thin cuts 对话框，返回 Global Mesh Setup 数据输入窗口，此时 Define thin cuts 按钮变为绿色，表示已完成薄切割的定义。单击 Apply 按钮，完成体网格参数的设置。

图 7.28　Global Mesh Setup 数据输入窗口（1）

图 7.29　Global Mesh Setup 数据输入窗口（2）

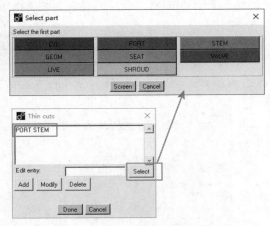

图 7.30　定义薄切割的步骤

📢 **提示：**

> 　一个薄切割区域可以是两个 Part 之间的任何区域，该区域缝隙的距离可以比这两个 Part 上设置的四面体网格的尺寸更小。定义薄切割可确保在网格划分时考虑到两个 Part 上的 Surface，而不会产生跨越不同 Part 的面网格。为了能够成功定义薄切割，在本实例中，这两个 Part 永远不能接触，它们被第三个 Part GEOM 中的 Curve 分开，如图 7.31 所示。

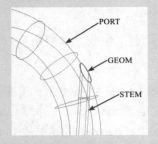

图 7.31　用于定义薄切割的 PORT 和 STEM 之间的区域

3. 设置 Surface 网格参数

单击功能区内 Mesh 选项卡中的 Surface Mesh Setup 按钮，打开 Surface Mesh Setup 数据输入窗口，通过 Surface(s) 文本框在图形窗口中选择所有的 Surface，在 Maximum size 文本框中输入 16，其他参数保持默认，如图 7.32 所示，单击 Apply 按钮。

完成所有的网格参数设置后，单击工具栏中的 Save Project 按钮，将项目进行保存。

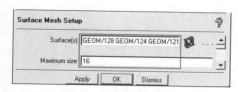

图 7.32　Surface Mesh Setup 数据输入窗口

7.2.3　生成网格

1. 创建四面体网格

单击功能区内 Mesh 选项卡中的 Compute Mesh 按钮，打开 Compute Mesh 数据输入窗口，单击 Volume Mesh 按钮，其他参数保持默认，如图 7.33 所示，单击 Compute 按钮。当信息窗口显示 Finished compute mesh 时，表示完成非结构体网格的生成。

2. 查看薄切割区域的网格

在显示树中右击 Mesh→Shells 目录，在弹出的快捷菜单中选择 Solid & Wire 命令，以实体和线框的方式显示面网格。放大 PORT 和 STEM 之间定义薄切割的区域，其网格如图 7.34 所示，在生成网格的同时考虑了 Part PORT 和 STEM 的 Surface，并且此处的网格尺寸变小，以捕捉 Part STEM 的几何形状。

图 7.33　Compute Mesh 数据输入窗口

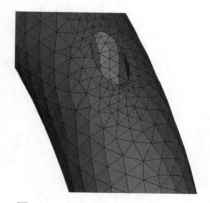

图 7.34　定义薄切割部分的面网格

3. 查看四面体网格

在显示树中取消勾选 Mesh→Shells 目录前的复选框，隐藏面网格的显示；勾选 Mesh→Volumes 目录前的复选框，显示体网格；右击 Mesh→Volumes 目录，在弹出的快捷菜单中选择 Solid & Wire 命令，以实体和线框的方式显示体网格；右击 Mesh 目录，在弹出的快捷菜单中选择 Cut Plane→Manage Cut Plane 命令，打开 Manage Cut Plane 数据输入窗口，将 Fraction Value 设置为 0.415（可将剖面大约放置在活塞阀的中间位置），如图 7.35 所示。选择 View→Front 命令，将视角调整为前视图，可以查看活塞阀附近的四面体网格，如图 7.36 所示。完成网格查看后，单击 Manage Cut Plane 数据输入窗口中的 Dismiss 按钮退出。

图 7.35　Manage Cut Plane 数据输入窗口

图 7.36　活塞阀附近的四面体网格

4．创建棱柱体网格

（1）设置 Part 网格参数。单击功能区内 Mesh 选项卡中的 Part Mesh Setup 按钮，打开 Part Mesh Setup 对话框，勾选 Prism 列中除 SHROUD 之外其他由 Surface 组成的 Part 前的复选框，如图 7.37 所示，单击 Apply 按钮确认，再单击 Dismiss 按钮退出。

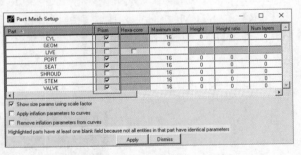

图 7.37　Part Mesh Setup 对话框

（2）创建棱柱体网格。单击功能区内 Mesh 选项卡中的 Compute Mesh 按钮，打开 Compute Mesh 数据输入窗口，单击 Volume Mesh 按钮，勾选 Create Prism Layers 复选框，如图 7.38 所示。单击 Compute 按钮，打开 Mesh Exists 对话框，如图 7.39 所示，单击 Replace 按钮，重新进行网格划分。再次查看活塞阀附近的网格，如图 7.40 所示，可以见到所生成的棱柱体网格。

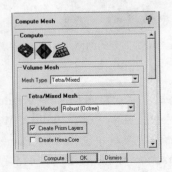

图 7.38　Compute Mesh 数据输入窗口

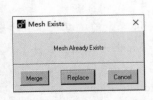

图 7.39　Mesh Exists 对话框

图 7.40　活塞阀附近的棱柱体网格

7.2.4　检查网格并保存项目

（1）检查网格。单击功能区内 Edit Mesh 选项卡中的 Check Mesh 按钮 ，打开 Check Mesh 数据输入窗口，如图 7.41 所示，所有参数保持默认，单击 OK 按钮。最终生成的非结构体网格如图 7.42 所示。

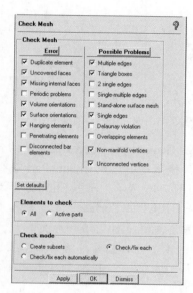

图 7.41　Check Mesh 数据输入窗口

图 7.42　最终生成的非结构体网格

（2）保存项目。单击工具栏中的 Save Project 按钮 ，将项目进行保存。

7.3　非结构体网格的划分——翼型实例

本节将对图 7.43 所示的翼型外流场进行非结构体网格的划分，并通过 Fluent 进行求解计算。其计算条件如下：空气来流马赫数为 0.5，攻角为 0°，温度条件为 300K，压力为标准大气压（101325Pa）。

7.3.1　几何模型的准备

（1）设置工作目录。选择 File→Change Working Dir 命令，打开 New working directory 对话框，新建一个 FinConfig 文件夹，并将该文件夹作为工作目录。将电子资源包中提供的 Fin_Config.tin 文件复制到该工作目录中。

图 7.43　翼型外流场

（2）保存项目。单击工具栏中的 Save Project 按钮 ，以 FinConfig.prj 为项目名称创建一个新项目。

（3）导入几何模型。单击工具栏中的 Open Geometry 按钮 ，选择 Fin_Config.tin 文件并打开，将在图形窗口中显示所导入的几何模型。

（4）建立拓扑。单击功能区内 Geometry 选项卡中的 Repair Geometry 按钮，打开 Repair Geometry 数据输入窗口，勾选 Inherit Part 复选框，单击 Build Topology 按钮，如图 7.44 所示，所有参数保持默认，单击 OK 按钮。在显示树中勾选 Geometry→Surfaces 目录前的复选框，取消勾选 Parts→ORNF 目录前的复选框，结果如图 7.45 所示。

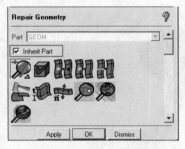

图 7.44　Repair Geometry 数据输入窗口

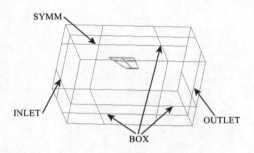

图 7.45　建立拓扑后的结果

（5）创建 Part。为了便于创建 Part，在显示树中取消勾选 Geometry→Curves 目录前的复选框，隐藏 Curve 的显示。在显示树中右击 Parts 目录，在弹出的快捷菜单中选择 Create Part 命令，打开 Create Part 数据输入窗口，在 Part 文本框中输入 INLET，如图 7.46 所示。单击 Entities 文本框后的 Select Entities 按钮，在图形窗口中选择图 7.45 所示标识为 INLET 的 Surface，单击鼠标中键或单击 Apply 按钮，创建一个名称为 INLET 的新 Part。按照此方法，依照图 7.45 所示的标识，分别创建名称为 OUTLET、BOX 和 SYMM 的三个 Part，并将新建的 4 个 Part 隐藏，结果如图 7.47 所示。

图 7.46　Create Part 数据输入窗口

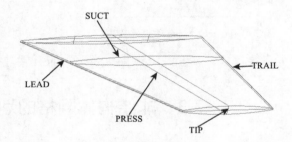

图 7.47　隐藏新建 4 个 Part 的结果

按照前面创建 Part 的方法，依照图 7.47 所示的标识，分别创建名称为 LEAD、SUCT、PRESS、TIP 和 TRAIL 的 5 个 Part。其中需要注意，几何模型中的 Curve 和 Point 以及未创建新 Part 的 Surface 仍在名称为 GEOM 的 Part 之中。最后，将新建的 Part 全部显示出来。

（6）创建材料点。单击功能区内 Geometry 选项卡中的 Create Body 按钮，打开 Create Body 数据输入窗口，在 Part 文本框中输入 FLUID，单击 Material Point 按钮，如图 7.48 所示。通过 2 screen locations 文本框在图形窗口中选择图 7.49 所示的两个位置，使其中点位于 Part BOX 之内，单击鼠标中键确认，可创建一个材料点，结果如图 7.49 所示。

（7）为 Part 设置颜色。在显示树中右击 Parts 目录，在弹出的快捷菜单中选择 "Good" Colors 命令，由程序自动为所有的 Part 选择新颜色。

（8）保存几何模型。单击工具栏中的 Open Geometry 下拉按钮，在弹出的下拉菜单中单击 Save Geometry as 按钮，将当前的几何模型保存为 Fin_Config_geo.tin。

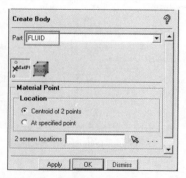

图 7.48　Create Body 数据输入窗口

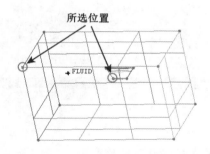

图 7.49　创建的材料点

7.3.2　设置网格参数

1．设置全局网格参数

单击功能区内 Mesh 选项卡中的 Global Mesh Setup 按钮，打开 Global Mesh Setup 数据输入窗口，单击 Global Mesh Size 按钮，在 Scale factor 文本框中输入 1，在 Max element 文本框中输入 32，其他参数保持默认，如图 7.50 所示，单击 Apply 按钮。

2．设置外部 Surface 的网格参数

单击功能区内 Mesh 选项卡中的 Surface Mesh Setup 按钮，打开 Surface Mesh Setup 数据输入窗口，通过 Surface(s)文本框在图形窗口中选择外部边界的 6 个 Surface（即 Part INLET、OUTLET、BOX 和 SYMM），在 Maximum size 文本框中输入 4，其他参数保持默认，如图 7.51 所示，单击 OK 按钮。

图 7.50　Global Mesh Setup 数据输入窗口

图 7.51　Surface Mesh Setup 数据输入窗口

3．设置翼型上 Surface 的网格参数

单击功能区内 Mesh 选项卡中的 Surface Mesh Setup 按钮，打开 Surface Mesh Setup 数据输入窗口，单击 Surface(s)文本框后的 Select surface(s)按钮，打开图 7.52 所示的 Select geometry 工具条，单击 Select items in a part 按钮，打开 Select part 对话框，勾选 LEAD、PRESS、SUCT、TIP 和 TRAIL 前的复选框（选择翼型上的 5 个 Surface），单击 Accept 按钮，返回 Surface Mesh Setup 数据输入窗口，在 Maximum size 文本框中输入 1，其他参数保持默认，如图 7.53 所示，单击 Apply 按钮。

223

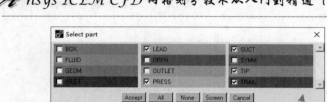

图 7.52　选择 Surface

图 7.53　Surface Mesh Setup 数据输入窗口

4．设置 Curve 的网格参数

单击功能区内 Mesh 选项卡中的 Curve Mesh Setup 按钮，打开 Curve Mesh Setup 数据输入窗口，通过 Select Curve(s) 文本框在图形窗口中选择所有的 Curve，在 Maximum size 文本框中输入 0，其他参数保持默认，如图 7.54 所示，单击 Apply 按钮。

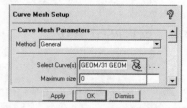

图 7.54　Curve Mesh Setup 数据输入窗口

📢 提示：

此处将所有 Curve 的最大网格尺寸设置为 0，表示取消 Curve 上的网格设置。这样，两个 Surface 相邻处的网格尺寸将由各自 Surface 的网格尺寸进行控制，而不会受到相邻处 Curve 网格尺寸的影响。

5．创建网格加密区域

为了能够对翼型前曲面和后曲面的网格进行局部细化，需要创建网格加密区域。为了方便创建网格加密区域，通过显示树在图形窗口中仅显示 LEAD、SUCT、PRESS、TIP 和 TRAIL 5 个 Part。

单击功能区内 Mesh 选项卡中的 Create Mesh Density 按钮，打开 Create Density 数据输入窗口，在 Size 文本框中输入 0.0625，在 Ratio 文本框中输入 0，在 Width 文本框中输入 4，在 Density Location 组框的 From 栏中选中 Points 单选按钮，如图 7.55 所示。单击 Points 文本框后的 Select location(s) 按钮，在图形窗口中依次单击选择组成翼型的 Part LEAD 两侧 Curve 的中点位置，如图 7.56 所示，最后单击 Create Density 数据输入窗口中的 Apply 按钮，创建第一个网格加密区域。

图 7.55　Create Density 数据输入窗口

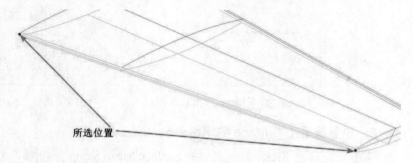

图 7.56　选择 Part LEAD 两侧 Curve 的中点位置

通过同样的方法，使用相同的参数，在图形窗口中依次单击选择组成翼型的 Part TRAIL 两侧 Curve 的中点位置，如图 7.57 所示，创建第二个网格加密区域。

创建网格加密区域之后的结果如图 7.58 所示。最后，通过显示树在图形窗口中显示为创建网格加密区域而隐藏的 Part。

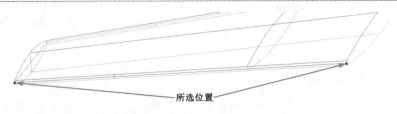

所选位置

图 7.57　选择 Part TRAIL 两侧 Curve 的中点位置

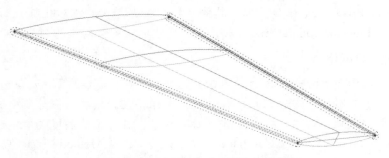

图 7.58　创建网格加密区域之后的结果

📢 提示：

密度区域不是几何模型的一部分，因此网格节点不受密度区域的约束。对于 Fluent Meshing 方法生成体网格，不可以使用密度区域，只能对类型为 Tetra、Cartesian 的体网格和划分方法为 Patch Independent 的面网格创建密度区域。在 Create Density 数据输入窗口中，Name 用于设置密度区域的名称，Size 与 Global Scale Factor 的乘积用于设置加密区域内允许的最大网格尺寸，Ratio 用于设置四面体网格远离加密区域时网格尺寸的增长比率，Width 用于指定加密区域的大小。对于本实例而言，如图 7.58 所示，所创建的密度区域是一个半径为 Width×Size 大小的圆柱体；将 Ratio 设置为 0，表示使用默认值 1.2 作为网格尺寸的增长比率。

6. 设置 Part 网格参数

单击功能区内 Mesh 选项卡中的 Part Mesh Setup 按钮 打开 Part Mesh Setup 对话框，按图 7.59 所示设置网格参数，即勾选 Prism 列 LEAD、PRESS、SUCT、TIP 和 TRAIL 行的复选框（表示在翼型的 Surface 上创建棱柱层网格），勾选 Hexa-core 列 FLUID 行的复选框（表示在 FLUID 内部创建以六面体为主的体网格），在 Maximum size 列 FLUID 行中输入 4，单击 Apply 按钮确认，再单击 Dismiss 按钮退出。

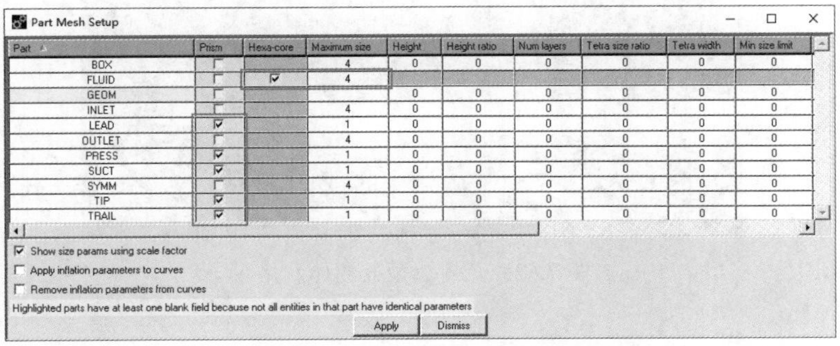

图 7.59　Part Mesh Setup 对话框

完成所有的网格参数设置后，单击工具栏中的 Save Project 按钮，保存项目。

7.3.3 生成网格

1. 创建四面体/棱柱体网格

单击功能区内 Mesh 选项卡中的 Compute Mesh 按钮，打开 Compute Mesh 数据输入窗口，单击 Volume Mesh 按钮，将 Mesh Type 设置为 Tetra/Mixed，将 Mesh Method 设置为 Robust (Octree)，勾选 Create Prism Layers 复选框，其他参数保持默认，如图 7.60 所示，单击 Compute 按钮。当信息窗口显示 Finished compute mesh 时，表示完成非结构体网格的划分。

2. 查看翼型处的体网格

在显示树中取消勾选 Mesh→Shells 目录前的复选框，隐藏面网格的显示；勾选 Mesh→Volumes 目录前的复选框，显示体网格；右击 Mesh→Volumes 目录，在弹出的快捷菜单中选择 Solid & Wire 命令，以实体和线框的方式显示体网格；右击 Mesh 目录，在弹出的快捷菜单中选择 Cut Plane→Manage Cut Plane 命令，打开 Manage Cut Plane 数据输入窗口，在 Method 下拉列表中选择 Middle X Plane，将 Fraction Value 设置为 0.5（可将剖面大约放置在靠近翼型前曲面的位置），其他参数保持默认，如图 7.61 所示。选择 View→Left 命令，将视角调整为左视图，可以查看翼型处的体网格，如图 7.62 所示。上下滚动鼠标滚轮，可以移动剖面的位置。完成网格查看后，单击 Manage Cut Plane 数据输入窗口中的 Dismiss 按钮退出。

图 7.60　Compute Mesh 数据输入窗口

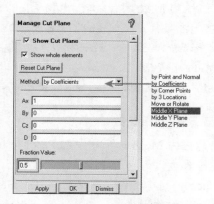

图 7.61　Manage Cut Plane 数据输入窗口

图 7.62　查看翼型处的体网格

3. 检查网格

单击功能区内 Edit Mesh 选项卡中的 Check Mesh 按钮，打开 Check Mesh 数据输入窗口，所有参数保持默认，单击 OK 按钮。

4．光顺网格

（1）单击功能区内 Edit Mesh 选项卡中的 Smooth Mesh Globally 按钮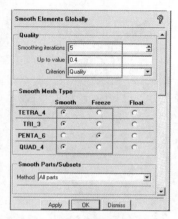，打开 Smooth Elements Globally 数据输入窗口，在 Smoothing iterations 文本框中输入 5，在 Up to value 文本框中输入 0.4，将 Criterion 设置为 Quality；在 Smooth Mesh Type 组框中的 Smooth 列中选择 TETRA_4（四面体网格）、TRI_3（三角形面网格）和 QUAD_4（四边形面网格），在 Freeze 列中选择 PENTA_6（棱柱体网格），其余参数保持默认，如图 7.63 所示，单击 Apply 按钮。可以通过直方图窗口查看第一次网格光顺后的网格质量，如图 7.64 所示。

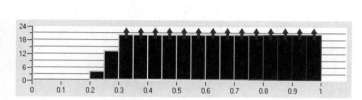

图 7.63　Smooth Elements Globally 数据输入窗口（1）　　　图 7.64　直方图窗口（1）

提示：

> 通过冻结 PENTA_6 的棱柱体网格，读者可以在不破坏棱柱体网格的情况下对其余部分的网格进行光顺，这对于捕捉边界上的流动特性非常重要。

（2）在 Smooth Elements Globally 数据输入窗口中的 Up to value 文本框中输入 0.2（此处将质量等级设置为 0.2，是为了防止在光顺过程中棱柱体网格发生剧烈的扭曲），在 Smooth Mesh Type 组框中的 Smooth 列中选择 PENTA_6，其余参数保持默认，如图 7.65 所示，单击 Apply 按钮。可以通过直方图窗口查看第二次网格光顺后的网格质量，如图 7.66 所示。

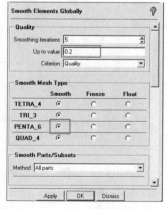

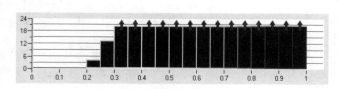

图 7.65　Smooth Elements Globally　　　　图 7.66　直方图窗口（2）
　　　　　数据输入窗口（2）

5．创建以六面体为主的体网格

单击功能区内 Mesh 选项卡中的 Compute Mesh 按钮，打开 Compute Mesh 数据输入窗口，单击 Volume Mesh 按钮，将 Mesh Type 设置为 Tetra/Mixed，将 Mesh Method 设置为 Quick (Delaunay)，取消勾选 Create Prism Layers 复选框，勾选 Create Hexa-Core 复选框，将 Input 组框中的 Select 设置为 Existing Mesh，勾选 Load mesh after completion 复选框，如图 7.67 所示，单击 Compute 按钮。当信息窗口显示 Finished compute mesh 时，表示完成以六面体为主的体网格的创建。读者可以通过剖面查看所创建的六面体网格，如图 7.68 所示。

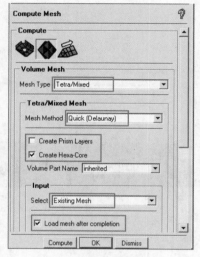

图 7.67　Compute Mesh 数据输入窗口

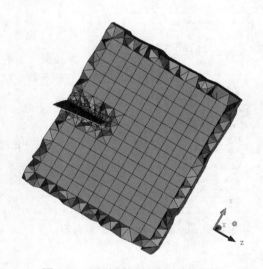

图 7.68　通过剖面查看六面体网格

7.3.4　检查、光顺并导出网格

（1）检查网格。单击功能区内 Edit Mesh 选项卡中的 Check Mesh 按钮，打开 Check Mesh 数据输入窗口，所有参数保持默认，单击 OK 按钮。

🔊 提示：

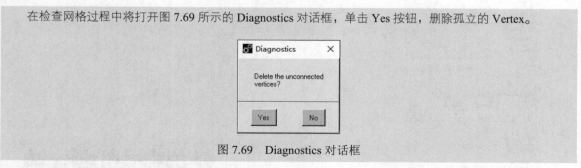

在检查网格过程中将打开图 7.69 所示的 Diagnostics 对话框，单击 Yes 按钮，删除孤立的 Vertex。

图 7.69　Diagnostics 对话框

（2）光顺网格。单击功能区内 Edit Mesh 选项卡中的 Smooth Mesh Globally 按钮，打开 Smooth Elements Globally 数据输入窗口，所有参数保持默认，如图 7.70 所示，单击 Apply 按钮。可以通过直方图窗口查看网格光顺后的网格质量，如图 7.71 所示。

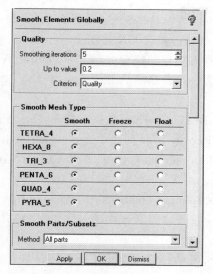

图 7.70　Smooth Elements Globally
数据输入窗口

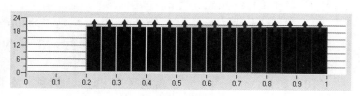

图 7.71　直方图窗口

（3）为求解器生成输入文件。单击功能区内 Output Mesh 选项卡中的 Write Input 按钮，打开 Save 对话框，单击 Yes 按钮，保存当前项目。此时将打开"打开"对话框，保持默认设置，单击"打开"按钮。此时将打开图 7.72 所示的 Ansys Fluent 对话框，在 Grid dimension 栏中选中 3D 单选按钮，即输出三维网格。读者也可以在 Output file 文本框中修改输出的路径和文件名，本实例中不对路径和文件名进行修改。单击 Done 按钮，此时可在 Output file 文本框所示的路径下找到输入文件 fluent.msh。

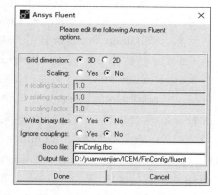

图 7.72　Ansys Fluent 对话框

7.3.5　计算及后处理

本小节将通过 Fluent 进行数值计算，以验证所生成的网格是否满足计算要求。

（1）读入网格文件。启动 Fluent，在 Fluent Launcher 2023 R1 对话框中将 Dimension 设置为 3D，即选择三维求解器；设置工作目录后单击 Start 按钮，进入 Fluent 2023 R1 用户界面。选择 File→Read →Mesh 命令，读入 7.3.4 小节中 ICEM 生成的网格文件 fluent.msh。

（2）检查网格。在界面左侧 Outline View 中双击 Setup→General 命令，然后在 Task Page 的 Mesh 组框中单击 Check 按钮，以检查网格。注意，界面右下角 Console 中显示的检查结果 minimum volume 应大于 0。

（3）定义网格单位。在 Task Page 的 Mesh 组框中单击 Scale 按钮，在打开的 Scale Mesh 对话框中将 Mesh Was Created In 设置为 m，单击 Scale 按钮确认，再单击 Close 按钮退出。

（4）显示网格。在 Task Page 的 Mesh 组框中单击 Display 按钮，打开 Mesh Display 对话框，保持默认设置，单击 Display 按钮，在图形窗口中显示网格。

（5）选择求解器。在 Task Page 的 Solver 组框中，将 Type 设置为 Density-Based，Velocity Formulation 设置为 Absolute，Time 设置为 Steady，即选择三维基于密度的稳态求解器。

（6）选择湍流模型。在 Outline View 中双击 Setup→Models→Viscous 命令，打开 Viscous Model 对话框，在 Model 组框中选中 Spalart-Allmaras（1 eqn）单选按钮，单击 OK 按钮。

（7）启动能量方程。由于该流动问题为可压缩流动，因此需要启动能量方程。在 Outline View 中双击 Setup→Models→Energy 命令，在打开的 Energy 对话框中勾选 Energy Equation 复选框，单击 OK 按钮。

（8）定义材料。在 Outline View 中双击 Setup→Materials→Fluid→air 命令，打开 Create/Edit Materials 对话框，在 Density 下拉列表中选择 ideal-gas，在 Viscosity 下拉列表中选择 sutherland，在打开的 Sutherland Law 对话框中单击 OK 按钮，返回 Create/Edit Materials 对话框。单击 Change/Create 按钮，再单击 Close 按钮，完成对材料的定义。

（9）定义流体域的材料。在 Outline View 中双击 Setup→Cell Zone Conditions→Fluid→fluid 命令，打开 Fluid 对话框，将 Material Name 设置为 air，单击 Apply 按钮，将区域中的流体定义为空气，单击 Close 按钮退出。

（10）定义工作条件。单击功能区内 Physics 选项卡 Solver 组中的 Operating Conditions 按钮，打开 Operating Conditions 对话框，在本实例中因为只要绝对压力，所以在 Operating Pressure [Pa]文本框中输入 0，单击 OK 按钮。

（11）定义边界条件。在 Outline View 中双击 Setup→Boundary Conditions 命令，然后在 Task Page 的 Zone 列表框中选择 inlet，将 Type 设置为 pressure far-field。单击 Edit 按钮，打开 Pressure Far-Field 对话框，在 Gauge Pressure [Pa]文本框中输入 101325（标准大气压），在 Mach Number 文本框中输入 0.5（马赫数为 0.5），在 Temperature [K]文本框中输入 300（温度为 300K）。在 Zone 列表框中依次选择 outlet 和 box，采用相同的参数值进行定义，完成压力远场边界条件的定义。

在 Task Page 的 Zone 列表框中选择 symm，将 Type 设置为 symmetry，打开 Symmetry 对话框，保持默认参数设置，完成对称边界条件的定义。

（12）定义参考值。在 Outline View 中双击 Setup→Reference Values 命令，然后在 Task Page 的 Compute from 下拉列表中选择 inlet，在 Reference Zone 下拉列表中选择 fluid，其他参数保持默认，即保持默认的参考值。

（13）设置离散方案。在 Outline View 中双击 Solution→Methods 命令，然后在 Task Page 的 Modified Turbulent Viscosity 列表中选择 Second Order Upwind，完成离散方案的设置。

（14）定义收敛条件。在 Outline View 中双击 Solution→Monitors→Residual 命令，打开 Residual Monitors 对话框，将各变量收敛残差设置为 1e–3，单击 OK 按钮，以显示残差曲线。

（15）初始化流场。在 Outline View 中双击 Solution→Initialization 命令，然后在 Task Page 的 Initialization Methods 组框中选中 Standard Initialization 单选按钮，在 Compute from 下拉列表中选择 inlet，其他参数保持默认，单击 Initialize 按钮。

（16）提交求解。在 Outline View 中双击 Solution→Run Calculation 命令，然后在 Task Page 的 Number of Iterations 文本框中输入 1000，其他参数保持默认，单击 Calculate 按钮提交求解。大约迭代 427 步后结果收敛，图 7.73 所示为其残差变化情况。

（17）定义显示切面。单击功能区内 Results 选项卡 Surface 组中的 Create 下拉按钮，在弹出的下拉菜单中选择 Iso-Surface 命令，打开 Iso-Surface 对话框，在 New Surface Name 文本框中输入 z1，在 Surface of Constant 栏中分别选择 Mesh 和 Z-Coordinate，在 Iso-Values 文本框中输入 1，单击 Create 按钮，创建切面 z1。采用相同的方法，在 Iso-Values 文本框中分别输入 6、11、16，创建名称为 z6、z11、z16 的切面。

（18）显示翼型表面的静态压力分布云图。在 Outline View 中双击 Results→Graphics→Contours 命令，打开 Contours 对话框，在 Contours of 栏中分别选择 Pressure 和 Static Pressure，在 Surfaces 列表中选择 lead、press、suct、tip 和 trail，单击 Save/Display 按钮，即可显示翼型表面的静态压力云图，如图 7.74 所示。

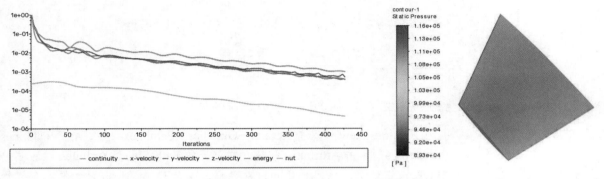

图 7.73　残差变化情况　　　　　　　图 7.74　翼型表面的静态压力云图

（19）显示切面处马赫数分布云图。在 Outline View 中双击 Results→Graphics→Contours 命令，打开 Contours 对话框，取消勾选 Filled 复选框，在 Contours of 栏中分别选择 Velocity 和 Mach Number，在 Surfaces 列表中分别选择 z1、z6、z11 和 z16，单击 Save/Display 按钮，即可显示切面 z1、z6、z11 和 z16 马赫数分布云图，如图 7.75 所示。

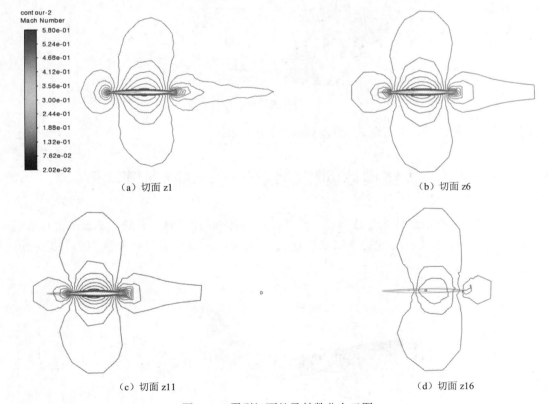

（a）切面 z1　　　　　　　　　　　　　　　（b）切面 z6

（c）切面 z11　　　　　　　　　　　　　　　（d）切面 z16

图 7.75　翼型切面处马赫数分布云图

（20）显示切面处速度矢量分布图。在 Outline View 中双击 Results→Graphics→Vectors 命令，打开 Vectors 对话框，将 Style 设置为 arrow，在 Color by 栏中分别选择 Velocity 和 Velocity Magnitude，在 Surfaces 列表中选择 z1，单击 Save/Display 按钮，即可显示速度矢量图，如图 7.76 所示。

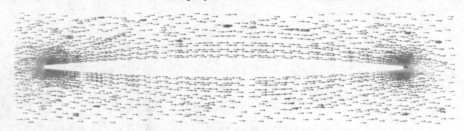

图 7.76　z1 切面处速度矢量分布图

（21）显示三维迹线图。在 Outline View 中双击 Results→Graphics→Pathlines 命令，打开 Pathlines 对话框，将 Style 设置为 line-arrows；单击 Attributes 按钮，在打开的 Path Style Attributes 对话框中将 Scale 设置为 0.05，单击 OK 按钮确认，返回 Pathlines 对话框；勾选 Draw Mesh 复选框，在打开的 Mesh Display 对话框的 Options 组框中勾选 Faces 复选框，在 Surfaces 列表中选择 lead、press、suct、tip 和 trail，单击 Display 按钮，再单击 Close 按钮，返回 Pathlines 对话框；将 Path Skip 设置为 300；在 Release From Surface 列表中选择 lead、press、suct、tip 和 trail；单击 Save/Display 按钮，即可显示三维迹线图，如图 7.77 所示。

图 7.77　三维迹线图

上面的计算结果表明，生成的网格能够满足计算要求。

扫一扫，看视频

7.4　非结构体网格的划分——动脉血管实例

本节将对图 7.78 所示动脉血管几何模型进行非结构体网格的划分，并通过 Fluent 进行求解计算。其计算条件如下：假设某一时刻的血液来流速度为 0.5m/s，血管出口处的压力为 100mmHg（约 13332Pa）。

图 7.78　动脉血管几何模型

7.4.1 几何模型的准备

（1）设置工作目录。选择 File→Change Working Dir 命令，打开 New working directory 对话框，新建一个 Aorta 文件夹，并将该文件夹作为工作目录。将电子资源包中提供的 Aorta.stl 文件复制到该工作目录中。

（2）保存项目。单击工具栏中的 Save Project 按钮，以 Aorta.prj 为项目名称创建一个新项目。

图 7.79 STL import options 对话框

（3）导入几何模型。选择 File→Import Geometry→Faceted→STL 命令，选择 Aorta.stl 文件并打开，打开图 7.79 所示的 STL import options 对话框，选中 Generate 单选按钮，单击 Done 按钮。在工具栏中单击 Solid Simple Display 按钮，以平滑阴影在图形窗口中显示所导入的几何模型。

（4）分解几何模型。所导入的几何模型由唯一的一个 Surface 组成，首先需要对其进行分解。单击功能区内 Geometry 选项卡中的 Create/Modify Surface 按钮，打开 Create/Modify Surface 数据输入窗口，单击 Segment/Trim Surface 按钮，将 Method 设置为 By Angle，通过 Faceted Surface 文本框在图形窗口中选择唯一的一个 Surface，在 Angle 文本框中输入 35，如图 7.80 所示，单击 Apply 按钮。分解后的几何模型如图 7.81 所示。

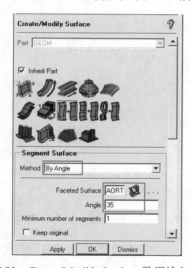

图 7.80 Create/Modify Surface 数据输入窗口

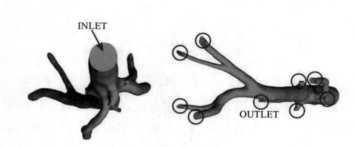

图 7.81 分解后的几何模型

（5）创建新 Part。在显示树中右击 Parts 目录，在弹出的快捷菜单中选择 Create Part 命令，打开 Create Part 数据输入窗口，在 Part 文本框中输入 INLET，如图 7.82 所示。单击 Entities 文本框后的 Select Entities 按钮，在图形窗口中选择图 7.81 所示标识为 INLET 的 Surface，单击鼠标中键或单击 Apply 按钮，创建一个名称为 INLET 的 Part（入口边界条件）。按照此方法，通过图 7.81 所示标识为 OUTLET 的 9 个 Surface，创建一个名称为 OUTLET 的 Part（出口边界条件）。

（6）修改 Part 名称。在显示树中右击 Parts→AORTA.MESH.PART.1 目录，在弹出的快捷菜单中选择 Rename 命令，打开 New name 对话框，输入 AORTA_WALL，如图 7.83 所示，单击 Done 按钮，即将组成动脉壁的 Part 重命名为 AORTA_WALL。

图 7.82　Create Part 数据输入窗口

图 7.83　New name 对话框

（7）提取 INLET 和 OUTLET 的边界线。为了便于操作，在显示树中取消勾选 Parts→AORTA_WALL 目录前的复选框，在图形窗口中仅显示 INLET 和 OUTLET 的共计 10 个 Surface。单击功能区内 Geometry 选项卡中的 Create/Modify Curve 按钮，打开 Create/Modify Curve 数据输入窗口，单击 Extract Curves from Surfaces 按钮，在 Extract Edges 组框中选中 Create New 单选按钮，如图 7.84 所示。通过 Surfaces 文本框在图形窗口中选择所有的可见 Surface，单击鼠标中键确认。

在显示树中勾选 Parts→AORTA_WALL 目录前的复选框，单击工具栏中的 WireFrame Simple Display 按钮，以简单线框的形式显示几何模型，如图 7.85 所示。

图 7.84　Create/Modify Curve 数据输入窗口

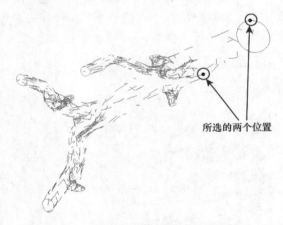

所选的两个位置

图 7.85　以简单线框的形式显示几何模型

（8）创建材料点。单击功能区内 Geometry 选项卡中的 Create Body 按钮，打开 Create Body 数据输入窗口，在 Part 文本框中输入 FLUID，单击 Material Point 按钮，如图 7.86 所示。通过 2 screen locations 文本框在图形窗口中选择图 7.85 所示的两个位置，使其中点位于动脉血管几何模型之内，单击鼠标中键确认，可创建一个材料点。完成材料点创建后，以实体形式显示几何模型。

（9）为 Part 设置颜色。在显示树中右击 Parts 目录，在弹出的快捷菜单中选择"Good"Colors 命令，由程序自动为所有的 Part 选择新颜色。

（10）保存几何模型。单击工具栏中的 Open Geometry 下拉按钮，在弹出的下拉菜单中单击 Save Geometry as 按钮，将当前的几何模型保存为 Aorta_geo.tin。

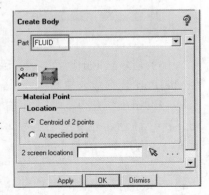

图 7.86　Create Body 数据输入窗口

7.4.2　设置网格参数

1．测量 OUTLET 中的最小直径

单击工具栏中的 Measure Distance 按钮，在图形窗口中放大 OUTLET 中最小直径的 Surface，并在图形窗口中选择该 Surface 上的两个位置，如图 7.87 所示，将在图形窗口中和信息窗口中均显示所测量的距离信息。通过测量得知 OUTLET 中的最小直径为 1.5 左右，用户可以根据所测量的数值确定网格的最小尺寸。

1.496395151963084

所选的两个位置

图 7.87　测量 OUTLET 中的最小直径

2．设置全局网格参数

单击功能区内 Mesh 选项卡中的 Global Mesh Setup 按钮，打开 Global Mesh Setup 数据输入窗口，单击 Global Mesh Size 按钮，在 Max element 文本框中输入 2，在 Curvature/Proximity Based Refinement 组框中勾选 Enabled 复选框，在 Min size limit 文本框中输入 0.5，将 Refinement 设置为 18，其他参数保持默认，如图 7.88 所示，单击 Apply 按钮。

3．设置 Part 网格参数

单击功能区内 Mesh 选项卡中的 Part Mesh Setup 按钮，打开 Part Mesh Setup 对话框，按图 7.89 所示设置网格参数，即勾选 Prism 列 AORTA_WALL 行的复选框（表示在血管壁上创建棱柱体网格），单击 Apply 按钮确认，再单击 Dismiss 按钮退出。

4．设置棱柱体网格参数

单击功能区内 Mesh 选项卡中的 Global Mesh Setup 按钮，打开 Global Mesh Setup 数据输入窗口，单击 Prism Meshing

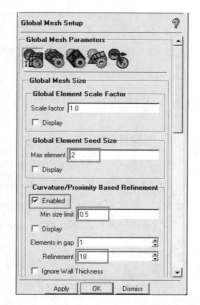

图 7.88　Global Mesh Setup 数据输入窗口

Parameters 按钮，将 Number of volume smoothing steps 设置为 0，其他参数保持默认，如图 7.90 所示，单击 Apply 按钮。

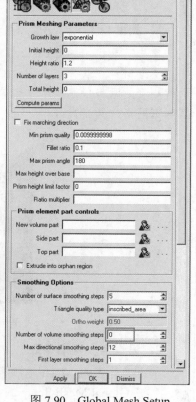

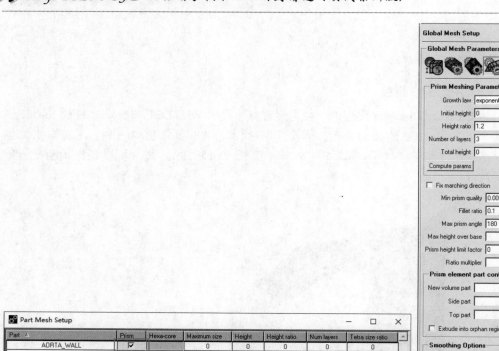

图 7.89　Part Mesh Setup 对话框

图 7.90　Global Mesh Setup
数据输入窗口

7.4.3　生成网格

1. 创建体网格

单击功能区内 Mesh 选项卡中的 Compute Mesh 按钮 ，打开 Compute Mesh 数据输入窗口，单击 Volume Mesh 按钮 ，将 Mesh Type 设置为 Tetra/Mixed，将 Mesh Method 设置为 Robust (Octree)，勾选 Create Prism Layers 复选框，其他参数保持默认，如图 7.91 所示，单击 Compute 按钮。当信息窗口显示 Finished compute mesh 时，表示完成非结构体网格的划分。

2. 查看网格

在显示树中取消勾选 Geometry→Surfaces 目录前的复选框，隐藏 Surface 的显示；右击 Mesh→ Shells 目录，在弹出的快捷菜单中选择 Solid & Wire 命令，以实体和线框的方式显示面网格；勾选 Mesh→Volumes 目录前的复选框，显示体网格；右击 Mesh→Volumes 目录，在弹出的快捷菜单中选择 Solid & Wire 命令，以实体和线框的方式显示体网格；右击 Mesh 目录，在弹出的快捷菜单中选择 Cut Plane→Manage Cut Plane 命令，打开 Manage Cut Plane 数据输入窗口，在 Method 下拉列表中选择 by Coefficients，将 Fraction Value 设置为 0.95，其他参数保持默认，如图 7.92 所示。选择 View →Front 命令，将视角调整为前视图，结果如图 7.93 所示。

保持 Manage Cut Plane 数据输入窗口不要关闭，在 Method 下拉列表中选择 Middle X Plane，将 Fraction Value 设置为 0.62，其他参数保持默认。选择 View→Left 命令，将视角调整为左视图，结果如图 7.94 所示。

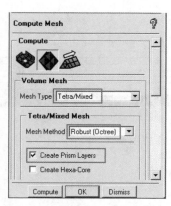

图 7.91　Compute Mesh 数据输入窗口（1）

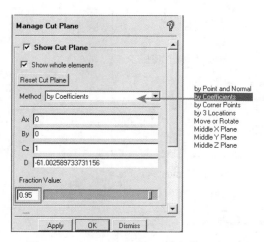

图 7.92　Manage Cut Plane 数据输入窗口

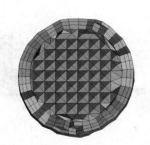

图 7.93　查看 Z 方向剖面的网格

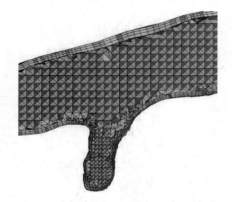

图 7.94　查看 X 方向剖面的网格（局部）

上下滚动鼠标滚轮，可以移动剖面的位置。完成网格查看后，单击 Manage Cut Plane 数据输入窗口中的 Dismiss 按钮退出。

3．光顺网格

（1）单击功能区内 Edit Mesh 选项卡中的 Smooth Mesh Globally 按钮，打开 Smooth Elements Globally 数据输入窗口，在 Smoothing iterations 文本框中输入 20，在 Up to value 文本框中输入 0.20，将 Criterion 设置为 Quality；在 Smooth Mesh Type 组框中的 Smooth 列中选择 TETRA_4、TRI_3、QUAD_4 和 PYRA_5（金字塔网格），在 Freeze 列中选择 PENTA_6，其余参数保持默认，如图 7.95 所示，单击 Apply 按钮。可以通过直方图窗口查看第一次网格光顺后的网格质量，如图 7.96 所示。

（2）在 Smooth Elements Globally 数据输入窗口的 Smoothing iterations 文本框中输入 5，在 Up to value 文本框中输入 0.01，在 Smooth Mesh Type 组框的 Smooth 列中选择 PENTA_6，其余参数保持默认，如图 7.97 所示，单击 Apply 按钮。可以通过直方图窗口查看第二次网格光顺后的网格质量，如图 7.98 所示。

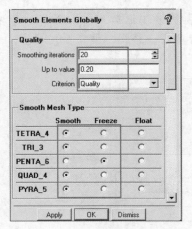

图 7.95　Smooth Elements Globally
数据输入窗口（1）

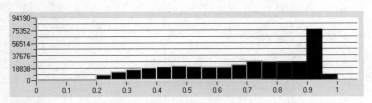

图 7.96　直方图窗口（1）

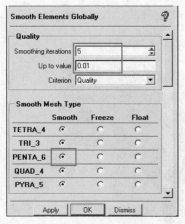

图 7.97　Smooth Elements Globally
数据输入窗口（2）

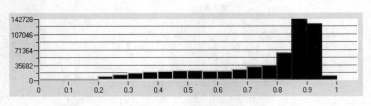

图 7.98　直方图窗口（2）

4．检查网格

单击功能区内 Edit Mesh 选项卡中的 Check Mesh 按钮，打开 Check Mesh 数据输入窗口，所有参数保持默认，单击 OK 按钮。

5．修改网格划分方法

单击功能区内 Mesh 选项卡中的 Global Mesh Setup 按钮，打开 Global Mesh Setup 数据输入窗口，单击 Volume Meshing Parameters 按钮，将 Mesh Method 设置为 Quick (Delaunay)，其他参数保持默认，如图 7.99 所示，单击 Apply 按钮。

6．再次创建体网格

单击功能区内 Mesh 选项卡中的 Compute Mesh 按钮，打开 Compute Mesh 数据输入窗口，单击 Volume Mesh 按钮，取消勾选 Create Prism Layers 复选框（由于棱柱体网格已经创建完成，因此此处取消勾选该复选框），其他参数保持默认，如图 7.100 所示，单击 Compute 按钮。

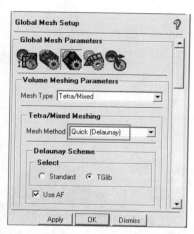

图 7.99　Global Mesh Setup 数据输入窗口

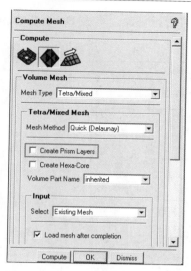

图 7.100　Compute Mesh 数据输入窗口（2）

7. 再次查看网格

再次使用 Z 方向的剖面和 X 方向的剖面对网格进行查看，结果如图 7.101 和图 7.102 所示。

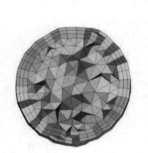

图 7.101　查看 Z 方向剖面的体网格

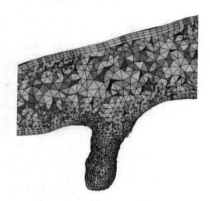

图 7.102　查看 X 方向剖面的体网格（局部）

7.4.4　光顺、检查并导出网格

（1）光顺网格。单击功能区内 Edit Mesh 选项卡中的 Smooth Mesh Globally 按钮，打开 Smooth Elements Globally 数据输入窗口，在 Smoothing iterations 文本框中输入 20，在 Up to value 文本框中输入 0.2，在 Smooth Mesh Type 组框中的 Freeze 列中选择 PENTA_6，其余参数保持默认，如图 7.103 所示，单击 Apply 按钮。可以通过直方图窗口查看网格光顺后的网格质量，如图 7.104 所示。

（2）检查网格。单击功能区内 Edit Mesh 选项卡中的 Check Mesh 按钮，打开 Check Mesh 数据输入窗口，所有参数保持默认，单击 OK 按钮。

（3）为求解器生成输入文件。单击功能区内 Output Mesh 选项卡中的 Write Input 按钮，打开 Save 对话框，单击 Yes 按钮，保存当前项目。此时将打开"打开"对话框，保持默认设置，单击"打开"按钮。此时将打开图 7.105 所示的 Ansys Fluent 对话框，在 Grid dimension 栏中选中 3D 单选按钮，即输出三维网格。读者也可以在 Output file 文本框中修改输出的路径和文件名，本实例中不对路径和文件名进行修改。单击 Done 按钮，此时可在 Output file 文本框所示的路径下找到输入文件 fluent.msh。

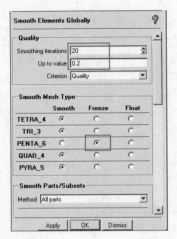

图 7.103　Smooth Elements Globally
　　　　数据输入窗口

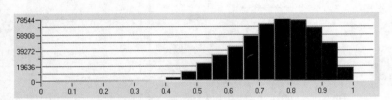

图 7.104　直方图窗口

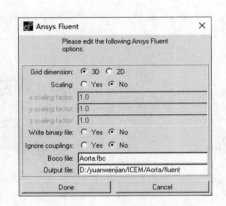

图 7.105　Ansys Fluent 对话框

7.4.5　计算及后处理

本小节将通过 Fluent 进行数值计算，以验证所生成的网格是否满足计算要求。

（1）读入网格文件。启动 Fluent，在 Fluent Launcher 2023 R1 对话框中将 Dimension 设置为 3D，即选择三维求解器；设置工作目录后单击 Start 按钮，进入 Fluent 2023 R1 用户界面。选择 File→Read→Mesh 命令，读入 7.4.4 小节中 ICEM 生成的网格文件 fluent.msh。

（2）检查网格。在界面左侧 Outline View 中双击 Setup→General 命令，然后在 Task Page 的 Mesh 组框中单击 Check 按钮，以检查网格。注意，界面右下角 Console 中显示的检查结果 minimum volume 应大于 0。

（3）定义网格单位。在 Task Page 的 Mesh 组框中单击 Scale 按钮，在打开的 Scale Mesh 对话框中将 Mesh Was Created In 设置为 mm，单击 Scale 按钮确认，再单击 Close 按钮退出。

（4）显示网格。在 Task Page 的 Mesh 组框中单击 Display 按钮，打开 Mesh Display 对话框，保持默认设置，单击 Display 按钮，在图形窗口中显示网格。

（5）选择求解器。在 Task Page 的 Solver 组框中，将 Type 设置为 Pressure-Based，Velocity Formulation 设置为 Absolute，Time 设置为 Steady，即选择三维基于压力的稳态求解器。

（6）选择湍流模型。在 Outline View 中双击 Setup→Models→Viscous 命令，打开 Viscous Model 对话框，在 Model 组框中选中 k-epsilon（2 eqn）单选按钮，单击 OK 按钮。

（7）定义材料。在 Outline View 中双击 Setup→Materials→Fluid→air 命令，打开 Create/Edit Materials 对话框，在 Name 文本框中输入 blood，将 Density [kg/m³]设置为 1060，将 Viscosity[kg/(ms)]设置为 0.0035，单击 Change/Create 按钮，再单击 Close 按钮，完成对血液材料的定义。

（8）定义流体域的材料。在 Outline View 中双击 Setup→Cell Zone Conditions→Fluid→fluid 命令，打开 Fluid 对话框，将 Material Name 设置为 blood，单击 Apply 按钮，单击 Close 按钮退出。

（9）定义边界条件。在 Outline View 中双击 Setup→Boundary Conditions 命令，然后在 Task Page 的 Zone 列表框中选择 inlet，程序自动将 Type 设置为 velocity-inlet。单击 Edit 按钮，打开 Velocity Inlet 对话框，在 Velocity Magnitude [m/s]文本框中输入 0.5，完成入口边界条件的定义。

在 Task Page 的 Zone 列表框中选择 outlet，将 Type 设置为 pressure-outlet，打开 Outflow 对话框，在 Gauge Pressure [Pa]文本框中输入 13332，完成出口边界条件的定义。

（10）定义收敛条件。在 Outline View 中双击 Solution→Monitors→Residual 命令，打开 Residual Monitors 对话框，将各变量收敛残差设置为 1e–3，单击 OK 按钮，以显示残差曲线。

（11）初始化流场。在 Outline View 中双击 Solution→Initialization 命令，然后在 Task Page 的 Initialization Methods 组框中选中 Hybrid Initialization 单选按钮。单击 More Settings 按钮，打开 Hybrid Initialization 对话框，在 Number of Iterations 文本框中输入 20，单击 OK 按钮，返回 Task Page，单击 Initialize 按钮。

（12）提交求解。在 Outline View 中双击 Solution→Run Calculation 命令，然后在 Task Page 的 Number of Iterations 文本框中输入 200，其他参数保持默认，单击 Calculate 按钮提交求解。大约迭代 62 步后结果收敛，图 7.106 所示为其残差变化情况。

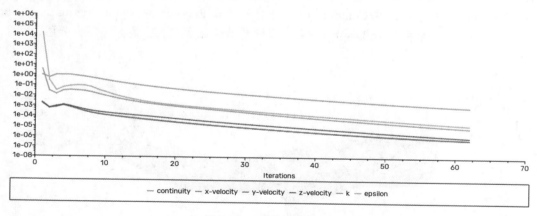

图 7.106　残差变化情况

（13）定义显示切面。单击功能区内 Results 选项卡 Surface 组中的 Create 下拉按钮，在弹出的下拉菜单中选择 Iso-Surface 命令，打开 Iso-Surface 对话框，在 New Surface Name 文本框中输入 z=-290，在 Surface of Constant 栏中分别选择 Mesh 和 Z-Coordinate，在 Iso-Values 文本框中输入-290，单击 Create 按钮，创建切面 z=-290。采用相同的方法，在 Iso-Values 文本框中分别输入-260、-230、-200、-170、-140、-110、-80 和-50，创建名称为 z=-260、z=-230、z=-200、z=-170、z=-140、 z=-110、z=-80 和 z=-50 的切面。

（14）定义显示平面。单击功能区内 Results 选项卡 Surface 组中的 Create 下拉按钮，在弹出的下拉菜单中选择 Plane 命令，打开 Plane Surface 对话框，在 New Surface Name 文本框中输入 x=192.45，将 Methods 栏设置为 YZ Plane，在 X [mm]文本框中输入 192.45，单击 Create 按钮，创建平面 x=192.45。

（15）显示入口、出口和各切面处的速度分布云图。在 Outline View 中双击 Results→Graphics→Contours 命令，打开 Contours 对话框，在 Contours of 栏中分别选择 Velocity 和 Velocity Magnitude；勾选 Draw Mesh 复选框，在打开的 Mesh Display 对话框的 Options 组框中勾选 Edges 复选框，在 Edge Type 组框中选中 Outline 单选按钮，在 Surfaces 列表中选择 aorta_wall，单击 Display 按钮，再单击 Close 按钮，返回 Contours 对话框；在 Surfaces 列表中分别选择 inlet、outlet、z=-290、z=-260、z=-230、z=-200、z=-170、z=-140、z=-110、z=-80 和 z=-50；单击 Save/Display 按钮，即可显示入口、出口和各切面处的速度分布云图，如图 7.107 所示。

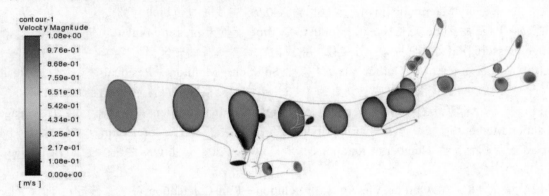

图 7.107　动脉血管入口、出口和各切面处的速度分布云图

（16）显示动脉血管表面的静态压力云图。在 Outline View 中双击 Results→Graphics→Contours 命令，打开 Contours 对话框，在 Contours of 栏中分别选择 Pressure 和 Static Pressure，在 Surfaces 列表中选择 aorta_wall，单击 Save/Display 按钮，即可显示动脉血管表面的静态压力云图，如图 7.108 所示。

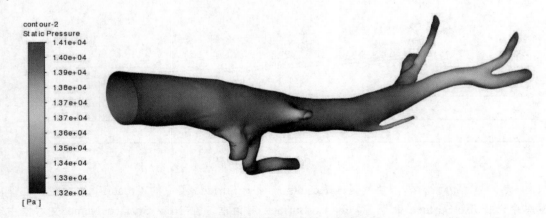

图 7.108　动脉血管表面的静态压力云图

（17）显示平面 x=192.45 上的速度矢量图。在 Outline View 中双击 Results→Graphics→Vectors 命令，打开 Vectors 对话框，将 Style 设置为 arrow；在 Color by 栏中分别选择 Velocity 和 Velocity

Magnitude；勾选 Draw Mesh 复选框，在打开的 Mesh Display 对话框的 Options 组框中勾选 Edges 复选框，在 Edge Type 组框中选中 Outline 单选按钮，在 Surfaces 列表中选择 aorta_wall，单击 Display 按钮，再单击 Close 按钮，返回 Vectors 对话框；在 Surfaces 列表中选择 x=192.45；单击 Save/Display 按钮，即可显示速度矢量图，如图 7.109 所示。

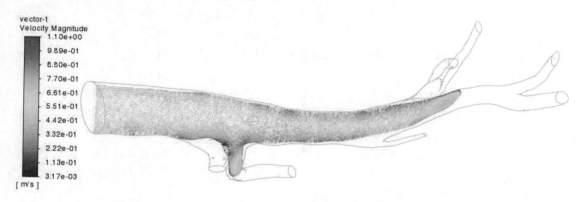

图 7.109　平面 x=192.45 上的速度矢量图

上面的计算结果表明，生成的网格能够满足计算要求。

7.5　非结构体网格的划分——直升机实例

本节将对一个直升机的外流场进行非结构体网格划分，使读者对如何选择棱柱体网格的创建方法有所了解。直升机外流场三维模型如图 7.110 所示。

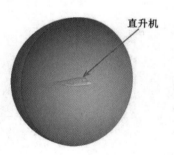

图 7.110　直升机外流场三维模型

7.5.1　几何模型的准备

（1）设置工作目录。选择 File→Change Working Dir 命令，打开 New working directory 对话框，新建一个 Helicopter 文件夹，并将该文件夹作为工作目录。将电子资源包中提供的 Helicopter_geo.tin 文件复制到该工作目录中。

（2）保存项目。单击工具栏中的 Save Project 按钮 💾，以 Helicopter.prj 为项目名称创建一个新项目。

（3）导入几何模型。单击工具栏中的 Open Geometry 按钮 🗐，选择 Helicopter_geo.tin 文件并打开，将在图形窗口中显示所导入的几何模型。在显示树中展开 Parts 目录，如图 7.111 所示，可以看到该几何模型包含的 Part。其中，BACKBODY、MAINBODY、NOSE、TAIL、UNDERBODY 和 WINDSHIELD 分别为直升机的机身背部、主体、机身头部、机身尾部、机身底部和风挡，FARFIELD 和 SYMPLANE 分别为远场边界和对称平面。

图 7.111　Parts 目录

（4）建立拓扑。单击功能区内 Geometry 选项卡中的 Repair Geometry 按钮，打开 Repair Geometry 数据输入窗口，单击 Build Topology 按钮，在 Filter by angle 组框中勾选 Filter points 和 Filter curves 复选框，其他参数保持默认，如图 7.112 所示，单击 OK 按钮。

（5）检查几何模型。建立拓扑后，在显示树中勾选 Geometry→Surfaces 目录前的复选框，对直升机机身进行检查，发现在机尾处有两条 Curve 呈黄色，表示它们属于且仅隶属于一个 Surface 的 Curve，说明有重叠的 Surface，如图 7.113 所示。

（6）删除重叠的 Surface。单击功能区内 Geometry 选项卡中的 Delete Surface 按钮，打开 Delete Surface 数据输入窗口，通过 Surface 文本框在图形窗口中选择图 7.113 所示需要删除的重叠 Surface，单击鼠标中键确认，将重叠的 Surface 删除。

（7）再次建立拓扑。单击功能区内 Geometry 选项卡中的 Repair Geometry 按钮，打开 Repair Geometry 数据输入窗口，单击 Build Topology 按钮，在 Filter by angle 组框中勾选 Filter points 和 Filter curves 复选框，其他参数保持默认，如图 7.112 所示，单击 OK 按钮。在建立拓扑完成后，可以看到所有的 Curve 都呈红色。

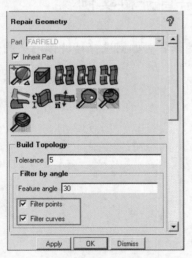

图 7.112　Repair Geometry 数据输入窗口

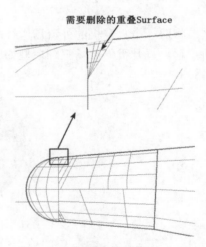

图 7.113　机尾处的重叠 Surface

（8）创建材料点。单击功能区内 Geometry 选项卡中的 Create Body 按钮，打开 Create Body 数据输入窗口，在 Part 文本框中输入 FLUID，单击 Material Point 按钮，如图 7.114 所示。通过 2 screen locations 文本框在图形窗口中选择图 7.115 所示的两个位置，单击鼠标中键确认，可创建一个名称为 FLUID 的材料点。

（9）保存几何模型。单击工具栏中的 Open Geometry 下拉按钮，在弹出的下拉菜单中单击 Save Geometry as 按钮，将当前的几何模型保存为 Helicopter_final.tin。

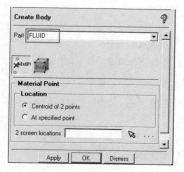

图 7.114　Create Body 数据输入窗口

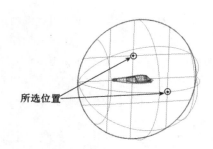

图 7.115　创建的材料点

7.5.2　设置网格参数

1．设置全局网格参数

单击功能区内 Mesh 选项卡中的 Global Mesh Setup 按钮，打开 Global Mesh Setup 数据输入窗口，单击 Global Mesh Size 按钮，在 Scale factor 文本框中输入 1，在 Max element 文本框中输入 1024，其他参数保持默认，如图 7.116 所示，单击 Apply 按钮。

2．设置棱柱体网格参数

在 Global Mesh Setup 数据输入窗口中单击 Prism Meshing Parameters 按钮，在 Height ratio 文本框中输入 1.2，在 Number of layers 文本框中输入 4，在 Prism height limit factor 文本框中输入 1。单击 Advanced Prism Meshing Parameters 按钮，在打开的 Advanced Prism Meshing Parameters 对话框中勾选 Auto Reduction 复选框，其他参数保持默认，单击 Apply 按钮，再单击 Dismiss 按钮，如图 7.117 所示。

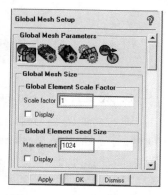

图 7.116　Global Mesh Setup 数据输入窗口

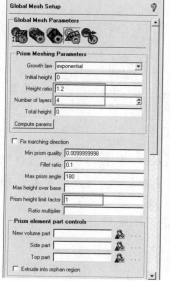

图 7.117　设置棱柱体网格参数

🔊 提示：

在某些情况下，由于几何形状的限制，ICEM 可能无法创建指定层数和网格尺寸的棱柱体网格。如果勾选 Auto Reduction 复选框，ICEM 将自动缩小棱柱体的网格尺寸以满足所需的层数，而不会创建金字塔网格或出现其他问题。如图 7.118 所示，当设置棱柱体网格为 6 层时，如果未勾选 Auto Reduction 复选框，则在生成网格时，间隙处的棱柱体网格将下降到 4 层；如果勾选 Auto Reduction 复选框，则在生成网格时，将自动缩小网格尺寸，从而创建指定层数的棱柱体网格。

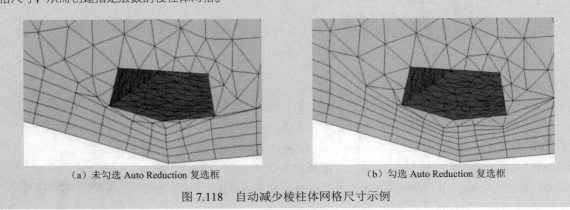

（a）未勾选 Auto Reduction 复选框   （b）勾选 Auto Reduction 复选框

图 7.118   自动减少棱柱体网格尺寸示例

3．设置直升机 Surface 的网格参数

单击功能区内 Mesh 选项卡中的 Surface Mesh Setup 按钮，打开 Surface Mesh Setup 数据输入窗口，通过 Surface(s) 文本框在图形窗口中选择直升机的所有 Surface（Part BACKBODY、MAINBODY、NOSE、TAIL、UNDERBODY 和 WINDSHIELD），在 Maximum size 文本框中输入 64，其他参数保持默认，如图 7.119 所示，单击 OK 按钮。

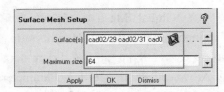

图 7.119   Surface Mesh Setup 数据输入窗口

7.5.3   生成网格

1．创建四面体网格

单击功能区内 Mesh 选项卡中的 Compute Mesh 按钮，打开 Compute Mesh 数据输入窗口，单击 Volume Mesh 按钮，将 Mesh Type 设置为 Tetra/Mixed，将 Mesh Method 设置为 Robust (Octree)，其他参数保持默认，如图 7.120 所示，单击 Compute 按钮。

2．查看直升机上的面网格

在显示树中取消勾选 Geometry→Surfaces、Geometry→Curves、Parts→FARFIELD 和 Parts→FLUID 目录前的复选框。选择 View→Top 命令，将视角调整为顶视图，可以查看直升机上的面网格（均为三角形面网格），如图 7.121 所示。

完成网格查看后，在显示树中勾选 Geometry 和 Parts 目录前的复选框，显示所有几何图元和 Part。

图 7.120　Compute Mesh 数据输入窗口（1）

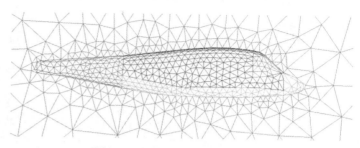

图 7.121　查看直升机上的面网格

3．设置 Part 网格参数

为了在下一步中创建棱柱体网格，首先进行 Part 网格参数的设置。

单击功能区内 Mesh 选项卡中的 Part Mesh Setup 按钮，打开 Part Mesh Setup 对话框，按图 7.122 所示设置网格参数，即勾选 Prism 列 BACKBODY、MAINBODY、NOSE、TAIL、UNDERBODY 和 WINDSHIELD 行的复选框，在 Maximum size 列 FARFIELD 和 SYMPLANE 行中输入 1024，在 Maximum size 列 BACKBODY、MAINBODY、NOSE、TAIL、UNDERBODY 和 WINDSHIELD 行中输入 64，单击 Apply 按钮确认，再单击 Dismiss 按钮退出。

Part △	Prism	Hexa-core	Maximum size	Height	Height ratio	Num layers	Tetra size ratio
BACKBODY	☑		64	0	0	0	0
FARFIELD	☐		1024	0	0	0	0
FLUID	☐	☐	0				
MAINBODY	☑		64	0	0	0	0
NOSE	☑		64	0	0	0	0
SYMPLANE	☐		1024	0	0	0	0
TAIL	☑		64	0	0	0	0
UNDERBODY	☑		64	0	0	0	0
WINDSHIELD	☑		64	0	0	0	0

☑ Show size params using scale factor
☐ Apply inflation parameters to curves
☐ Remove inflation parameters from curves

Highlighted parts have at least one blank field because not all entities in that part have identical parameters

Apply　Dismiss

图 7.122　Part Mesh Setup 对话框

4．创建棱柱体网格

单击功能区内 Mesh 选项卡中的 Compute Mesh 按钮，打开 Compute Mesh 数据输入窗口，单击 Volume Mesh 按钮，勾选 Create Prism Layers 复选框，其他参数保持默认，如图 7.123 所示，单击 Compute 按钮。

选择 View→Top 命令，将视角调整为顶视图，可以查看直升机上的面网格，如图 7.124 所示。

5．检查网格质量

单击功能区内 Edit Mesh 选项卡中的 Display Mesh Quality 按钮，打开 Quality Metrics 数据输入窗口，在 Mesh types to check 组框的 Yes 列中仅选择 TETRA_4 和 PENTA_6，将 Criterion 设置为 Quality，其他参数保持默认，如图 7.125 所示，单击 Apply 按钮。此时将弹出直方图窗口，以直方图的形式显示网格质量的统计结果，如图 7.126 所示。

图 7.123　Compute Mesh 数据输入窗口（2）

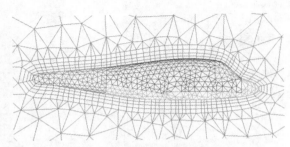

图 7.124　查看直升机上的面网格

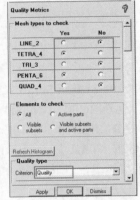
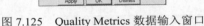

图 7.125　Quality Metrics 数据输入窗口

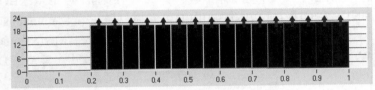

图 7.126　直方图窗口（1）

6．通过 Fluent Meshing 方法创建棱柱体网格

单击功能区内 Mesh 选项卡中的 Compute Mesh 按钮，打开 Compute Mesh 数据输入窗口，单击 Volume Mesh 按钮，将 Mesh Method 设置为 Fluent Meshing，勾选 Create Prism Inflation Layers 复选框，在 Inflation Method 组框中选中 Pre Inflation (Fluent Meshing)单选按钮，如图 7.127 所示，单击 Compute 按钮。

单击功能区内 Edit Mesh 选项卡中的 Display Mesh Quality 按钮，打开 Quality Metrics 数据输入窗口，在 Mesh types to check 组框的 Yes 列中仅选择 PENTA_6，其他参数保持默认，单击 Apply 按钮。此时弹出直方图窗口，以直方图的形式显示棱柱体网格质量的统计结果，如图 7.128 所示。

图 7.127　Compute Mesh 数据输入窗口（3）

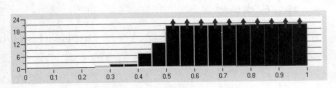

图 7.128　直方图窗口（2）

7.5.4　细化并导出网格

本小节将通过 Part 修改棱柱体的网格参数，然后重新生成并导出网格。

1．设置 Part 网格参数

单击功能区内 Mesh 选项卡中的 Part Mesh Setup 按钮 ，打开 Part Mesh Setup 对话框，按图 7.129 所示设置网格参数，即在 Maximum size 列 NOSE、TAIL 和 WINDSHIELD 行中输入 32，在 Prism height limit factor 列 BACKBODY、MAINBODY 和 UNDERBODY 行中输入 0.5，在 Prism height limit factor 列 NOSE、TAIL 和 WINDSHIELD 行中输入 2，其他参数保持默认，单击 Apply 按钮确认，再单击 Dismiss 按钮退出。

Part ▲	Prism	Hexa-core	Maximum size	Height	Height ratio	Num layers	Tetra size ratio	Tetra width	Min size limit	Max deviation	Prism height limit factor
BACKBODY	✓		64	0	0	0	0	0	0	0	0.5
FARFIELD			1024	0	0	0	0	0	0	0	0
FLUID			0								
MAINBODY	✓		64	0	0	0	0	0	0	0	0.5
NOSE	✓		32	0	0	0	0	0	0	0	2
SYMPLANE			1024	0	0	0	0	0	0	0	0
TAIL	✓		32	0	0	0	0	0	0	0	2
UNDERBODY	✓		64	0	0	0	0	0	0	0	0.5
WINDSHIELD	✓		32	0	0	0	0	0	0	0	2

☑ Show size params using scale factor
☐ Apply inflation parameters to curves
☐ Remove inflation parameters from curves
Highlighted parts have at least one blank field because not all entities in that part have identical parameters

Apply　Dismiss

图 7.129　Part Mesh Setup 对话框

2．重新创建四面体网格

单击功能区内 Mesh 选项卡中的 Compute Mesh 按钮 ，打开 Compute Mesh 数据输入窗口，单击 Volume Mesh 按钮 ，将 Mesh Type 设置为 Tetra/Mixed，将 Mesh Method 设置为 Robust (Octree)，其他参数保持默认，如图 7.130 所示，单击 Compute 按钮。

3．重新查看直升机上的面网格

选择 View→Top 命令，将视角调整为顶视图，可以查看直升机上的面网格，如图 7.131 所示。

图 7.130　Compute Mesh 数据输入窗口（1）

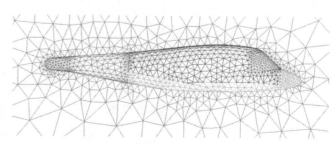

图 7.131　查看直升机上的面网格（1）

4. 重新创建棱柱体网格

单击功能区内 Mesh 选项卡中的 Compute Mesh 按钮，打开 Compute Mesh 数据输入窗口，单击 Volume Mesh 按钮，将 Mesh Method 设置为 Fluent Meshing，勾选 Create Prism Inflation Layers 复选框，在 Inflation Method 组框中选中 Pre Inflation (Fluent Meshing)单选按钮，如图 7.132 所示，单击 Compute 按钮。

选择 View→Top 命令，将视角调整为顶视图，可以查看直升机上的面网格，如图 7.133 所示。

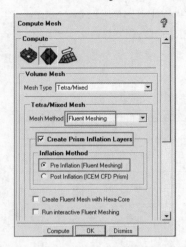

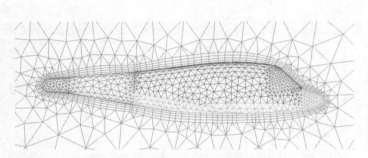

图 7.132　Compute Mesh 数据输入窗口（2）　　　　图 7.133　查看直升机上的面网格（2）

5. 查看棱柱体网格的质量

单击功能区内 Edit Mesh 选项卡中的 Display Mesh Quality 按钮，打开 Quality Metrics 数据输入窗口，在 Mesh types to check 组框的 Yes 列中仅选择 PENTA_6，如图 7.134 所示，将 Criterion 设置为 Quality，其他参数保持默认，单击 Apply 按钮。此时将弹出直方图窗口，以直方图的形式显示棱柱体网格质量的统计结果，如图 7.135 所示，可见棱柱体网格的质量得到了提升。

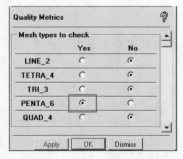

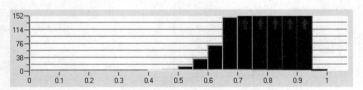

图 7.134　Quality Metrics 数据输入窗口　　　　　图 7.135　直方图窗口

6. 保存项目

单击工具栏中的 Save Project 按钮，将项目进行保存。

第 8 章　混合体网格的划分

内容简介

对于形状非常复杂的三维几何模型，为了降低网格数量，有时需要将几何模型进行适当的分解，其中对形状相对简单的部分进行结构体网格的划分，而对形状复杂的部分则进行非结构体网格的划分。这样，就将三维几何模型划分为同时存在结构体网格与非结构体网格的混合体网格。

本章将介绍 ICEM 中混合体网格的两种划分方法，并通过具体实例讲解使用 ICEM 进行混合体网格划分的基本操作流程。

内容要点

➤ 混合体网格的划分方法
➤ 节点合并
➤ 块类型的转换

8.1　混合体网格的划分方法

混合体网格是指在一个三维几何模型中同时存在结构体网格和非结构体网格，因此在混合体网格的划分过程中，可能会同时用到结构体网格和非结构体网格的划分方法。混合体网格一般有合并网格和多区域两种网格划分方法，下面分别予以简单介绍。

1. 合并网格方法

合并网格方法是指首先将几何模型进行分解，然后分别将各部分划分为结构体网格或非结构体网格，接着将各部分的网格文件放到一个网格文件中，最后在各部分的连接处进行节点合并。其主要操作步骤示例如图 8.1 所示。

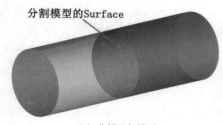
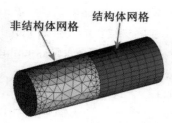

| (a) 分解几何模型 | (b) 将各部分分别进行网格划分 | (c) 在连接处进行节点合并 |

图 8.1　合并网格方法的主要操作步骤示例

2．多区域方法

多区域方法基于 ICEM 结构体网格的分块方法，该方法无须对几何模型进行分解。在第 6 章中介绍了块有三种类型，分别为映射块、扫掠块和自由块，其中通过映射块能够创建结构体网格，而通过扫掠块和自由块能够创建非结构体网格。对于形状非常复杂的三维几何模型，在进行分块后，可以通过块类型的转换来修改某些块生成的网格类型，创建既存在结构体网格又存在非结构体网格的混合网格。

接下来，通过具体的实例来讲解使用两种方法创建混合体网格的具体操作步骤。

8.2　混合体网格的划分——空调通风管实例

本节将对一个空调通风管进行网格划分，使读者对使用合并网格方法进行混合体网格的划分流程有一个初步的了解。空调通风管的结构如图 8.2 所示。其计算条件如下：入口处空气来流速度为 2m/s，两个出口为压力出口。

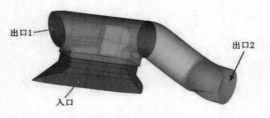

图 8.2　空调通风管的结构

8.2.1　几何模型的准备

（1）设置工作目录。选择 File→Change Working Dir 命令，打开 New working directory 对话框，新建一个 HybridHVAC 文件夹，并将该文件夹作为工作目录。将电子资源包中提供的 Hybrid_HVAC.tin 和 HVACPipeBlocking.blk 两个文件复制到该工作目录中。

（2）保存项目。单击工具栏中的 Save Project 按钮，以 HybridHVAC.prj 为项目名称创建一个新项目。

（3）导入几何模型。单击工具栏中的 Open Geometry 按钮，选择 Hybrid_HVAC.tin 文件并打开，将在图形窗口中显示所导入的几何模型。在显示树中勾选 Geometry→Surfaces 目录前的复选框，在图形窗口中显示所有 Surface。

（4）创建 Assembly。下面通过创建 Assembly 来组织 Part，其中一个 Assembly 用于存放创建结构体网格的 Part，另一个用于存放创建非结构体网格的 Part。在显示树中右击 Parts 目录，在弹出的快捷菜单中选择 Create Assembly 命令，打开 Create Assembly 数据输入窗口，在 Assembly name 文本框中输入 HEX_PART，如图 8.3 所示。单击 Parts 文本框后的 Select part(s)按钮，打开图 8.4 所示的 Select parts 对话框，选择 OUT2 和 TUBEH 两个 Part。单击 Accept 按钮，返回 Create Assembly 数据输入窗口，单击 Apply 按钮，创建一个包含 OUT2 和 TUBEH 两个 Part 的名称为 HEX_PART 的 Assembly。

采用相同的方法，通过 INLET、OUT1、PATCH、TRANSITION 和 TUBET 共 5 个 Part 创建一个名称为 TETRA_PART 的 Assembly，结果如图 8.5 所示。

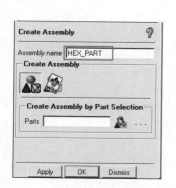

图 8.3 Create Assembly 数据输入窗口

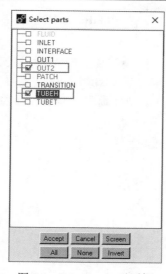

图 8.4 Select parts 对话框

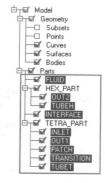

图 8.5 显示树

8.2.2 创建结构体网格

（1）隐藏不需要的 Part。在显示树的 Parts 目录下仅勾选 HEX_PART 和 INTERFACE 前的复选框，将不需要的 Part 隐藏。

（2）读取块文件。本实例直接读入已经创建好的块文件。选择 File→Blocking→Open Blocking 命令或者单击工具栏中的 Open Blocking 按钮 ，打开 Open Blocking File 对话框，选择 HVACPipeBlocking.blk 文件并打开，以实体形式显示块，如图 8.6 所示。

（3）预览网格。在显示树中勾选 Blocking→Pre-Mesh 目录前的复选框，打开 Mesh 对话框，单击 Yes 按钮，将会在图形窗口中生成预览网格，以实体和线框的形式显示的预览网格如图 8.7 所示。

（4）生成网格。在显示树中右击 Blocking→Pre-Mesh 目录，在弹出的快捷菜单中选择 Convert to Unstruct Mesh 命令，生成网格（此时将以默认的 hex.uns 文件存储所生成的结构体网格）。

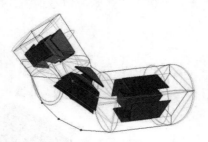

图 8.6 以实体形式显示的块

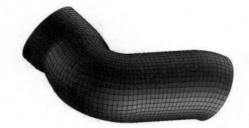

图 8.7 预览网格

8.2.3 创建非结构体网格

（1）隐藏不需要的 Part。在显示树的 Parts 目录下仅勾选 INTERFACE 和 TETRA_PART 前的复选框，将不需要的 Part 隐藏。

（2）建立拓扑。单击功能区内 Geometry 选项卡中的 Repair Geometry 按钮 ，打开 Repair Geometry 数据输入窗口，勾选 Inherit Part 复选框，单击 Build Topology 按钮 ，勾选 Filter points

和 Filter curves 复选框，将 Method 设置为 Only visible parts，其他参数保持默认，如图 8.8 所示，单击 OK 按钮。

（3）设置 Surface 的网格参数。单击功能区内 Mesh 选项卡中的 Surface Mesh Setup 按钮，打开 Surface Mesh Setup 数据输入窗口，通过 Surface(s)文本框在图形窗口中选择所有可见的 Surface，在 Maximum size 文本框中输入 4，其他参数保持默认，如图 8.9 所示，单击 Apply 按钮。

图 8.8　Repair Geometry 数据输入窗口　　　　图 8.9　Surface Mesh Setup 数据输入窗口

（4）创建四面体网格。在显示树中勾选 Parts→FLUID 目录前的复选框，单击功能区内 Mesh 选项卡中的 Compute Mesh 按钮，打开 Compute Mesh 数据输入窗口，单击 Volume Mesh 按钮，将 Mesh Type 设置为 Tetra/Mixed，将 Mesh Method 设置为 Robust (Octree)，将 Select Geometry 设置为 Visible，其他参数保持默认，如图 8.10 所示，单击 Compute 按钮。打开 Mesh Exists 对话框，如图 8.11 所示，单击 Replace 按钮，以替换现有网格。以实体和线框形式显示的网格如图 8.12 所示。

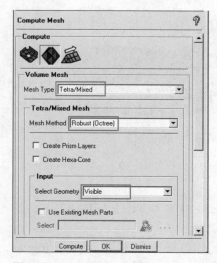

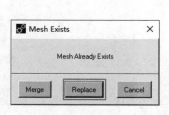

图 8.10　Compute Mesh 数据输入窗口　　图 8.11　Mesh Exists 对话框　　图 8.12　以实体和线框形式显示的网格

8.2.4　网格合并

（1）读取六面体网格。选择 File→Mesh→Open Mesh 命令或者单击 Open Mesh 按钮 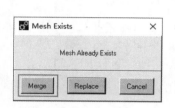，打开 Open Mesh File 对话框，选择 hex.uns 文件并打开，打开 Mesh Exists 对话框，如图 8.13 所示。单击 Merge 按钮，将六面体网格与当前的四面体网格进行合并。其中需要注意，这里仅是将 hex.uns 文件放到当前的网格文件中，其网格的节点并没有进行连接。

在显示树中勾选 Parts 目录前的复选框，显示所有 Part。以实体和线框形式显示的网格如图 8.14 所示。

图 8.13　Mesh Exists 对话框　　　　图 8.14　以实体和线框形式显示的网格

（2）查看结构体网格和非结构体网格连接处的面网格。在显示树的 Parts 目录下仅勾选 INTERFACE 前的复选框，在 Mesh 目录下仅勾选 Shells→Quads 前的复选框，所显示的面网格如图 8.15（a）所示，这是结构体网格在 INTERFACE 上生成的面网格；在 Mesh 目录下仅勾选 Shells →Triangles 前的复选框，显示的面网格如图 8.15（b）所示，这是非结构体网格在 INTERFACE 上生成的面网格；在 Mesh→Shells 目录下同时勾选 Triangles 和 Quads 前的复选框，显示的面网格如图 8.15（c）所示，可见 INTERFACE 上生成的两层网格并不一致。

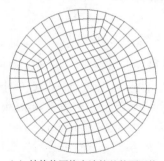　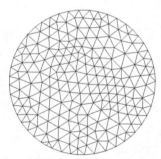　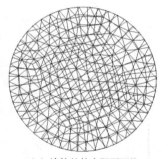

（a）结构体网格在连接处的面网格　　　（b）非结构体网格在连接处的面网格　　　（c）连接处的实际面网格

图 8.15　结构体网格和非结构体网格连接处的面网格

（3）查看结构体网格和非结构体网格连接处附近的体网格。在显示树中勾选 Parts 目录和 Mesh→ Volumes 目录前的复选框，右击 Mesh 目录，在弹出的快捷菜单中选择 Cut Plane→Manage Cut Plane 命令，打开 Manage Cut Plane 数据输入窗口，在 Method 下拉列表中选择 Middle X Plane，将 Fraction Value 设置为 0.65，其他参数保持默认，如图 8.16 所示。放大结构体网格和非结构体网格连接处的体网格，如图 8.17 所示，可见连接处的网格并不一致。完成网格查看后，单击 Manage Cut Plane 数据输入窗口中的 Dismiss 按钮退出。

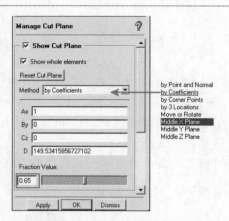

图 8.16　Manage Cut Plane 数据输入窗口

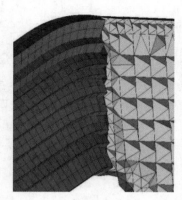

图 8.17　连接处附近的体网格（1）

（4）合并结构体网格和非结构体网格连接处的节点。单击功能区内 Edit Mesh 选项卡中的 Merge Nodes 按钮，打开 Merge Nodes 数据输入窗口，单击 Merge Meshes 按钮，将 Method 设置为 Merge volume meshes，通过 Merge surface mesh parts 文本框选择 Part INTERFACE，如图 8.18 所示，单击 Apply 按钮。再次通过剖面查看结构体网格和非结构体网格连接处附近的体网格，结果如图 8.19 所示，可见连接处的网格呈现出了一致性。

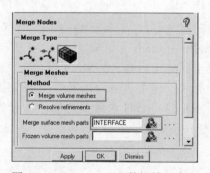

图 8.18　Merge Nodes 数据输入窗口

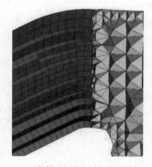

图 8.19　连接处附近的体网格（2）

（5）删除结构体网格和非结构体网格连接处的面网格单元。为了使整个计算域都可以通过流体，现需要将结构体网格和非结构体网格连接处的面网格单元删除。单击功能区内 Edit Mesh 选项卡中的 Delete Elements 按钮，打开 Delete Elements 数据输入窗口，如图 8.20 所示。单击 Elements 文本框后的 Select element(s)按钮，弹出 Select mesh elements 工具条，单击 Select items in a part 按钮，打开 Select part 对话框，选择 Part INTERFACE，如图 8.21 所示。单击 Accept 按钮，返回 Delete Elements 数据输入窗口，单击 Apply 按钮，将 INTERFACE 上的面网格单元删除。

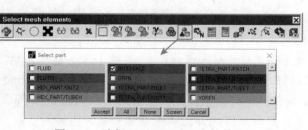

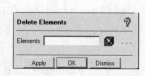

图 8.20　Delete Elements 数据输入窗口

图 8.21　选择 INTERFACE 上的单元

8.2.5 光顺、检查并导出网格

（1）设置棱柱体网格参数。单击功能区内 Mesh 选项卡中的 Global Mesh Setup 按钮，打开 Global Mesh Setup 数据输入窗口，单击 Prism Meshing Parameters 按钮，在 Prism Meshing Parameters 组框的 Initial height 文本框中输入 0.6，在 Height ratio 文本框中输入 1.2，在 Number of layers 文本框中输入 2，在 Min prism quality 文本框中输入 0.01，在 Prism element part controls 组框的 New volume part 文本框中输入 PRISM，在 Smoothing Options 组框中将 Triangle quality type 设置为 laplace，其他参数保持默认，如图 8.22 所示，单击 Apply 按钮。

（2）创建棱柱体网格。单击功能区内 Mesh 选项卡中的 Compute Mesh 按钮，打开 Compute Mesh 数据输入窗口，单击 Prism Mesh 按钮，如图 8.23 所示。单击 Select Parts for Prism Layer 按钮，打开 Prism Parts Data 对话框，按图 8.24 所示设置网格参数。单击 Apply 按钮确认，再单击 Dismiss 按钮，返回 Compute Mesh 数据输入窗口。单击 Compute 按钮，创建棱柱体网格。再次通过剖面查看连接处附近的体网格，如图 8.25 所示，可以见到所生成的棱柱体网格。

（3）光顺网格。单击功能区内 Edit Mesh 选项卡中的 Smooth Mesh Globally 按钮，打开 Smooth Elements Globally 数据输入窗口，在 Smoothing iterations 文本框中输入 10，在 Up to value 文本框中输入 0.4，将 Criterion 设置为 Quality，在 Smooth Mesh Type 组框中的 Freeze 列中选择 PENTA_6，其余参数保持默认，如图 8.26 所示，单击 Apply 按钮。可以通过直方图窗口查看网格光顺后的网格质量，如图 8.27 所示。

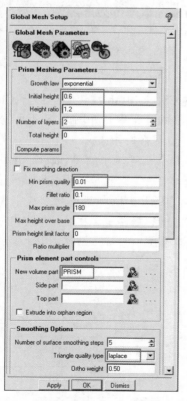

图 8.22 Global Mesh Setup 数据输入窗口

图 8.23 Compute Mesh 数据输入窗口

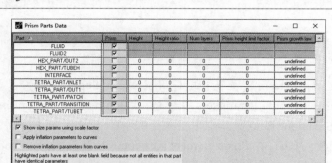

图 8.24　Prism Parts Data 对话框

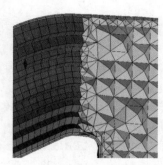

图 8.25　连接处附近的棱柱体网格

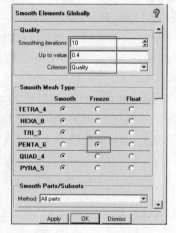

图 8.26　Smooth Elements Globally
　　　　　数据输入窗口

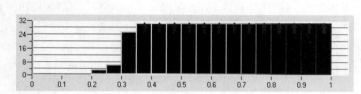

图 8.27　直方图窗口

（4）检查网格。单击功能区内 Edit Mesh 选项卡中的 Check Mesh 按钮，打开 Check Mesh 数据输入窗口，所有参数保持默认，单击 OK 按钮。在检查网格的过程中打开图 8.28 所示的 Diagnostics: missing-internal 对话框，单击 Create Subset 按钮，创建一个网格的子集。

（5）为求解器生成输入文件。单击功能区内 Output Mesh 选项卡中的 Write Input 按钮，打开 Save 对话框，单击 Yes 按钮，保存当前项目。此时将打开"打开"对话框，保持默认设置，单击"打开"按钮。此时将打开图 8.29 所示的 Ansys Fluent 对话框，在 Grid dimension 栏中选中 3D 单选按钮，即输出三维网格。读者也可以在 Output file 文本框中修改输出的路径和文件名，本实例中不对路径和文件名进行修改。单击 Done 按钮，此时可在 Output file 文本框所示的路径下找到输入文件 fluent.msh。

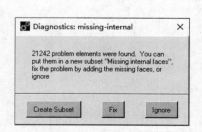

图 8.28　Diagnostics: missing-internal 对话框

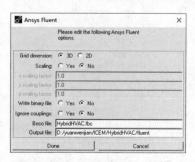

图 8.29　Ansys Fluent 对话框

8.2.6　计算及后处理

本小节将通过 Fluent 进行数值计算，以验证所生成的网格是否满足计算要求。

（1）读入网格文件。启动 Fluent，在 Fluent Launcher 2023 R1 对话框中将 Dimension 设置为 3D，即选择三维求解器；设置工作目录后单击 Start 按钮，进入 Fluent 2023 R1 用户界面。选择 File→Read →Mesh 命令，读入 8.2.5 小节中 ICEM 生成的网格文件 fluent.msh。

（2）检查网格。在界面左侧 Outline View 中双击 Setup→General 命令，然后在 Task Page 的 Mesh 组框中单击 Check 按钮，以检查网格。注意，界面右下角 Console 中显示的检查结果 minimum volume 应大于 0。

（3）定义网格单位。在 Task Page 的 Mesh 组框中单击 Scale 按钮，在打开的 Scale Mesh 对话框中将 Mesh Was Created In 设置为 mm，单击 Scale 按钮确认，再单击 Close 按钮退出。

（4）显示网格。在 Task Page 的 Mesh 组框中单击 Display 按钮，打开 Mesh Display 对话框，保持默认设置，单击 Display 按钮，在图形窗口中显示网格。

（5）选择求解器。在 Task Page 的 Solver 组框中，将 Type 设置为 Pressure-Based，Velocity Formulation 设置为 Absolute，Time 设置为 Steady，即选择三维基于压力的稳态求解器。

（6）选择湍流模型。在 Outline View 中双击 Setup→Models→Viscous 命令，打开 Viscous Model 对话框，在 Model 组框中选中 k-epsilon（2 eqn）单选按钮，单击 OK 按钮。

（7）定义边界条件。在 Outline View 中双击 Setup→Boundary Conditions 命令，然后在 Task Page 的 Zone 列表框中选择 tetra_part/inlet，将 Type 设置为 velocity-inlet。单击 Edit 按钮，打开 Velocity Inlet 对话框，在 Velocity Magnitude [m/s]文本框中输入 2。然后，在 Zone 列表框中选择 tetra_part/inlet:005，采用相同的参数值进行定义，完成入口边界条件的定义。

在 Task Page 的 Zone 列表框中选择 tetra_part/out1，然后将 Type 设置为 pressure-outlet，打开 Pressure Outlet 对话框，保持默认参数设置。然后，在 Zone 列表框中依次选择 tetra_part/out1:006、hex_part/out2 和 hex_part/out2:007，采用相同的参数值进行定义，完成出口边界条件的定义。

（8）定义收敛条件。在 Outline View 中双击 Solution→Monitors→Residual 命令，打开 Residual Monitors 对话框，将各变量收敛残差设置为 1e–3，单击 OK 按钮，以显示残差曲线。

（9）初始化流场。在 Outline View 中双击 Solution→Initialization 命令，然后在 Task Page 的 Initialization Methods 组框中选中 Hybrid Initialization 单选按钮。单击 More Settings 按钮，打开 Hybrid Initialization 对话框，在 Number of Iterations 文本框中输入 20，单击 OK 按钮，返回 Task Page，然后单击 Initialize 按钮。

（10）提交求解。在 Outline View 中双击 Solution→Run Calculation 命令，在 Task Page 的 Number of Iterations 文本框中输入 500，其他参数保持默认，单击 Calculate 按钮提交求解。大约迭代 239 步后结果收敛，图 8.30 所示为其残差变化情况。

（11）定义显示平面。单击功能区内 Results 选项卡 Surface 组中的 Create 下拉按钮，在弹出的下拉菜单中选择 Plane 命令，打开 Plane Surface 对话框，在 New Surface Name 文本框中输入 x=0.14，将 Methods 栏设置为 YZ Plane，在 X [m]文本框中输入 0.14，单击 Create 按钮，创建平面 x=0.14。

（12）显示空调通风管表面的静态压力云图。在 Outline View 中双击 Results→Graphics→Contours 命令，打开 Contours 对话框，在 Contours of 栏中分别选择 Pressure 和 Static Pressure，在 Surfaces 列表中选择 hex_part/tubeh、tetra_part/patch、tetra_part/transition 和 tetra_part/tubet，然后单击

Save/Display 按钮，即可显示空调通风管表面的静态压力云图，如图 8.31 所示。

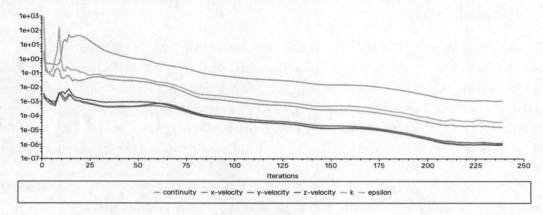

图 8.30　残差变化情况

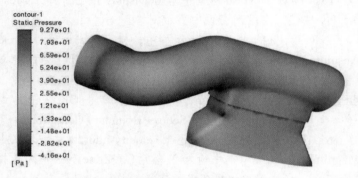

图 8.31　空调通风管表面的静态压力云图

（13）显示平面 x=0.14 上的速度矢量图。在 Outline View 中双击 Results→Graphics→Vectors 命令，打开 Vectors 对话框，将 Style 设置为 arrow；在 Color by 栏中分别选择 Velocity 和 Velocity Magnitude；勾选 Draw Mesh 复选框，在打开的 Mesh Display 对话框的 Options 组框中勾选 Edges 复选框，在 Edge Type 组框中选中 Outline 单选按钮，在 Surfaces 列表中选择 hex_part/tubeh、tetra_part/patch、tetra part/transition 和 tetra part/tubet，单击 Display 按钮，再单击 Close 按钮，返回 Vectors 对话框；在 Surfaces 列表中选择 x=0.14；单击 Save/Display 按钮，即可显示速度矢量图，如图 8.32 所示。

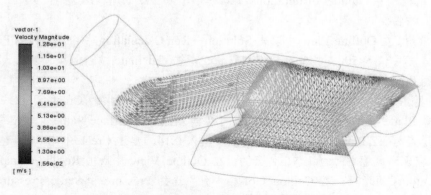

图 8.32　平面 x=0.14 上的速度矢量图

（14）显示三维迹线图。在 Outline View 中双击 Results→Graphics→Pathlines 命令，打开 Pathlines 对话框，将 Style 设置为 line-arrows；单击 Attributes 按钮，在打开的 Path Style Attributes 对话框中将 Scale 设置为 0.1，单击 OK 按钮确认，返回 Pathlines 对话框；在打开的 Mesh Display 对话框的 Options 组框中勾选 Edges 复选框，在 Edge Type 组框中选中 Outline 单选按钮，在 Surfaces 列表中选择 hex_part/tubeh、tetra_part/patch、tetra part/transition 和 tetra part/tubet，单击 Display 按钮，再单击 Close 按钮，返回 Pathlines 对话框；将 Path Skip 设置为 5；在 Release From Surface 列表中选择 tetra_part/inlet 和 tetra_part/inlet:005；单击 Save/Display 按钮，即可显示三维迹线图，如图 8.33 所示。

图 8.33　三维迹线图

上面的计算结果表明，生成的网格能够满足计算要求。

8.3　混合体网格的划分——天圆地方过渡管道实例

扫一扫，看视频

本节将对一个天圆地方过渡管道进行网格划分，使读者对使用多区域方法进行混合体网格划分的流程有一个初步的了解。天圆地方过渡管道的结构如图 8.34 所示。其计算条件如下：入口处空气来流速度为 5m/s，出口为压力出口。

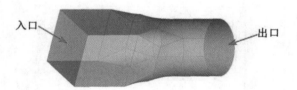

图 8.34　天圆地方过渡管道的结构

8.3.1　几何模型的准备

（1）设置工作目录。选择 File→Change Working Dir 命令，打开 New working directory 对话框，新建一个 DuctTransition 文件夹，并将该文件夹作为工作目录。将电子资源包中提供的 Duct_Transition.tin 文件复制到该工作目录中。

（2）保存项目。单击工具栏中的 Save Project 按钮 ，以 DuctTransition.prj 为项目名称创建一个新项目。

（3）导入几何模型。单击工具栏中的 Open Geometry 按钮，选择 Duct_Transition.tin 文件并打开，将在图形窗口中显示所导入的几何模型。

（4）建立拓扑。单击功能区内 Geometry 选项卡中的 Repair Geometry 按钮，打开 Repair Geometry 数据输入窗口，勾选 Inherit Part 复选框，单击 Build Topology 按钮，如图 8.35 所示，所有参数保持默认，单击 OK 按钮。

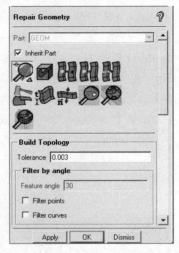

图 8.35　Repair Geometry 数据输入窗口

📢 提示：

> 通过显示树可知，该几何模型共包含 4 个 Part，其中 SQUARE 为方形的入口边界条件，CIRCLE 为圆形的出口边界条件，DUCT 为壁面边界条件，FLUID 为创建的材料点。

8.3.2　设置网格参数

（1）设置全局网格参数。单击功能区内 Mesh 选项卡中的 Global Mesh Setup 按钮，打开 Global Mesh Setup 数据输入窗口，单击 Global Mesh Size 按钮，在 Scale factor 文本框中输入 1，在 Max element 文本框中输入 0.8，其他参数保持默认，如图 8.36 所示，单击 Apply 按钮。

（2）设置 Part 网格参数。单击功能区内 Mesh 选项卡中的 Part Mesh Setup 按钮，打开 Part Mesh Setup 对话框，按图 8.37 所示设置网格参数，即勾选 Prism 列 DUCT 行的复选框（表示在壁面的 Surface 上创建棱柱层网格），在 Maximum size 列 CIRCLE、DUCT、SQUARE 行中输入 0.1，在 Height 列 DUCT 行中输入 0.001，在 Height ratio 列 DUCT 行中输入 1.2，在 Num layers 列 DUCT 行中输入 20，单击 Apply 按钮确认，再单击 Dismiss 按钮退出。

图 8.36　Global Mesh Setup
数据输入窗口

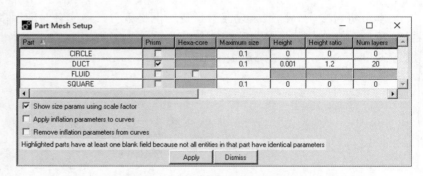

Part △	Prism	Hexa-core	Maximum size	Height	Height ratio	Num layers
CIRCLE	☐		0.1	0	0	0
DUCT	☑		0.1	0.001	1.2	20
FLUID	☐	☐				
SQUARE	☐		0.1	0	0	0

图 8.37　Part Mesh Setup 对话框

8.3.3　创建块并预览网格

（1）创建二维初始块。单击功能区内 Blocking 选项卡中的 Create Block 按钮，打开 Create Block 数据输入窗口，勾选 Inherit Part Name 复选框；单击 Initialize Blocks 按钮；将 Type 设置为 2D Surface Blocking；在 Surface Blocking 组框中将 Method 设置为 Mostly mapped，将 Free Face Mesh Type 设置为 Quad Dominant；在 Merge blocks across curves 组框中将 Method 设置为 None；其他参数保持默

认，如图 8.38 所示，单击 Apply 按钮，将为每个 Surface 创建二维初始块，以实体形式显示的块如图 8.39 所示。

（2）预览面网格。在显示树中勾选 Blocking→Pre-Mesh 目录前的复选框，打开 Mesh 对话框，单击 Yes 按钮，将会在图形窗口中生成预览面网格，以实体和线框形式显示的面网格如图 8.40 所示。

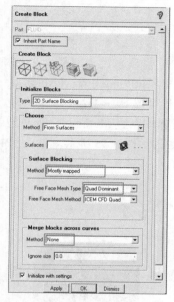

图 8.38　Create Block 数据
输入窗口（1）

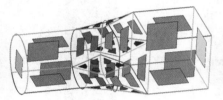

图 8.39　创建的二维初始块

图 8.40　以实体和线框形式
显示的面网格

（3）将二维块转换为三维块。单击功能区内 Blocking 选项卡中的 Create Block 按钮，打开 Create Block 数据输入窗口，单击 2D to 3D 按钮，将 Method 设置为 MultiZone Fill，勾选 Create Ogrid around faces 复选框，通过 Surface Parts 文本框选择 Part DUCT，将 Fill Type 组框中的 Method 设置为 Advanced，其他参数保持默认，如图 8.41 所示，单击 Apply 按钮，将二维块转换为三维块，以实体形式显示的块如图 8.42 所示。

（4）预览体网格。在显示树中勾选 Blocking→Pre-Mesh 目录前的复选框，打开 Mesh 对话框，单击 Yes 按钮，将会在图形窗口中生成预览体网格，以实体和线框形式显示的体网格如图 8.43 所示。

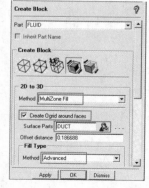

图 8.41　Create Block 数据
输入窗口（2）

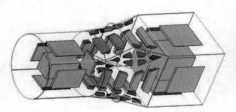

图 8.42　创建的三维块

图 8.43　以实体和线框形式
显示的体网格

> 在 Create Block 数据输入窗口中单击 2D to 3D 按钮 ，表示将二维块或 Surface 块转换为三维块。将 Method 设置为 MultiZone Fill，表示如果所有二维或 Surface 块均是 4 条 Edge 的结构化块，将创建一个三维映射块；否则将创建扫掠块或自由块。勾选 Create Ogrid around faces 复选框，表示将通过 Surface Parts 文本框选择的 Part 创建 O 型块。将 Fill Type 组框中的 Method 设置为 Advanced，表示使用可以将三维块分解为映射块、扫掠块和自由块三者组合的算法。

（5）查看内部网格结构。在显示树中取消勾选 Blocking→Pre-Mesh 目录前的复选框，右击 Blocking→Pre-Mesh 目录，在弹出的快捷菜单中选择 Cut Plane 命令，打开 Cut Plane Pre-Mesh 数据输入窗口，如图 8.44 所示，在 Method 下拉列表中选择 Middle Z Plane，选择 View→Front 命令，将视角调整为前视图，结果如图 8.45 所示。在 Cut Plane Pre-Mesh 数据输入窗口中的 Method 下拉列表中选择 Middle Y Plane，选择 View→Top 命令，将视角调整为顶视图，结果如图 8.46 所示。完成网格查看后，单击 Cut Plane Pre-Mesh 数据输入窗口中的 Dismiss 按钮退出。

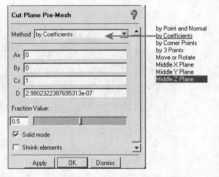  

图 8.44　Cut Plane Pre-Mesh 数据输入窗口　　图 8.45　查看内部网格（1）　　图 8.46　查看内部网格（2）

提示：

> 通过查看内部体网格可知，在所生成的体网格中，既存在由映射块生成的结构体网格，又存在由自由块生成的四面体非结构体网格。读者可以在显示树中右击 Blocking→Blocks 目录，通过在弹出的快捷菜单中选择 Show Mapped（显示映射块）、Show Swept（显示扫掠块）或 Show Free（显示自由块）命令，如图 8.47 所示，在图形窗口中显示或隐藏相对应的块类型。

图 8.47　快捷菜单

8.3.4　检查并细化网格

（1）检查网格质量。单击功能区内 Blocking 选项卡中的 Pre-Mesh Quality 按钮，打开 Pre-Mesh Quality 数据输入窗口，将 Criterion 设置为 Determinant 2×2×2，如图 8.48 所示，单击 Apply 按钮，即可通过直方图窗口查看网格质量，如图 8.49 所示。在直方图窗口中单击数值最小的三个柱形，将会在图形窗口中显示所选的质量低的网格，如图 8.50 所示，可见质量低的网格均分布在方形与圆形的过渡部分。

（2）移动 Vertex 以提高网格质量。为了便于后续操作，在显示树中勾选 Blocking 目录下 Edges 和 Vertices 前的复选框；右击 Blocking→Vertices 目录，在弹出的快捷菜单中选择 Numbers 命令；再次在直方图窗口中单击数值最小的三个柱形，将网格隐藏。单击功能区内 Blocking 选项卡中的 Move Vertex 按钮，打开 Move Vertices 数据输入窗口，单击 Align Vertices in-line 按钮，如图 8.51 所示。通过 Reference Direction 文本框在图形窗口中选择编号为 184 和 185 的 Vertex，通过 Vertices 文本框在图形窗口中选择编号为 190 的 Vertex，如图 8.52 所示，单击鼠标中键或单击 Apply 按钮确认，移动 Vertex 后的效果如图 8.53 所示。

（3）继续移动 Vertex。采用与步骤（2）相同的方法，按照表 8.1 选择 Vertex 进行 Vertex 的移动。完成 Vertex 的移动后，再次检查网格质量，结果如图 8.54 所示。通过该直方图可以看到，网格质量已提升到 0.55 以上，方形与圆形的过渡部分的网格得到了细化。

图 8.48　Pre-Mesh Quality 数据输入窗口

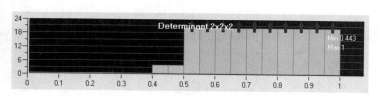

图 8.49　直方图窗口（1）

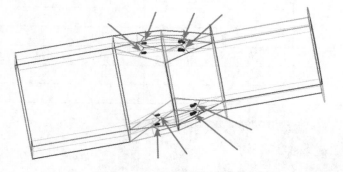

图 8.50　显示的质量低的网格

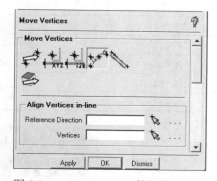

图 8.51　Move Vertices 数据输入窗口

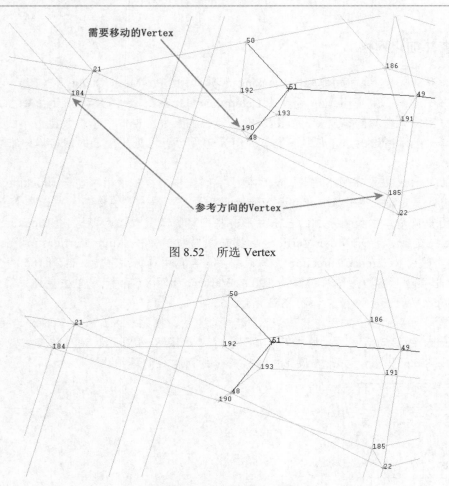

图 8.52　所选 Vertex

图 8.53　移动 Vertex 后的效果

表 8.1　所选参考方向的 Vertex 和需要移动的 Vertex 列表

参考方向的 Vertex	需要移动的 Vertex	参考方向的 Vertex	需要移动的 Vertex
184 和 186	192	229 和 231	237
186 和 187	194	230 和 232	240
187 和 185	195	231 和 232	239
214 和 216	222	199 和 201	207
214 和 215	220	199 和 200	205
216 和 217	224	201 和 202	209
215 和 217	225	200 和 202	210
229 和 230	235	—	—

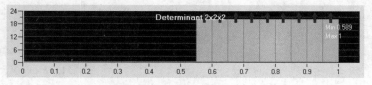

图 8.54　直方图窗口（2）

8.3.5　转换块类型并导出网格

（1）转换块的类型。通过 8.3.3 小节中查看内部网格结构可以得知，在方形与圆形过渡部分仍为四面体网格，接下来通过转换块的类型，将该过渡部分的四面体网格转换为以六面体为核心的网格。单击功能区内 Blocking 选项卡中的 Edit Block 按钮，打开 Edit Block 数据输入窗口，单击 Convert Block Type 按钮，将 Set Type 设置为 3D free block mesh type，将 Mesh Type 设置为 Hexa-Core，通过 3D Free Block(s)文本框在图形窗口中选择编号为 42 的块，如图 8.55 所示，最后单击 Apply 按钮。

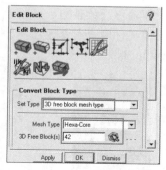

图 8.55　Edit Block 数据输入窗口

📢 提示：

在数量众多的块中准确选择所需要的块是比较困难的，因此可以通过一些方法来过滤块以帮助进行块的选择。由于此处选择的是自由块，因此通过在显示树中右击 Blocking→Blocks 目录，在显示块的类型中仅选择 Show Free（表示仅显示自由块），然后选择 Show Block Info（显示块信息），如图 8.56 所示。此时将在图形窗口中仅显示自由块，并且显示块的信息，如图 8.57 所示。

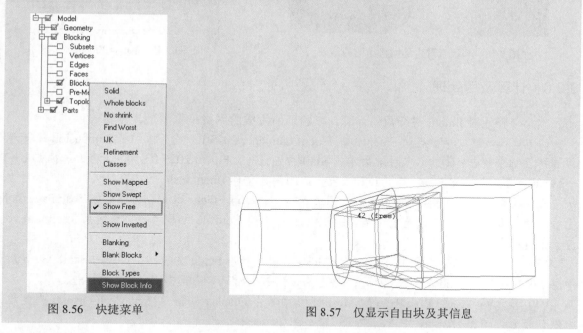

图 8.56　快捷菜单　　　　图 8.57　仅显示自由块及其信息

（2）预览体网格。在显示树中勾选 Blocking→Pre-Mesh 目录前的复选框，打开 Mesh 对话框，单击 Yes 按钮，将会在图形窗口中生成预览体网格。

（3）再次查看内部网格结构。使用 8.3.3 小节中步骤（5）的方法，再次查看内部网格结构，结果如图 8.58 所示，可见过渡部分已经生成以六面体为核心的网格。

（4）生成网格。前面在图形窗口中所见的网格只是网格的预览，其实并没有真正生成网格，下面将生成网格。在显示树中勾选 Blocking→Pre-Mesh 目录前的复选框，右击该目录，在弹出的快捷菜单中选择 Convert to Unstruct Mesh 命令，生成网格。

（5）为求解器生成输入文件。单击功能区内 Output Mesh 选项卡中的 Write Input 按钮，打开 Save 对话框，单击 Yes 按钮，保存当前项目。此时将打开"打开"对话框，保持默认设置，单击"打开"按钮。此时将打开图 8.59 所示的 Ansys Fluent 对话框，在 Grid dimension 栏中选中 3D 单选按钮，即输出三维网格。读者也可以在 Output file 文本框中修改输出的路径和文件名，本实例中不对路径和文件名进行修改。单击 Done 按钮，此时可在 Output file 文本框所示的路径下找到输入文件 fluent.msh。

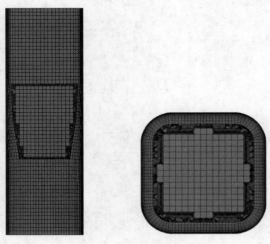

图 8.58　再次查看内部网格结构的结果

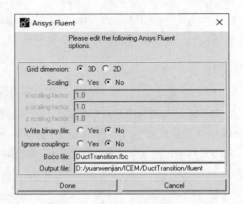

图 8.59　Ansys Fluent 对话框

8.3.6　计算及后处理

本小节将通过 Fluent 进行数值计算，以验证所生成的网格是否满足计算要求。

（1）读入网格文件。启动 Fluent，在 Fluent Launcher 2023 R1 对话框中将 Dimension 设置为 3D，即选择三维求解器；设置工作目录后单击 Start 按钮，进入 Fluent 2023 R1 用户界面。选择 File→Read →Mesh 命令，读入 8.3.5 小节中 ICEM 所生成的网格文件 fluent.msh。

（2）检查网格。在界面左侧 Outline View 中双击 Setup→General 命令，然后在 Task Page 的 Mesh 组框中单击 Check 按钮，以检查网格。注意，界面右下角 Console 中显示的检查结果 minimum volume 应大于 0。

（3）定义网格单位。在 Task Page 的 Mesh 组框中单击 Scale 按钮，在打开的 Scale Mesh 对话框中将 Mesh Was Created In 设置为 cm，单击 Scale 按钮确认，再单击 Close 按钮退出。

（4）显示网格。在 Task Page 的 Mesh 组框中单击 Display 按钮，打开 Mesh Display 对话框，保持默认设置，单击 Display 按钮，在图形窗口中显示网格。

（5）选择求解器。在 Task Page 的 Solver 组框中，将 Type 设置为 Pressure-Based，Velocity Formulation 设为 Absolute，Time 设置为 Steady，即选择三维基于压力的稳态求解器。

（6）选择湍流模型。在 Outline View 中双击 Setup→Models→Viscous 命令，打开 Viscous Model 对话框，在 Model 组框中选中 k-epsilon（2 eqn）单选按钮，单击 OK 按钮。

（7）定义边界条件。在 Outline View 中双击 Setup→Boundary Conditions 命令，然后在 Task Page 的 Zone 列表框中选择 square，将 Type 设置为 velocity-inlet。单击 Edit 按钮，打开 Velocity Inlet 对话框，在 Velocity Magnitude [m/s] 文本框中输入 2，完成入口边界条件的定义。

　　在 Task Page 的 Zone 列表框中选择 circle，然后将 Type 设置为 pressure-outlet，打开 Pressure Outlet 对话框，保持默认参数设置，完成出口边界条件的定义。

　　（8）定义收敛条件。在 Outline View 中双击 Solution→Monitors→Residual 命令，打开 Residual Monitors 对话框，将各变量收敛残差设置为 1e–5，单击 OK 按钮，以显示残差曲线。

　　（9）初始化流场。在 Outline View 中双击 Solution→Initialization 命令，然后在 Task Page 的 Initialization Methods 组框中选中 Standard Initialization 单选按钮，在 Compute from 下拉列表中选择 square，其他参数保持默认，单击 Initialize 按钮。

　　（10）提交求解。在 Outline View 中双击 Solution→Run Calculation 命令，然后在 Task Page 的 Number of Iterations 文本框中输入 100，其他参数保持默认，单击 Calculate 按钮提交求解。大约迭代 52 步后结果收敛，图 8.60 所示为其残差变化情况。

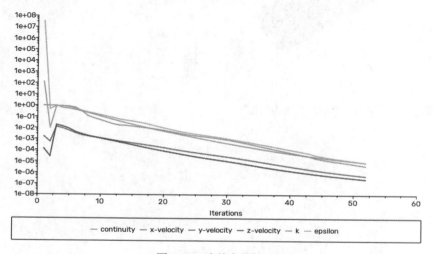

图 8.60　残差变化情况

　　（11）定义显示平面。单击功能区内 Results 选项卡 Surface 组中的 Create 下拉按钮，在弹出的下拉菜单中选择 Plane 命令，打开 Plane Surface 对话框，在 New Surface Name 文本框中输入 x=0，将 Methods 栏设置为 YZ Plane，在 X [m] 文本框中输入 0，单击 Create 按钮，创建平面 x=0。

　　（12）显示天圆地方过渡管道表面的静态压力云图。在 Outline View 中双击 Results→Graphics →Contours 命令，打开 Contours 对话框，在 Contours of 栏中分别选择 Pressure 和 Static Pressure，在 Surfaces 列表中选择 duct，单击 Save/Display 按钮，即可显示天圆地方过渡管道表面的静态压力云图，如图 8.61 所示。

　　（13）显示平面 x=0 上的速度矢量图。在 Outline View 中双击 Results→Graphics→Vectors 命令，打开 Vectors 对话框，将 Style 设置为 arrow；在 Color by 栏中分别选择 Velocity 和 Velocity Magnitude；勾选 Draw Mesh 复选框，在打开的 Mesh Display 对话框的 Options 组框中勾选 Edges 复选框，在 Edge Type 组框中选中 Outline 单选按钮，在 Surfaces 列表中选择 duct，单击 Display 按钮，再单击 Close 按钮，返回 Vectors 对话框；在 Surfaces 列表中选择 x=0；单击 Save/Display 按钮，即可显示速度矢量图，如图 8.62 所示。

　　（14）显示三维迹线图。在 Outline View 中双击 Results→Graphics→Pathlines 命令，打开 Pathlines 对话框，将 Style 设置为 line-arrows；单击 Attributes 按钮，在打开的 Path Style Attributes 对话框中将 Scale 设置为 0.1，单击 OK 按钮确认，返回 Pathlines 对话框；在打开的 Mesh Display 对话框的

Options 组框中勾选 Edges 复选框，在 Edge Type 组框中选中 Outline 单选按钮，在 Surfaces 列表中选择 duct，单击 Display 按钮，再单击 Close 按钮，返回 Pathlines 对话框；将 Path Skip 设置为 10；在 Release From Surface 列表中选择 square；单击 Save/Display 按钮，即可显示三维迹线图，如图 8.63 所示。

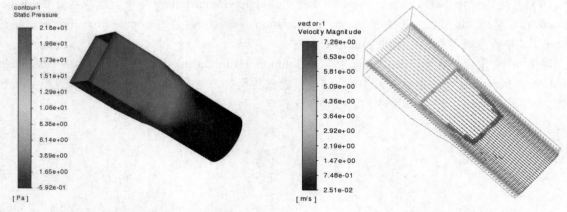

图 8.61　天圆地方过渡管道表面的静态压力云图　　　　图 8.62　平面 x=0 上的速度矢量图

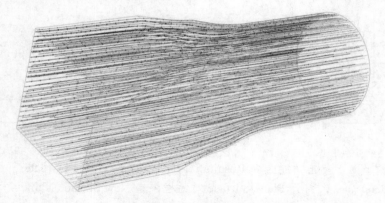

图 8.63　三维迹线图

上面的计算结果表明，生成的网格能够很好地满足计算要求。

第9章 通过网格编辑提高网格质量

内容简介

在将几何模型划分为网格之后，需要检查网格中存在的问题并进行修复，同时对网格质量进行检查。如果网格质量不符合要求，还可以通过各种网格编辑工具来提高网格质量。

本章将介绍 ICEM 中进行网格质量检查的两个工具，并对网格编辑选项卡中的各种网格编辑工具进行简单介绍，然后通过具体实例讲解使用网格编辑工具提升网格质量的基本操作步骤。

内容要点

➢ 网格质量检查工具
➢ 网格中可能存在的错误和问题
➢ ICEM 中的网格质量判定标准
➢ 网格编辑工具

9.1 网格质量检查工具

ICEM 中提供了两个网格质量检查工具，分别是功能区内 Blocking 选项卡中的 Pre-Mesh Quality 工具和 Edit Mesh 选项卡中的 Display Mesh Quality 工具。其中，Pre-Mesh Quality 用于在生成网格之前检查和评估预览网格的网格质量（只有在使用分块方法进行网格划分时，该工具才可使用）；而 Display Mesh Quality 工具用于在生成网格之后查看和评估已生成网格的网格质量（只有在生成网格之后，该工具才可使用）。这两个工具结合使用，读者可以更好地确保所划分的网格满足质量要求，从而提高求解计算的准确性和稳定性。

1. Pre-Mesh Quality 工具

在生成预览网格之后，单击功能区内 Blocking 选项卡中的 Pre-Mesh Quality 按钮，打开 Pre-Mesh Quality 数据输入窗口，如图 9.1 所示，通过 Criterion 下拉列表即可选择网格质量的判定标准。

下面对各种网格质量的判定标准作简单介绍。

➢ Angle：检查每个网格单元的最小内角。如果网格单元扭曲且最小内角较小，则求解的精度会降低。
➢ Aspect ratio：对于六面体网格单元，纵横比定义为网格单元边长最小值与最大值的无量纲比值。纵横比的默认计算范围为 1～20，1 表示网格质量最高。

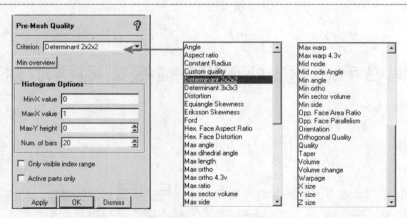

图 9.1　Pre-Mesh Quality 数据输入窗口

➢ **Constant Radius**：根据曲面上节点的分布情况判断曲面的扭曲程度。曲面的扭曲程度越小，网格质量就越好。其默认计算范围为 0～20，0 表示无扭曲。

➢ **Custom quality**：允许用户自定义网格质量判定标准，可定义为以下质量标准和单元类型的组合：Determinant、Warp、Min Angle 和 Max Angle 等（该参数在 Pre-Mesh Quality 工具中不可用，仅在后面介绍的 Display Mesh Quality 工具中可以使用）。

➢ **Determinant 2×2×2**：最小雅可比矩阵与最大雅可比矩阵行列式的比值。对于六面体网格而言，仅计算角节点的雅可比矩阵行列式。其默认计算范围为 0～1，1 表示完全规则的网格单元，0 表示一条边或多条边退化的网格单元。

➢ **Determinant 3×3×3**：该参数用于六面体网格单元。与 Determinant 2×2×2 计算类似，不同的是雅可比矩阵行列式的计算中还包含各网格单元边的中点。

➢ **Distortion**：该选项仅可用于六面体网格单元，表示网格单元的扭转。

➢ **Equiangle Skewness**：该参数用于四面体、六面体、四边形和三角形网格单元。网格单元的参考值计算公式为

$$1-\max[(Q_{max}-Q_e)/(180°-Q_e),\ (Q_e-Q_{min})/Q_e]$$

式中，Q_{max} 为网格单元或网格单元面的最大角度；Q_{min} 为网格单元或网格单元面的最小角度；Q_e 为等角网格单元或等角网格单元面的角度（三角形为 60°，正方形为 90°）。

➢ **Eriksson Skewness**：这是一个经验标准，对于六面体网格单元而言，该参数通过与网格单元最接近的平行六面体的体积除以其边长的乘积来计算。其默认计算范围为 0～1，通常可接受的数值范围为 0.5～1。

➢ **Ford**：用于三节点和四节点网格单元（三角形或四边形面网格）的混合网格质量参数，它是扭曲率（Skewness）、翘曲（Warpage）和纵横比（Aspect Ratio）的权重值。

➢ **Hex. Face Aspect Ratio**：该质量参数首先计算三组六面体网格单元相对面的平均面积，然后使其两两相除，取最大值的倒数。

➢ **Hex. Face Distortion**：该质量参数首先计算三个全局笛卡儿坐标轴方向上的最大边长尺寸的乘积，然后将此值除以六面体网格单元的体积。其默认计算范围为 0～20。

➢ **Max angle**：计算每个网格单元的最大内角值，数值范围为 90°～180°。

➢ **Max dihedral angle**：网格单元相交面之间的最大角，通过平面法线之间的角度来测量，数值范围为 90°～180°。

➢ **Max length**：计算网格单元四边形面对角线的最大长度以及三角形面的最大边长。该参数适用于所有的网格单元。

➢ **Max ortho**：计算每个网格单元内角与 90°差值的最大值。

➢ **Max ortho 4.3v**：对于除六面体网格以外的单元，该参数等同于 Max ortho；对于六面体网格，该参数还会考虑 180°～360°范围内的网格单元内角。

➢ **Max ratio**：计算每个网格单元中经过同一个 Vertex 的任意两条边长度之比的最大值。

➢ **Max sector volume**：该参数仅用于体网格。对于每个单元节点，将在三阶高斯积分点中计算扇区体积，并且将取所计算扇区体积的最大值。

➢ **Max side**：计算网格单元边长的最大值。

➢ **Max warp**：计算网格单元的最大扭曲（用角度表示）。该参数仅用于结构体网格和面网格、线性六面体和线性四面体网格。

➢ **Max warp 4.3v**：该参数计算网格单元的最大扭曲，但仅可用于四边形、棱柱体和六面体网格。

➢ **Mid node**：计算中间节点的最大偏离距离。

➢ **Mid node Angle**：计算二阶中间节点偏离线性 Edge 的角度，如图 9.2 所示。

➢ **Min angle**：计算每个网格单元的最小内角值。

➢ **Min ortho**：计算每个网格单元内角与 90°差值的最小值。

➢ **Min sector volume**：该参数仅用于体网格。对于每个单元节点，将在三阶高斯积分点中计算扇区体积，并且将取所计算扇区体积的最小值。

➢ **Min side**：计算网格单元边长的最小值。

➢ **Opp. Face Area Ratio**：该参数仅用于六面体网格单元，它是网格单元中相对面面积比的最大值。理想情况下，此数值应为 1。以图 9.3 所示的六面体网格单元为例，设 A_1=四边形单元面{$ABCD$}的面积，A_2=四边形单元面{$EFGH$}的面积。如果 $A_1>A_2$，则该面对的相对面面积比=A_1/A_2，否则为 A_2/A_1。采用相同的方法，一共计算三个面对的相对面面积比，并将最大值作为该六面体网格单元的相对面面积比。

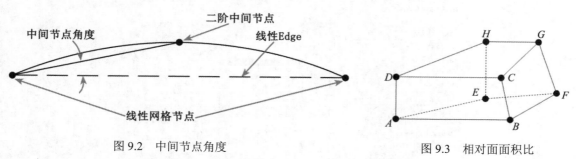

图 9.2　中间节点角度　　　　　　　图 9.3　相对面面积比

➢ **Opp. Face Parallelism**：该参数也仅适用于六面体网格单元，用于计算六面体网格单元的平行度。在理想情况下，如果相对面是平行的，则此数值为 1。

➢ **Orientation**：根据右手定则计算由节点方向确定的网格单元面的法线方向，应指向网格单元内部。

➢ **Orthogonal Quality**：使用三组向量确定网格的正交质量。对于每个网格单元面，找到单元面的法向量（$\vec{A_i}$）、从单元质心到相邻单元质心的向量（$\vec{c_i}$）以及从单元质心到单元面质心的向量（$\vec{f_i}$），如图 9.4 所示。对于每个单元面，计算 $\vec{A_i}$ 和 $\vec{c_i}$ 之间以及 $\vec{A_i}$ 和 $\vec{f_i}$ 之间的夹角的余弦值，取最小余弦值为该单元的正交质量。

➤ Quality：根据不同的单元类型，该参数的计算方法不同。对于三角形和四面体网格，计算高度与底边长度的最小比值；对于四边形网格，计算其 Determinant 2×2×2 参数值；对于六面体网格，将计算 Determinant（在–1～1 之间）、Max orthogls（归一化处理后在–1～1 之间）和 Max warpgls（归一化处理后在 0～1 之间）的加权值；对于金字塔网格，计算其 Determinant；对于棱柱体网格，计算其最小 Determinant 和 Warp（Determinant、Max orthogls 和

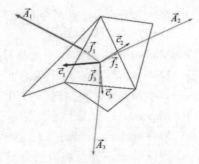

图 9.4 用于计算网格正交质量的三组向量

Max warpgls 参数的含义见后面的 Display Mesh Quality 工具介绍）。

➤ Taper：对于六面体网格，Taper 是相对面面积的最大比值；对于四边形网格，Taper 是相对边长度的最大比值。

➤ Volume：基于角节点计算得到的网格单元体积。

➤ Volume change：通过所有相邻网格单元的最大体积除以该网格本身的体积所得到的比值。

➤ Warpage：根据曲面上节点的分布情况计算得到的平面扭曲度。

➤ X size：计算网格轮廓在 X 方向上的长度。

➤ Y size：计算网格轮廓在 Y 方向上的长度。

➤ Z size：计算网格轮廓在 Z 方向上的长度。

2. Display Mesh Quality 工具

在生成网格之后，单击功能区内 Edit Mesh 选项卡中的 Display Mesh Quality 按钮 ，打开 Quality Metrics 数据输入窗口，如图 9.5 所示，通过 Criterion 下拉列表即可选择网格质量的判定标准。

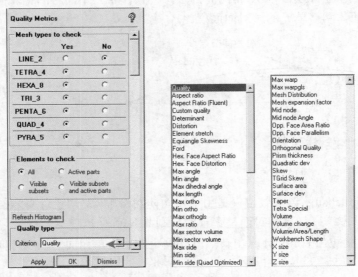

图 9.5 Quality Metrics 数据输入窗口

其中，大部分网格质量判定标准与 Pre-Mesh Quality 工具中所提供的相同，下面仅对 Pre-Mesh Quality 工具中未提供的网格质量的判定标准作简单介绍。

➢ Aspect Ratio(Fluent)：计算在 Ansys Fluent 中使用的纵横比，可适用于任何类型的网格。

➢ Determinant：计算最小雅可比矩阵与最大雅可比矩阵行列式的比值，将对网格的每个节点计算雅可比矩阵行列式。

➢ Element stretch：该参数仅适用于面网格和体网格。对于三角形网格单元，其计算方法为内切圆的半径除以最大边长，并进行归一化处理；对于四边形网格和六面体网格，其计算方法为最小边长除以最大边长，并进行归一化处理；对于棱柱体网格和金字塔网格，将其所有四边形和三角形面 Element stretch 的最小值作为该网格的 Element stretch；对于四面体网格，其计算方法为内切球的半径除以最大边长，并进行归一化处理。

➢ Max orthogls：对于除六面体网格以外的单元，该参数等同于 Max ortho；对于六面体网格，该参数还会考虑 180°～360°范围内的网格单元内角。

➢ Min side(Quad Optimized)：计算网格单元边长的最小值。对于四边形网格，还将考虑最小网格边的相对边，即如果相对边的长度小于最小边长的 1.1 倍，则该值将是相对边的长度；否则该值将是最小边长的 1.1 倍。

➢ Max warpgls：该参数适用于四边形、棱柱体和六面体网格单元（对于二阶单元，将仅计算线性部分）。对于四边形网格单元，将计算两条对角线上连接的三角形之间的角度，并取最大值；对于体网格（棱柱体或六面体），最大扭曲是该网格四边形面的最大扭曲。

➢ Mesh Distribution：根据所选择的分布标准 [如网格体积（Volume）、平均网格边长度（Avg Edgelen）、最小网格边长度（Min Edgelen）或最大网格边长度（Max Edgelen）]，通过 Mesh Distribution 对话框显示与起点和终点连线相交的网格单元的分布情况。其示例如图 9.6 所示。

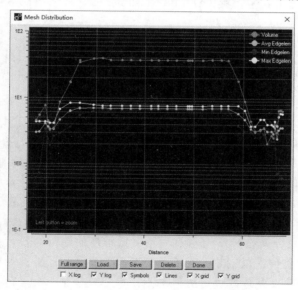

图 9.6　Mesh Distribution 对话框

➢ Mesh expansion factor：该参数用于体网格。通过计算每个体网格与其相邻体网格的体积比值，取最大值作为该网格的网格扩展因子。

➢ Prism thickness：该参数仅适用于棱柱体网格，将计算三角形单元面三个高度的平均值。

➢ Quadratic dev：计算二阶节点与相应线性 Edge 的偏差。假设一个由三个节点所组成的三角形，该参数是高度（连接中间二阶节点到底边的最短线）与底边（两个线性节点）长度的比值。

➢ Skew：计算网格单元的歪斜度。

➢ TGrid Skew：计算四面体网格的歪斜程度。

➢ Surface area：计算网格单元面的面积。

➢ Surface dev：计算网格与实际几何模型之间的偏差。

➢ Tetra Special：计算线性四面体网格最大单元边与最小高度的比值。如图 9.7 所示的一个四面体网格单元，d 为节点 D 到单元面 ABC 的高度，节点 D 的四面体专用（Tetra Special）计算公式为 $\{max(a,b,c)\}/d$。计算所有节点的 Tetra Special，然后取最大值作为该四面体单元的 Tetra Special。

➢ Volume/Area/Length：计算线网格单元的长度、面网格单元的面积和体网格单元的体积。

➢ Workbench Shape：该参数适用于所有面网格单元与体网格单元。它是一个综合网格质量参数，对于体网格，该参数基于体网格的体积与边长之比；对于面网格，该参数基于面网格的面积与边长之比。

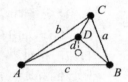

图 9.7　计算四面体专用参数

9.2　网格编辑工具

ICEM 进行网格编辑的工具主要集中在 Edit Mesh 选项卡中，如图 9.8 所示。下面对其各工具按钮分别进行简单介绍。

图 9.8　Edit Mesh 选项卡

（1）Create Elements（创建单元）按钮：单击该按钮，将打开图 9.9 所示的 Create Elements 数据输入窗口，用于手动创建不同的单元类型（其中包括节点、线单元、三角形单元、四边形单元、四面体单元、棱柱体单元、金字塔单元、六面体单元等）。通常，为了改进一些不好的单元或消除网格中的一些问题/错误，会删除一些单元并手动创建高质量的单元。

（2）Extrude Mesh（拉伸网格）按钮：用于对低维度的选定单元沿定义的方向进行拉伸，以创建一种高维度类型的单元。例如，对线单元进行拉伸可以创建四边形的面单元，对三角形面单元进行拉伸可以创建棱柱体单元，对四边形面单元进行拉伸可以创建六面体单元。

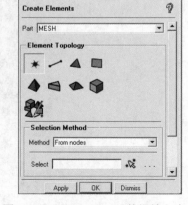

图 9.9　Create Elements 数据输入窗口

（3）Check Mesh（检查网格）按钮：单击该按钮，将显示图 9.10 所示的 Check Mesh 数据输入窗口。其中 Error（错误）组框中列出了很可能导致无法导出网格或无法将网格读入求解器的问题；Possible Problems（可能的问题）组框中列出了可能导致无法求解或求解不收敛的问题。

下面对 Check Mesh 数据输入窗口中的各选项进行简要介绍。

➢ Set defaults：单击该按钮，将选择默认的网格检查选项。

➢ Elements to check：当选中 All 单选按钮时，将检查全部网格；当选中 Active Parts 单选按钮时，将仅检查活动 Part 的网格。

➢ Check mode：当选中 Create subsets 单选按钮时，将所有有问题的网格单元放在各自的子集中，以便对它们进行手动编辑；当选中 Check/fix each（默认）单选按钮时，在每项诊断检查后，系统都会提示用户选择如何对发现的问题进行处理；当选中 Check/fix each automatically 单选按钮时，ICEM 将尝试自动修复所有问题。

在 Error 组框中列出了下列检查内容。

➢ Duplicate element：查找和其他单元分享所有节点并且类型相同的单元。在自动修复时，将删除两个重复单元中的一个。

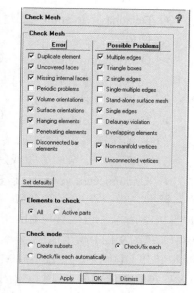

图 9.10　Check Mesh 数据输入窗口

➢ Uncovered faces：正常情况下所有的体网格单元的面不是与其他体积单元的面相贴就是与面网格单元相接（边界面）。此功能用于查找违反此规定的体网格单元，在自动修复时，将使用三角形单元来覆盖这些未覆盖的体网格单元的面。

➢ Missing internal faces：在不同 Part 的任何一对体（面）网格之间，缺失面（线）网格单元。在自动修复时，将在该对体（面）网格之间创建面（线）网格单元。

➢ Periodic problems：检查周期性表面节点数是否一致，该功能是为旋转或平移的周期性网格特别设定的检测指标。节点位置的轻微偏移通常会在检查过程中自动修复。

➢ Volume orientations：查找节点顺序不符合右手定则定义的单元（单元节点的排序）。在自动修复时，将进行更正。

➢ Surface orientations：查找存在分享同一个面单元的体单元（重叠）。勾选该复选框时，需要同时勾选 Uncovered faces、Missing internal faces 和 Duplicate element 复选框。

➢ Hanging elements：查找有一个自由节点（节点没有被另一个线单元分享）的线单元。

➢ Penetrating elements：查找与其他面单元相交或是穿过其他面单元的面单元。

➢ Disconnected bar elements：查找两个节点都没有和其他线单元相连的线单元。

在 Possible Problems 组框中列出了下列检查内容。

➢ Multiple edges：三个以上单元共享一条边。其中需要注意，在 T 型连接中，Multiple edges 是合理的，T 型连接存在于多个曲面相交处。

➢ Triangle boxes：4 个三角形网格组构成一个四面体，但在其内部没有实际的体网格单元。

➢ 2 single edges：面单元有两个自由边（没有和另一个面单元相连的边）。

➢ Single-multiple edges：同时拥有自由边和多连接边的单元。

➢ Stand-alone surface mesh：不与体网格单元分享面的面网格单元。

➢ Single edges：至少有一条单边（不与其他面单元分享）的面网格单元。其中需要注意，当几何模型中存在零厚度的挡板或隔板时，单边也可能是合理的。

➢ Delaunay violation：三角形面网格单元的节点落在相邻单元的外接圆内。

➢ Overlapping elements：覆盖相同曲面但没有共同节点的面网格单元（面网格折叠）。这也将查找到彼此折叠角度高达 5°的单元，如图 9.11 所示。

➢ Non-manifold vertices：与此点相连接的单元的边不封闭。通常这样的情况发生在帐篷形的结构中，在这种情况下，面单元会从一个面跨过一个窄的缝隙或是一个尖角跳到另一个面上。

图 9.11　折叠单元示例

➢ Unconnected vertices：检查不与任何单元相连接的点，这些点通常随着网格的存储自动删除。

除此之外，在显示树的 Mesh→Shells 目录的快捷菜单中还提供了一个面网格的检查诊断工具，如图 9.12 所示。该工具与 Check Mesh 工具的不同之处在于，其不会将有问题的网格添加到网格子集中。在图 9.12 所示的快捷菜单中选择 Diagnostics 命令，打开图 9.13 所示的 Shell Diagnostics 数据输入窗口。其中，Single edges、Multiple edges、Overlapping elements、Non-manifold elements、Triangle boxes 等检查内容的含义与 Check Mesh 工具中的相同；Show 下拉列表中的 Edges 表示仅显示有问题的面网格的边线，Edges and Faces 表示显示有问题的面网格的边线和相连的一层面网格，Edges and 2 layers of Faces 表示显示有问题的面网格的边线和相连的两层面网格；当勾选 Show only problems 复选框时，将仅显示有问题的网格单元，而不显示其他网格单元。

图 9.12　快捷菜单

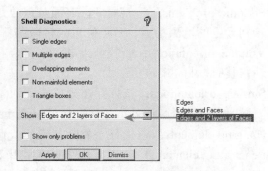

图 9.13　Shell Diagnostics 数据输入窗口

（4）Display Mesh Quality（显示网格质量）按钮 ：该按钮在 9.1 节中已经介绍，此处不再赘述。

（5）Smooth Mesh Globally（光顺全局网格）按钮 ：单击该按钮，将打开图 9.14 所示的 Smooth Elements Globally 数据输入窗口，用于自动提高网格单元的质量。下面对 Smooth Elements Globally 数据输入窗口中的部分选项作简要介绍。

➢ Smoothing iterations：用于指定光顺网格的迭代次数。

➢ Up to value：用于指定光顺网格将尝试达到的质量水平。

➢ Criterion：用于指定网格的质量标准。

➢ Smooth Mesh Type：该组框中列出了进行光顺的网格类型。其中，Smooth 列中为实际被光顺的网格类型，其网格类型的质量将作为直方图的一部分出现；Freeze 列中为光顺过程中节点位置不进行移动的网格类型，其网格类型的质量不出现在直方图中；Float 列中的网格类型是随着临近网格单元的光顺，节点仅在必要时才进行移动的网格类型，其网格类型的质量不出现在直方图中。

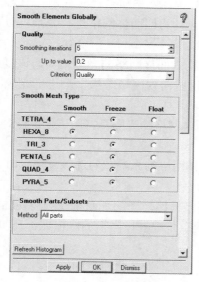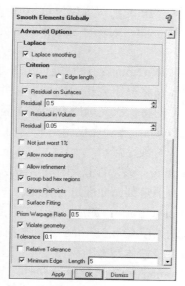

图 9.14　Smooth Elements Globally 数据输入窗口

➤ **Smooth Parts/Subsets**：该组框中的 Method 栏可用于选择进行光顺的 Part 或子集。

➤ **Refresh Histogram**：单击该按钮，将重新计算并更新直方图。

➤ **Laplace**：只有在勾选 Laplace smoothing 复选框时，才可以启用该组框中的各选项，表示启用拉普拉斯光顺法。选中 Pure 单选按钮，表示使用标准的拉普拉斯光顺法计算任何节点与其所有相邻节点的平均值，并生成更均匀间隔的网格；选中 Edge length 单选按钮，表示使用改进的拉普拉斯光顺法，该方案将尝试使与节点相连各网格边的长度趋于相等，以使网格更加均匀，其示例如图 9.15 所示；Residual on Surfaces 用于设置表面的残差；Residual in Volume 用于设置体积的残差。

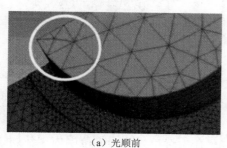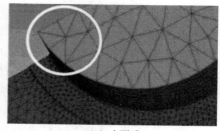

（a）光顺前　　　　　　　　　　　　　　　（b）光顺后

图 9.15　使用改进的拉普拉斯光顺法光顺网格示例

🔊**提示：**

> 　　在创建棱柱体网格之前，使用标准拉普拉斯光顺法对面网格进行光顺所生成的棱柱体网格质量更高。此外，对棱柱体网格使用标准拉普拉斯光顺法进行光顺有时会导致棱柱体网格的 Determinant 质量较低，因此建议在创建棱柱体网格之前使用标准拉普拉斯光顺法。使用改进的拉普拉斯光顺法可以增大网格中的最小边长，因此该方法对于时间步长与最小边长相关的显式求解器非常有用。

> Not just worst 1%：勾选该复选框时，将对所有选定的网格类型进行光顺。默认情况下，仅对每种网格类型中网格质量最差的 1%进行光顺。

> Allow node merging：勾选该复选框时，为了提高网格质量，允许进行节点合并。

> Allow refinement：勾选该复选框时，允许自动将四面体网格进行分割，以获得进一步的质量改善。

> Group bad hex regions：该功能仅用于非结构六面体网格的光顺。勾选该复选框时，可将错误的六面体网格分组到错误区域中，并对这些错误区域一次一个进行光顺。如果取消勾选该复选框，则将一次光顺所有的错误区域。

> Ignore PrePoints：该功能仅用于非结构六面体网格的光顺。勾选该复选框时，将忽略妨碍网格质量提升的预设点。

> Surface Fitting：该功能仅用于非结构六面体网格的光顺。勾选该复选框时，将强制按照 B 样条曲面而不是刻面曲面进行光顺。

> Prism Warpage Ratio：ICEM 基于翘曲度和纵横比之间的平衡来光顺棱柱体网格。在该文本框中输入的数值在 0.01～0.5 之间，有利于改善棱柱体网格的纵横比；在 0.5～0.99 之间，有利于改善棱柱体网格的翘曲度。

> Violate geometry：勾选该复选框时，节点可以不受几何模型的约束，可以在用户定义的容差内移动。

> Tolerance：在勾选 Violate geometry 复选框时可用，用于设置节点可以脱离几何模型约束的绝对容差。

> Relative Tolerance：勾选该复选框时，Tolerance 文本框中输入的数值为相对容差，实际容差为 Tolerance 乘以网格中的最小边长。

> Minimum Edge：勾选该复选框时，可在其后的 Length 文本框中输入光顺后网格中允许的最小边长。

（6）Smooth Hexahedral Mesh Orthogonal（光顺六面体网格）按钮：用于光顺非结构化的六面体网格，以获得与边界正交的平滑网格线以及在内部体积中获得平滑的网格角和过渡网格。

（7）Repair Mesh（修复网格）按钮：用于手动修复质量差的网格。Repair Mesh 数据输入窗口如图 9.16 所示，其中提供了以下网格修复的功能按钮。

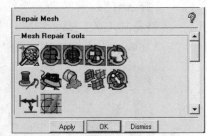

图 9.16　Repair Mesh 数据输入窗口

> Build Mesh Topology（建立网格的拓扑结构）按钮：在网格之间基于容差和角度建立网格的投影，在有尖锐的边/角的地方自动创建单元/节点。

> Remesh Elements（重新划分网格单元）按钮：在所选单元的周界范围内重新划分网格单元。一次只能重新划分一种单元类型。

> Remesh Bad Elements（重新划分质量差的网格单元）按钮：删除质量较差的单元并且重新划分网格。

> Find/Close Holes in Mesh（查找/封闭网格中的孔洞）按钮：在单元碎片中定位孔洞并且使用所选择的单元类型封闭孔洞。

> Mesh From Edges（通过边生成网格）按钮：选择环绕孔洞的网格单元的单边，形成封闭

的区域，并用所选择的单元类型填充封闭的区域。

➢ Stitch Edges（缝合边界）按钮 🔧：使用所选边（通常是单边）封闭缝隙，并通过合并对面的节点使两边的网格一致。

➢ Smooth Surface Mesh（光顺面网格）按钮 🔧：用于自动提高所选面网格单元的质量。

➢ Flood Fill/Make Consistent（填充/网格一致）按钮 🔧：填充是指重新定义与体网格结合的部分，通常在封闭孔洞之后，再修补缝隙；网格一致只适用于四面体网格，使四面体网格与编辑后的三角形面网格一致。

➢ Associate Mesh With Geometry（网格和几何关联）按钮 🔧：使面网格和最近的 Surface 相关联。

➢ Enforce Node, Remesh（使单元与独立节点一致）按钮 🔧：如果节点位于网格外部，并且不是网格的一部分（如焊接节点），则该工具可重新划分节点附近的网格，以便使网格与该独立的节点一致（使该节点成为网格的一部分）。

➢ Make/Remove Periodic（创建/移除周期性匹配）按钮 🔧：通过选择节点对，创建/移除周期性匹配。

➢ Mark Enclosed Elements（标记内部网格）按钮 🔧：使用封闭体积内材料点的 Part 名称来标记该体积内的所有网格单元。

（8）Merge Nodes（合并节点）按钮 🔧：通过合并节点提高网格质量。Merge Nodes 数据输入窗口如图 9.17 所示，其中提供了以下三个功能按钮。

➢ Merge Interactive（交互式合并）按钮 🔧：合并选定的节点。

➢ Merge Tolerance（容差合并）按钮 🔧：合并指定容差范围内的节点。

➢ Merge Meshes（合并网格）按钮 🔧：如果加载了两个或多个网格域，并且在它们之间连接处的节点不匹配，该工具将匹配节点，以便在整个网格域中保持节点一对一的连通性。

（9）Split Mesh（分割网格）按钮 🔧：Split Mesh 数据输入窗口如图 9.18 所示，其中提供了以下功能按钮。

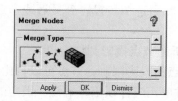

图 9.17　Merge Nodes 数据输入窗口

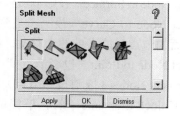

图 9.18　Split Mesh 数据输入窗口

➢ Split Nodes（分割节点）按钮 🔧：分割三角形网格的节点并移动节点，以生成新的网格。

➢ Split Edges（分割边）按钮 🔧：将所选网格的边分割为两个边，以拆分相邻的网格。

➢ Swap Edges（交换边）按钮 🔧：交换两个相邻三角形网格的边，原始边将替换为连接三角形网格其他两个节点的边，如图 9.19 所示。

➢ Split Tri Elements（分割三角形网格）按钮 🔧：将所选三角形网格分割为三个三角形网格。

➢ Split Internal Wall（分割内部墙）按钮 🔧：在内部面单元（两边都是体单元）上再创建成对的三角形面网格和节点。该功能仅适用于四面体网格。

所选边

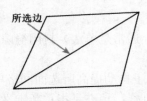

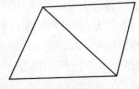

（a）交换边之前　　　　　　　　　　　　（b）交换边之后

图 9.19　交换边

> Y-Split Hexas at Vertex（以 Y 型在角节点处分割六面体网格）按钮：通过所选角节点以 Y 型方式分割与该角节点相连接的六面体网格。该功能可用于分割退化的非结构六面体网格（如金字塔网格或棱柱体网格）以提高网格质量，也可用于面网格。

> Split Prisms（分割棱柱体网格）按钮：可用于创建棱柱体网格层并对它们进行分割。

（10）Move Nodes（移动节点）按钮：可以通过各种方法移动节点。其中需要注意，投影到预设点的节点将无法移动，投影到曲线的节点仅可在该曲线上移动，投影到曲面的节点仅可在该曲面上移动，体网格的内部节点可以沿屏幕定义的平面移动。Move Nodes 数据输入窗口如图 9.20 所示，其中提供了以下功能按钮。

> Interactive（交互）按钮：交互式移动所选择的节点。

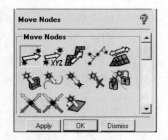

图 9.20　Move Nodes 数据输入窗口

> Exact（精准）按钮：通过修改所选节点的坐标值来移动节点。

> Offset Mesh（偏置网格）按钮：通过输入偏置距离来移动所选面网格（节点随之移动）。

> Align Nodes（对齐节点）按钮：将所选节点与指定的参考方向对齐。

> Redistribute Prism Edge（重新分布棱柱体）按钮：按指定的参数对棱柱体网格进行重新分布。

> Project Node to Surface（投影节点到曲面）按钮：将所选节点投影到最近或指定方向的曲面。

> Project Node to Curve（投影节点到曲线）按钮：将所选节点投影到最近或指定的曲线。投影后的节点只能在曲线上移动。

> Project Node to Point（投影节点到点）按钮：将所选节点投影到特定点。

> Un-Project Nodes（取消投影节点）按钮：取消节点的投影限制，节点可以自由进行移动。

> Lock/Unlock Elements（锁定/解锁单元）按钮：对单元进行锁定或解锁。锁定的单元将阻止网格光顺或粗化等自动化工具对节点进行移动。

> Snap Project Nodes（捕捉投影节点）按钮：将节点投影到其关联的几何图元上。

> Update Projection（更新投影）按钮：更新网格中所有节点的投影。

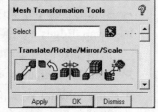

> Project Nodes to Plane（投影节点到平面）按钮：将所选节点投影到指定的平面。

（11）Transform Mesh（变换网格）按钮：可用于变换部分或全部网格。Mesh Transformation Tools 数据输入窗口如图 9.21 所示，其中提供了以下功能按钮。

图 9.21　Mesh Transformation Tools 数据输入窗口

> ➤ Translate Mesh（平移网格）按钮 ：可将所选网格以指定的方向和距离进行位置变换。
> ➤ Rotate Mesh（旋转网格）按钮 ：可将所选网格绕指定的轴进行旋转。
> ➤ Mirror Mesh（镜像网格）按钮 ：可将所选网格按指定的平面进行镜像。
> ➤ Scale Mesh（缩放网格）按钮 ：可在 XYZ 三个坐标轴方向按比例缩放所选网格。
> ➤ Translate and Rotate（平移和旋转网格） ：可同时对网格进行平移和旋转。

（12）Convert Mesh Type（转变网格类型）按钮 ：可以将一种网格单元类型更改为另一种网格单元类型。Convert Mesh Type 数据输入窗口如图 9.22 所示，其中提供了以下功能按钮。

> ➤ Tri to Quad（三角形网格转变为四边形网格）按钮 ：将所选三角形面网格转变为四边形面网格。
>
> ➤ Quad to Tri（四边形网格转变为三角形网格）按钮 ：将所选四边形面网格拆分为两个三角形面网格。
>
> ➤ Tetra to Hexa（四面体网格转变为六面体网格）按钮 ：可将一个四面体网格拆分成 4 个六面体网格或将 12 个四面体网格组合成一个六面体网格。

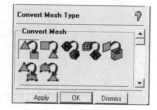

图 9.22　Convert Mesh Type 数据输入窗口

> ➤ All Types to Tetra（所有网格类型转变为四面体网格）按钮 ：将其他所有网格类型转变为四面体网格。
>
> ➤ Shell to Solid（面网格转变为体网格）按钮 ：将二维网格转变为三维网格。
>
> ➤ Create Mid Side Nodes（创建网格中间节点）按钮 ：通过创建网格中间节点，可将线性网格单元转变为二阶网格单元。
>
> ➤ Delete Mid Side Nodes（删除网格中间节点）按钮 ：通过删除网格中间节点，可将二阶网格单元转变为线性网格单元。

（13）Adjust Mesh Density（调整网格密度）按钮 ：可以对全局网格或局部网格进行细化或粗化。Adjust Mesh Density 数据输入窗口如图 9.23 所示，其中提供了以下 4 个功能按钮。

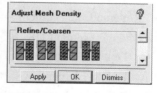

图 9.23　Adjust Mesh Density 数据输入窗口

> ➤ Refine All Mesh（细化所有网格）按钮 ：细化所有的可见网格。
>
> ➤ Refine Selected Mesh（细化所选网格）按钮 ：仅细化所选网格。
>
> ➤ Coarsen All Mesh（粗化所有网格）按钮 ：粗化所有的可见网格。
>
> ➤ Coarsen Selected Mesh（粗化所选网格）按钮 ：仅粗化所选网格。

（14）Renumber Mesh（网格重新编号）按钮 ：对网格进行重新编号，可以使网格编号沿指定的方向递增。Renumber Mesh 数据输入窗口如图 9.24 所示，其中提供了以下两个功能按钮。

> ➤ User Defined（用户定义）按钮 ：以用户自定义的方式对节点/单元进行重新编号。
>
> ➤ Optimize Bandwidth（优化带宽）按钮 ：对节点/单元进行重新编号，以最小化网格单元/节点矩阵的带宽。

（15）Adjust Mesh Thickness（调整网格厚度）按钮 ：Adjust Mesh Thickness 数据输入窗口如图 9.25 所示，其中提供了以下三种调整网格厚度的方法。

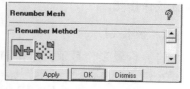

图 9.24　Renumber Mesh 数据输入窗口

- Calculate（计算）：将根据存储在该位置的曲面几何体上的厚度信息自动分配给面网格的每个节点。
- Remove（移除）：移除分配给面网格节点的网格厚度。
- Modify selected nodes（修改所选节点）：可以为面网格的各个节点分配指定的厚度。

（16）ReOrient Mesh（重新定向网格）按钮：以特定方式更改所选单元或所有单元的法线方向。Re-orient Mesh 数据输入窗口如图 9.26 所示，其中提供了以下功能按钮。

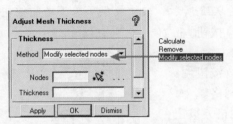

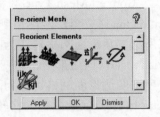

图 9.25　Adjust Mesh Thickness 数据输入窗口　　　　图 9.26　ReOrient Mesh 数据输入窗口

- Reorient Volume（重新定向体积域内的网格）按钮：重新定向可见单元的法线，以指向体积域（向内）或远离该体积域（向外）。
- Reorient Consistent（使方向一致）按钮：重新定向可见单元的所有法线，使其方向与所选单元的法线方向一致。
- Reverse Direction（反转方向）按钮：反转所选单元的法线。
- Reorient Direction（重新定向）按钮：根据指定的 XYZ 方向的单位向量来更改可见单元的法线方向。由于面法线只能指向两个可能相反的方向，因此法线将指向最接近指定向量的方向。
- Reverse Line Element Direction（反转线单元的方向）按钮：反转所选线单元的方向。
- Change Element IJK（更改单元的 IJK 索引）按钮：更改所选单元的 IJK 索引。

（17）Delete Nodes（删除节点）按钮：删除所选的可见节点。

（18）Delete Elements（删除单元）按钮：删除所选的可见单元。

（19）Edit Distributed Attribute（编辑分布式属性）按钮：使具有分布式属性的单元可见。例如，如果模型具有分布式边界条件，则该按钮允许用户以单元或节点为基础查看和编辑边界条件。

9.3　网格编辑——飞机实例

本节将对一个飞机外流场的非结构体网格进行网格编辑，以介绍通过网格编辑提高网格质量的具体操作步骤。

1．网格划分

（1）设置工作目录。选择 File→Change Working Dir 命令，打开 New working directory 对话框，新建一个 WingEdit 文件夹，并将该文件夹作为工作目录。将电子资源包中提供的 Wing_Edit.tin 文件复制到该工作目录中。

（2）保存项目。单击工具栏中的 Save Project 按钮，以 WingEdit.prj 为项目名称创建一个新项目。

（3）导入几何模型。单击工具栏中的 Open Geometry 按钮，选择 Wing_Edit.tin 文件并打开，将在图形窗口中显示所导入的几何模型。

（4）划分网格。由于所导入的几何模型已经完成网格参数设置，因此下面直接进行网格划分。单击功能区内 Mesh 选项卡中的 Compute Mesh 按钮，打开 Compute Mesh 数据输入窗口，单击 Volume Mesh 按钮，将 Mesh Type 设置为 Tetra/Mixed，将 Mesh Method 设置为 Robust (Octree)，其他参数保持默认，如图 9.27 所示，单击 Compute 按钮，进行网格划分。

2．查看网格质量

（1）通过直方图窗口查看网格质量。单击功能区内 Edit Mesh 选项卡中的 Display Mesh Quality 按钮，打开 Quality Metrics 数据输入窗口，如图 9.28 所示，保持默认的参数，单击 Apply 按钮，显示直方图窗口，如图 9.29 所示。

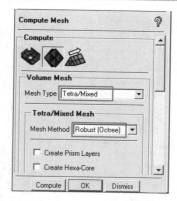

图 9.27　Compute Mesh 数据输入窗口

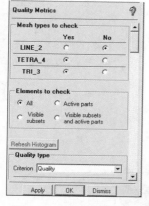

图 9.28　Quality Metrics
数据输入窗口

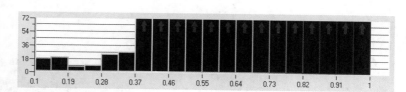

图 9.29　直方图窗口（1）

（2）调整直方图的显示。在直方图窗口中右击，在弹出的快捷菜单中选择 Replot 命令，打开 Replot 对话框，如图 9.30 所示，在 Min X value 文本框中输入 0（X 轴的最小值），在 Max X value 文本框中输入 1（X 轴的最大值），在 Max Y height 文本框中输入 20（柱形的最大高度），单击 Accept 按钮，重新绘制直方图，结果如图 9.31 所示。

图 9.30　Replot 对话框

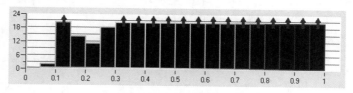

图 9.31　重新绘制的直方图

3．光顺网格

单击功能区内 Edit Mesh 选项卡中的 Smooth Mesh Globally 按钮，打开 Smooth Elements Globally 数据输入窗口，在 Smoothing iterations 文本框中输入 5，在 Up to value 文本框中输入 0.4，其余参数保持默认，如图 9.32 所示，单击 Apply 按钮。可以通过直方图窗口查看网格光顺后的网格质量，如图 9.33 所示。

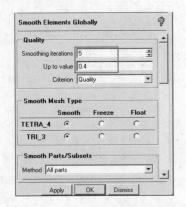

图 9.32　Smooth Elements Globally
数据输入窗口

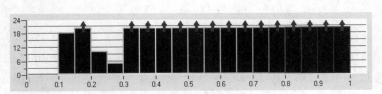

图 9.33　直方图窗口（2）

4．显示质量差的网格

（1）在图 9.33 所示的直方图窗口中选择质量最低的两个柱形（网格质量低于 0.2），在直方图窗口中右击，弹出快捷菜单，使 Show 和 Solid 命令前的对号标识显示出来（表示在图形窗口中以实体形式显示所选柱形内包含的网格单元），如图 9.34 所示。

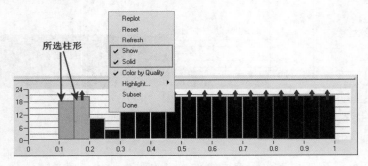

图 9.34　直方图窗口中的快捷菜单

（2）在显示树中取消勾选 Mesh→Shells 目录前的复选框，将面网格隐藏，可以更清楚地看到通过直方图选择的质量差的网格位于飞机的尾翼处，如图 9.35 所示。通过对几何模型进行查看，可以发现，在飞机的尾翼处存在冗余的线和点，这些冗余的线和点为网格划分增加了多余的约束，导致划分出了质量差的网格，如图 9.35 所示。

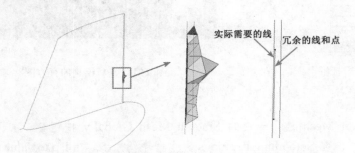

图 9.35　显示的质量差的网格及原因（1）

5．创建子集

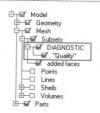

在直方图窗口中选择质量最低的两个柱形，然后在直方图窗口中右击，在弹出的快捷菜单中选择 Subset 命令，将在显示树中的 Mesh→Subsets 目录下新建 DIAGNOSTIC→"Quality"目录，如图 9.36 所示，即将所选网格放在了一个名称为"Quality"的子集中。

6．修改子集

图 9.36　显示树

（1）向子集增加网格。在显示树中右击 Mesh→Subsets→DIAGNOSTIC→"Quality"目录，在弹出的快捷菜单中选择 Modify 命令，打开 Modify Subset 数据输入窗口，单击 Add Layer(s) to Subset（增加层到子集）按钮，将 Method 设置为 Add Layer，在 Num layers 文本框中输入 2，其他参数保持默认，如图 9.37 所示。单击 Apply 按钮，即可将与原有网格相邻的两层网格添加到子集中，结果如图 9.38 所示（以实体和线框形式显示的网格单元）。

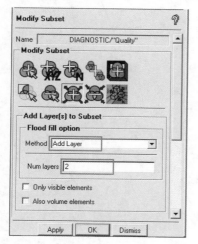

图 9.37　Modify Subset 数据输入窗口（1）

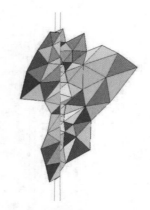

图 9.38　添加网格后的结果（1）

（2）从子集中移除网格。在 Modify Subset 数据输入窗口中单击 Remove from Subset by Selection（将所选网格移除子集）按钮，如图 9.39 所示。单击 Entities 文本框后的 Select element(s)按钮，弹出图 9.40 所示的 Select mesh elements 工具条，单击 Select all volume elements 按钮，选择所有的体网格，将体网格从子集中移除（仅保留面网格）。

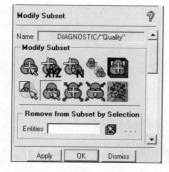

图 9.39　Modify Subset 数据输入窗口（2）

图 9.40　Select mesh elements 工具条

7. 合并节点

为了便于合并节点的操作，在显示树中右击 Mesh 目录，在弹出的快捷菜单中选择 Dot Nodes 命令，以点的形式显示节点。单击功能区内 Edit Mesh 选项卡中的 Merge Nodes 按钮，打开 Merge Nodes 数据输入窗口，单击 Merge Interactive 按钮，勾选 Ignore projection 复选框（允许被移动的节点不投影），如图 9.41 所示。单击 Nodes 文本框后的 Select node(s)按钮，在图形窗口中依次单击选择图 9.42 所示的节点 1（需要保留的节点，位于图 9.35 所示实际需要的线上）和节点 2（需要移动的节点，距离节点 1 最近，且位于图 9.35 所示冗余的线和点上），单击鼠标中键确认，将节点 2 合并到节点 1。根据此方法，将其他 6 个位于冗余的线和点上的节点与位于实际需要的线上的节点进行合并，最终结果如图 9.43 所示。

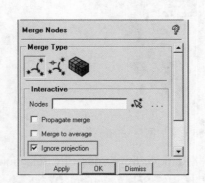

图 9.41　Merge Nodes 数据输入窗口

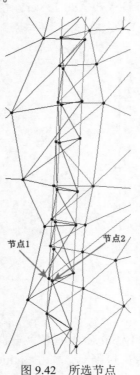

图 9.42　所选节点

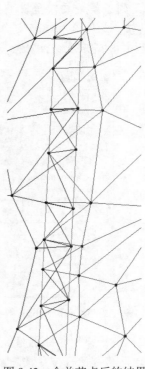

图 9.43　合并节点后的结果

8. 再次光顺网格

（1）光顺网格。手动编辑网格后，需要再次光顺网格。单击功能区内 Edit Mesh 选项卡中的 Smooth Mesh Globally 按钮，打开 Smooth Elements Globally 数据输入窗口，保持上一步的默认参数设置，单击 Apply 按钮，可以通过直方图窗口查看网格光顺后的网格质量，如图 9.44 所示。通过该网格质量直方图可以看出，在步骤 4 中所选择的网格质量低于 0.2 的网格已经去除，因此接下来可以清除子集中的网格。

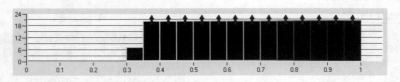

图 9.44　直方图窗口（3）

（2）清除子集中的网格。在显示树中右击 Mesh→Subsets→DIAGNOSTIC→"Quality"目录，在弹出的快捷菜单中选择 Clear 命令，清除"Quality"子集中的网格。

9.　向"Quality"子集添加网格

在图 9.44 所示的直方图窗口中选择质量最低的一个柱形，然后在直方图窗口中右击，在弹出的快捷菜单中选择 Subset 命令，可将所选网格添加到名称为"Quality"的子集中。同时，在图形窗口中显示所选网格，如图 9.45 所示。通过对几何模型进行查看，可以发现，此处存在冗余的点，这些冗余的点对网格划分增加了多余的约束，导致划分出了质量差的网格，如图 9.45 所示。

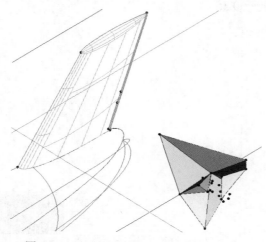

图 9.45　显示的质量差的网格及原因（2）

在显示树中右击 Mesh→Subsets→DIAGNOSTIC→"Quality"目录，在弹出的快捷菜单中选择 Modify 命令，打开 Modify Subset 数据输入窗口，单击 Add Layer(s) to Subset 按钮，将 Method 设置为 Add Layer，在 Num layers 文本框中输入 2，勾选 Also volume elements 复选框，如图 9.46 所示，单击 Apply 按钮，即可将与原有网格相邻的两层网格添加到子集中，结果如图 9.47 所示（以实体和线框形式显示的网格单元）。

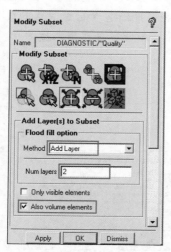

图 9.46　Modify Subset 数据输入窗口（3）

图 9.47　添加网格后的结果（2）

10. 对子集进行网格的重新划分

在显示树中的 Mesh 目录下仅勾选 Subsets→DIAGNOSTIC→"Quality"目录前的复选框，单击功能区内 Edit Mesh 选项卡中的 Repair Mesh 按钮，打开 Repair Mesh 数据输入窗口，单击 Remesh Elements 按钮，将 Mesh type 设置为 Tetra，勾选 Surface projection 复选框，其他参数保持默认，如图 9.48 所示。通过 Elements 文本框在图形窗口中选择所有可见网格，单击鼠标中键确认，完成网格的重新划分。

再次对网格进行光顺，光顺后的网格质量直方图如图 9.49 所示。通过该网格质量直方图可以看出，整体最低的网格质量不低于 0.35。

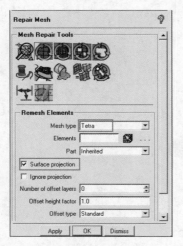

图 9.48　Repair Mesh 数据输入窗口

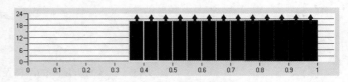

图 9.49　光顺后的网格质量直方图

11. 检查网格

在向求解器导出网格之前，需要检查网格。单击功能区内 Edit Mesh 选项卡中的 Check Mesh 按钮，打开 Check Mesh 数据输入窗口，保持默认参数设置，如图 9.50 所示，单击 Apply 按钮。当打开图 9.51 所示的 Diagnostics:duplicate 对话框时，单击 Fix 按钮，删除重复的网格单元；当打开图 9.52 所示的 Diagnostics:hanging 对话框时，单击 Fix 按钮，删除包含自由节点的线单元；当打开图 9.53 所示的 Diagnostics 对话框时，单击 Yes 按钮，删除不与任何单元相连接的点。

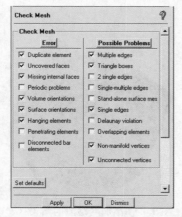

图 9.50　Check Mesh 数据输入窗口

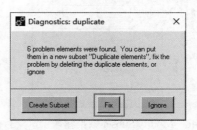

图 9.51　Diagnostics: duplicate 对话框

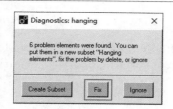

图 9.52　Diagnostics:hanging 对话框

图 9.53　Diagnostics 对话框

12. 为求解器生成输入文件

单击功能区内 Output Mesh 选项卡中的 Write Input 按钮，打开 Save 对话框，单击 Yes 按钮，保存当前项目。此时将打开"打开"对话框，保持默认设置，单击"打开"按钮。此时将打开图 9.54 所示的 Ansys Fluent 对话框，在 Grid dimension 栏中选中 3D 单选按钮，即输出三维网格。读者也可以在 Output file 文本框中修改输出的路径和文件名，本实例中不对路径和文件名进行修改。单击 Done 按钮，此时可在 Output file 文本框所示的路径下找到输入文件 fluent.msh。

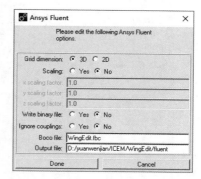

图 9.54　Ansys Fluent 对话框

扫一扫，看视频

9.4　网格编辑——车体侧面实例

本节将对一个车体侧面的面网格进行网格编辑，以介绍一些常用网格编辑工具的用法。

1. 读入网格

（1）设置工作目录。选择 File→Change Working Dir 命令，打开 New working directory 对话框，新建一个 BodySide 文件夹，并将该文件夹作为工作目录。将电子资源包中提供的 Body_Side.uns 文件复制到该工作目录中。

（2）保存项目。单击工具栏中的 Save Project 按钮，以 BodySide.prj 为项目名称创建一个新项目。

（3）导入网格。单击工具栏中的 Open Mesh 按钮，选择 Body_Side.uns 文件并打开，将在图形窗口中显示所导入的面网格。以实体和线框形式显示面网格，结果如图 9.55 所示。

图 9.55　所导入的面网格

2. 查看网格质量

单击功能区内 Edit Mesh 选项卡中的 Display Mesh Quality 按钮，打开 Quality Metrics 数据输入窗口，将 Criterion 设置为 Custom quality，其他参数保持默认，如图 9.56 所示，单击 Apply 按钮，显示直方图窗口，如图 9.57 所示。

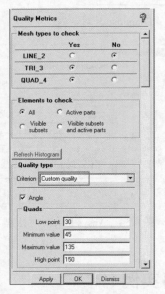

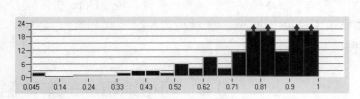

图 9.56　Quality Metrics 数据输入窗口　　　　图 9.57　直方图窗口（1）

由于直方图中的纵坐标太大，导致无法看清最小的柱形，下面重新绘制直方图。在直方图窗口中右击，在弹出的快捷菜单中选择 Replot 命令，打开 Replot 对话框，如图 9.58 所示，在 Min X value 文本框中输入 0，在 Max Y height 文本框中输入 5，单击 Accept 按钮，重新绘制直方图，结果如图 9.59 所示。

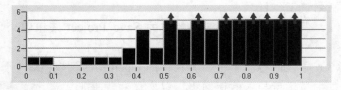

图 9.58　Replot 对话框　　　　图 9.59　重新绘制的直方图

3. 对齐节点

为了便于操作，在显示树中右击 Mesh 目录，在弹出的快捷菜单中选择 Dot Nodes 命令，以点的形式显示节点。在直方图窗口中选择质量最低的一个柱形（网格质量低于 0.05），信息窗口中显示选中了一个网格单元，通过隐藏和显示面网格可以确定所选网格的位置。在图形窗口中放大所选网格的区域，并以线框形式显示面网格，如图 9.60 所示（所选质量最低的网格以实体形式显示）。单击功能区内 Edit Mesh 选项卡中的 Move Nodes 按钮，打开 Move Nodes 数据输入窗口，单击 Align Nodes 按钮，如图 9.61 所示。通过 Reference direction 文本框选择图 9.60 所示定义参考方向的两个节点，通过 Nodes 文本框选择图 9.60 所示需要对齐的节点，单击鼠标中键确认，完成节点的对齐。通过相同的方法，可以对齐图 9.62 所示需要对齐的节点。

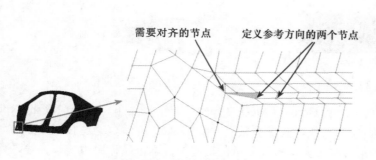

图 9.60　所选网格（1）

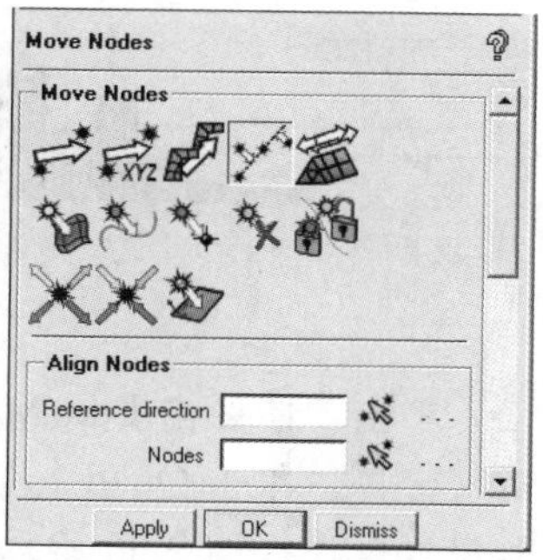

图 9.61　Move Nodes 数据输入窗口（1）

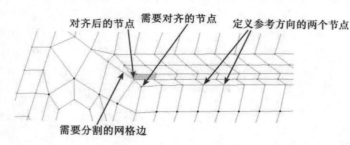

图 9.62　对齐节点后的结果

4．分割网格边

在移动节点后，发现图 9.62 所示的网格边太长，需要进行分割。单击功能区内 Edit Mesh 选项卡中的 Split Mesh 按钮，打开 Split Mesh 数据输入窗口，单击 Split Edges 按钮，所有参数保持默认，如图 9.63 所示。通过 Select 文本框选择图 9.62 所示需要分割的网格边，单击鼠标中键确认，完成网格边的分割，结果如图 9.64 所示。

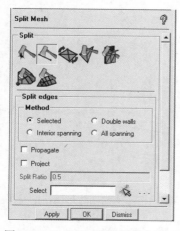

图 9.63　Split Mesh 数据输入窗口

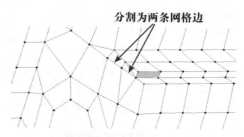

图 9.64　分割网格边后的结果

5．转变网格类型

（1）再次查看网格质量，可见网格质量低于 0.05 的柱形已经消失。再选择质量低于 0.1 的一个柱形，如图 9.65 所示，信息窗口中显示选中了一个网格单元。在图形窗口中放大所选网格的区域，如图 9.66 所示。

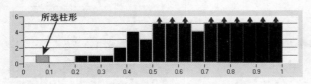

图 9.65　直方图窗口（2）　　　　　　　　　　　图 9.66　所选网格（2）

（2）单击功能区内 Edit Mesh 选项卡中的 Convert Mesh Type 按钮 ，打开 Convert Mesh Type 数据输入窗口，单击 Quad to Tri 按钮 ，其他参数保持默认，如图 9.67 所示。通过 Shells 文本框在图形窗口中选择图 9.66 所示的四边形网格（实体形式显示的网格），单击鼠标中键确认，结果如图 9.68 所示，可见原有的一个四边形网格转变为两个三角形网格。

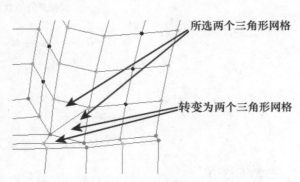

图 9.67　Convert Mesh Type 数据输入窗口（1）　　　图 9.68　四边形网格转变为三角形网格的结果

在 Convert Mesh Type 数据输入窗口中单击 Tri to Quad 按钮 ，如图 9.69 所示，通过 Elements 文本框在图形窗口中选择图 9.68 所示的两个三角形网格，单击鼠标中键确认，结果如图 9.70 所示，可见所选的两个三角形网格转变为一个四边形网格。

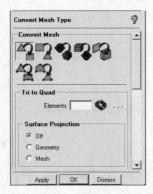

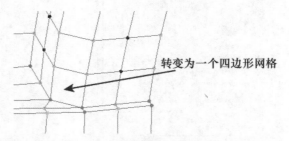

图 9.69　Convert Mesh Type 数据输入窗口（2）　　　图 9.70　三角形网格转变为四边形网格的结果

6. 转变网格类型并交换网格边

（1）显示所选网格。再次查看网格质量，可见网格质量低于 0.1 的柱形已经消失。再选择质量低于 0.3 的两个柱形，如图 9.71 所示，信息窗口中显示选中了两个网格单元。在图形窗口中放大所选网格的区域，如图 9.72 所示。

（2）转变网格类型。单击功能区内 Edit Mesh 选项卡中的 Convert Mesh Type 按钮 ，打开 Convert Mesh Type 数据输入窗口，单击 Quad to Tri 按钮 ，如图 9.67 所示，通过 Elements 文本框

在图形窗口中选择图 9.72 所示的两个四边形网格（实体形式显示的网格），单击鼠标中键确认，结果如图 9.73 所示。

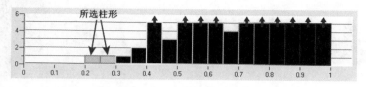

图 9.71　直方图窗口（3）

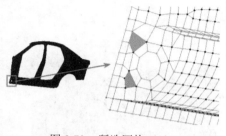

图 9.72　所选网格（3）

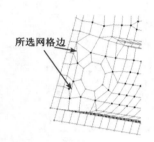

图 9.73　所选网格（4）

（3）交换网格边。单击功能区内 Edit Mesh 选项卡中的 Split Mesh 按钮，打开 Split Mesh 数据输入窗口，单击 Swap Edges 按钮，其他参数保持默认，如图 9.74 所示。通过 Select 文本框选择图 9.73 所示需要交换的网格边，单击鼠标中键确认，完成网格边的交换，结果如图 9.75 所示。

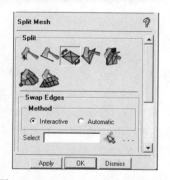

图 9.74　Split Mesh 数据输入窗口

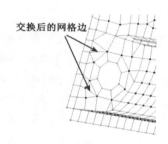

图 9.75　交换网格边后的结果

7. 移动节点

（1）显示所选网格。为了便于后续操作，在显示树中右击 Mesh→Shells 目录，在弹出的快捷菜单中选择 Color by Quality 命令，在图形窗口中根据网格质量的颜色设置显示面网格。再次查看网格质量，可见网格质量低于 0.3 的柱形均已消失。再选择质量低于 0.35 的一个柱形，如图 9.76 所示，信息窗口中显示选中了一个网格单元。在图形窗口中放大所选网格的区域，如图 9.77 所示（所选网格为三角形网格，呈黄色，表示网格质量较低）。

（2）交互移动节点。选择 View→Bottom 命令，将视角调整为底视图。单击功能区内 Edit Mesh 选项卡中的 Move Nodes 按钮，打开 Move Nodes 数据输入窗口，单击 Interactive 按钮，其他参数保持默认，如图 9.78 所示。单击 Select 文本框后的 Select node(s) 按钮，在图形窗口中单击选中图 9.77 所示需要移动的节点并向左上角拖动，只要三角形网格的颜色改变，即可释放鼠标左键，完成节点的移动，结果如图 9.79 所示。

根据步骤 3 中使用的方法，通过图 9.79 所示的定义参考方向的两个节点来对齐节点。

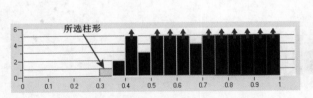

图 9.76　直方图窗口（4）

图 9.77　所选网格（5）

图 9.78　Move Nodes 数据输入窗口（2）

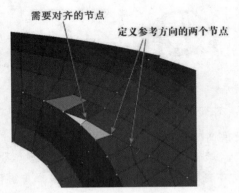

图 9.79　对齐节点

8. 合并节点

根据网格的颜色，可以发现图 9.80 所示的局部网格可以优化，接下来进行合并操作。单击功能区内 Edit Mesh 选项卡中的 Merge Nodes 按钮 ，打开 Merge Nodes 数据输入窗口，单击 Merge Interactive 按钮 ，勾选 Propagate merge（传播节点合并）和 Ignore projection 复选框，如图 9.81 所示。单击 Nodes 文本框后的 Select node(s)按钮 ，在图形窗口中依次单击选择图 9.80 所示的节点 1 和节点 2，单击鼠标中键确认，合并节点后的结果如图 9.82 所示。

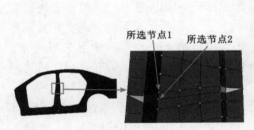

图 9.80　需要进行合并节点的局部网格

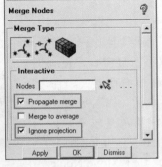

图 9.81　Merge Nodes 数据
输入窗口

图 9.82　合并节点后的结果

9. 网格重划分

为了便于合并节点的操作，在显示树中右击 Mesh 目录，在弹出的快捷菜单中选择 Dot Nodes 命令，不再以点的形式显示节点。单击功能区内 Edit Mesh 选项卡中的 Repair Mesh 按钮■，打开 Repair Mesh 数据输入窗口，单击 Remesh Elements 按钮■，将 Mesh type 设置为 Quad Dominant，其他参数保持默认，如图 9.83 所示。单击 Elements 文本框后的 Select element(s)按钮■，在弹出的 Select mesh elements 工具条中单击 Select items in a polygonal region（多边形选择）按钮✧，然后在图形窗口中选择图 9.84 所示的网格区域，单击鼠标中键确认，将所选网格区域进行网格重划分，结果如图 9.85 所示。

再次查看网格质量，结果如图 9.86 所示。读者可以根据网格的颜色查找其他可以优化的网格，并根据需要对网格进行编辑。完成网格编辑后，单击工具栏中的 Save Project 按钮■，保存项目。

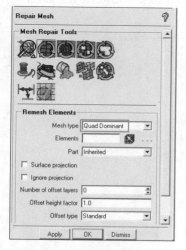

图 9.83　Repair Mesh 数据输入窗口

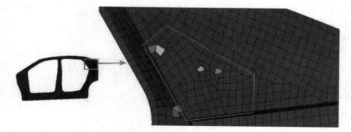

图 9.84　所选网格区域

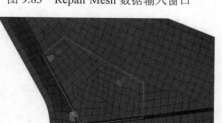

图 9.85　网格重划分的结果

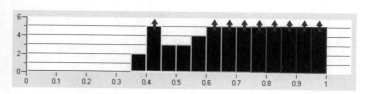

图 9.86　网格重划分后的网格质量

参考文献

［1］王福军. 计算流体动力学分析：CFD 软件原理与应用[M]. 北京：清华大学出版社，2004.

［2］丁源. ANSYS ICEM CFD 网格划分从入门到精通[M]. 北京：清华大学出版社，2020.

［3］李鹏飞，徐敏义，王飞飞. 精通 CFD 工程仿真与案例实战：FLUENT GAMBIT ICEM CFD Tecplot[M]. 北京：人民邮电出版社，2011.

［4］纪兵兵，陈金瓶. ANSYS ICEM CFD 网格划分技术实例详解[M]. 北京：中国水利水电出版社，2012.

［5］Ansys ICEM CFD User's Manual[M]. PA，USA：ANSYS, Inc.，2023.

［6］Ansys ICEM CFD Help Manual[M]. PA，USA：ANSYS, Inc.，2023.

［7］Ansys ICEM CFD Tutorial Manual[M]. PA，USA：ANSYS, Inc.，2023.